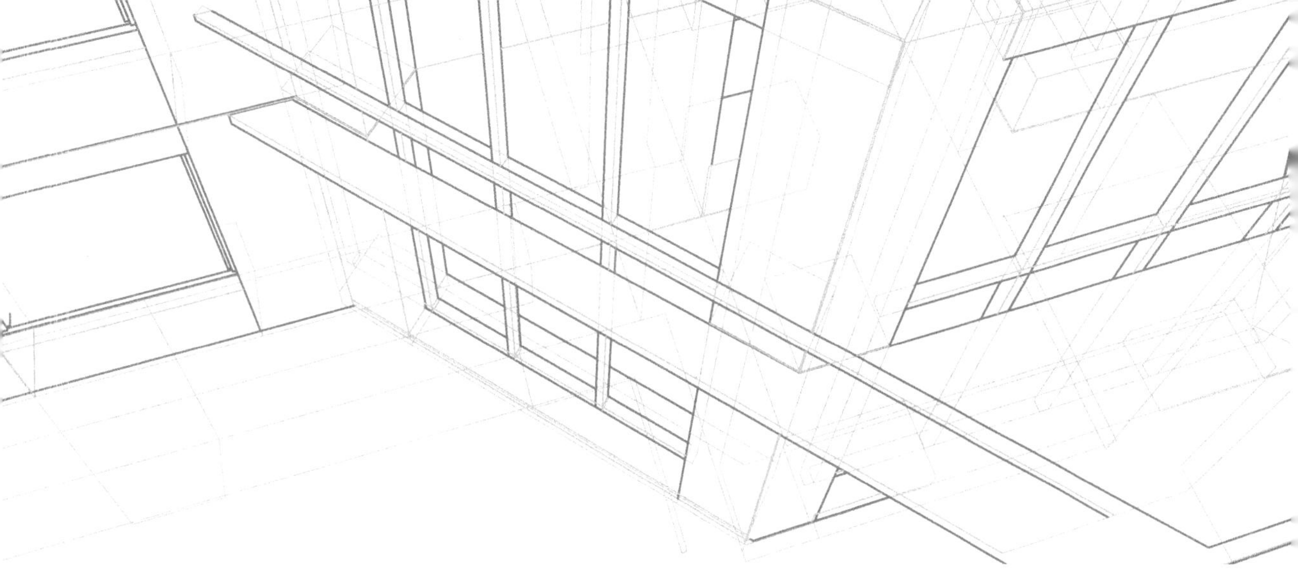

高职装配式混凝土建筑“互联网+”十三五规划教材

# 装配式混凝土建筑识图与构造

主　编　张建荣　郑　晟
副主编　朱剑萍　徐　杨　邢　涛
主　审　杜国城

## 内容提要

本书为装配式建筑教材系列之一，以培养学生具有装配式混凝土建筑结构识图能力为目标，较为全面地讲述装配式混凝土结构识图基本知识；结构设计总说明及装配式结构专项说明的识读；预制剪力墙构件、预制板施工图、预制阳台施工图、预制楼梯施工图以及其他预制构件的识读。

本书可作为高职土建类专业相关课程教材，也可以作为装配式建筑实训培训教材。


**图书出版编目（CIP）数据**

装配式混凝土建筑识图与构造 / 张建荣， 郑晟主编. .
— 上海 ：上海交通大学出版社，2017（2024重印）
ISBN 978-7-313-16791-0

Ⅰ.①装… Ⅱ. ①张… ②郑… Ⅲ. ①装配式混凝土结构 —建筑制图—识图—高等职业教育—教材②装配式混凝土结构—建筑构造—高等职业教育—教材 Ⅳ. ①TU37

中国版本图书馆 CIP 数据核字（2017）第 051981 号

**装配式混凝土建筑识图与构造**

主　　编：张建荣 郑晟
出版发行：上海交通大学出版社
地　　址：上海市番禺路 951 号
邮政编码：200030
电　　话：021-64071208
印　　刷：上海万卷印刷股份有限公司
经　　销：全国新华书店
开　　本：787mm×1092mm 1/16
印　　张：11.25
字　　数：258 千字
版　　次：2017 年 4 月第 1 版
印　　次：2024 年 7 月第 2 次印刷
书　　号：ISBN 978-7-313-16791-0
定　　价：58.00 元

# 高职装配式混凝土建筑“互联网+”十三五规划教材
## 编委会名单

# 前　言

2016 年 2 月 6 日《中共中央国务院关于进一步加强城市建设管理工作的若干意见》及 2016 年 9 月 27 日国务院常务会议审议通过的《关于大力发展装配式建筑的指导意见》中提出，10 年内，我国新建建筑中，装配式建筑比例将达到 30%。由此，我国每年将建造几亿平方米装配式建筑，这个规模和发展速度在世界建筑产业化进程中也是前所未有的，我国建筑界面临巨大的转型和产业升级压力。因此，按期完成既定目标，培养成千上万名技术技能应用人才刻不容缓。

教育必须服务社会经济发展，服从当前经济结构转型升级需求。土建类专业如何实现装配式建筑"标准化设计、工厂化生产、装配化施工、一体化装修、信息化管理和智能化应用"，全面提升建筑品质、建筑业节能减排和可持续发展目标，人才培养则是一项艰苦而又迫切的任务。

教材是实现教育目的的主要载体。高等职业教育教材的编写，更应体现高职教育特色。高职教学改革的核心是课程改革，而课程改革的中心又是教材改革。教材内容与编写体例从某种意义上讲决定了学生从该门课程中能学到什么样的知识，把握什么技术技能，养成什么样的综合素质，形成什么样的逻辑思维习惯等等。因此，教材质量的好坏，直接关系到人才培养的质量。

基于对我国建筑业经济结构转型升级、供给侧改革和行业发展趋势的认识，针对高职建筑工程技术专业人才培养方案改革及教育教学规律的把握，上海思博职业技术学院与宝业集团股份有限公司、上海维启科技软件有限公司、上海住总工程材料有限公司、上海建工集团及部分高校合作编写了高职装配式混凝土建筑"互联网+"十三五规划教材。

本套教材以高职装配式混凝土建筑应用技术技能人才培养为目标。教材有《装配式混凝土建筑概论》《装配式混凝土建筑识图与构造+习题集（套）》《装配式混凝土建筑生产工艺与施工技术》《装配式混凝土建筑法律法规精选》《装配式混凝土建筑工程测量+实训指导（套）》《装配式混凝土建筑工程监理与安全管理》《装配式混凝土建筑规范与质量控制》《装配式混凝土建筑工程计量与计价》《装配式混凝土建筑项目管理与 BIM 应用》《装配式混凝土建筑 BIM 软件应用技术》《装配式混凝土建筑三维扫描与制造技术》《装配式混凝土建筑构件运输与吊装技术》。

本教材编写时力求内容精炼、重点突出、图文并茂、文字通俗，配合 AR、二维码等互联网技术和手段，体现教材的时代特征。

本丛书编写体现以下三个特点：

第一，紧贴规范标准，对接职业岗位。高校与企业合作开发课程，根据装配式混凝土建筑规范、工艺、施工、技术和职业岗位的任职要求，改革课程体系和教学内容，突出职业能力。

第二，服从一个目标，体现两个体系。本丛书在编写中注重理论教学体系和实践教学体系的深度融合。教材内容紧贴生产和施工实际，理论的阐述、实验实训内容和范例有鲜明的应用实践性和技术实用性。注重对学生实践能力的培养，体现技术技能、应用型人才的培养要求，彰显实用性、直观性、适时性、新颖性和先进性等特点。

第三，革新传统模式，呈现互联网技术。本套教材革新传统教材编写模式，较充分地运用互联网技术和手段，将技术标准生产工艺与流程，以及施工技术各环节，以生动、灵活、动态、重复、直观等形式配合课堂教学和实训操作，如AR技术、二维码等融入，形成较为完整的教学资源库。

装配式建筑是国内刚起步发展中的行业，很多课题正在研究探索之中，加上我们理论水平和实践经验有限，本套教材一定存在不少差错和不足，恳请专家读者给予批评指正，以便我们修订。

编　者

二〇一七年元旦

**APP客户端说明：**使用微信扫描本页下方的二维码关注“装配式建筑教学”公众号后即可下载教材配套的微课、AR客户端、课件、视频等。APP客户端采用最新的增强现实技术（简称AR），将书中的平面图转化成360°旋转的三维模型。读者打开APP客户端后，将手机摄像头对准标有“AR”标志的图片，即可获得装配式建筑相关的多种教学资源。

# 目 录

# 第1章　装配式混凝土建筑识图基本知识

## 1.1　装配式建筑施工图概述

### 1.1.1　施工图概述

**1. 建筑施工图**

每一幢建筑都包含有大量的信息，如建筑尺寸、构件位置大小、装饰方法等，若将这些信息均采用文字的方式进行描述，那描述信息的人很难做到没有遗漏，阅读信息的人也无法正确了解这幢建筑实际的情况。因此，在工程中我们常将这些信息按照约定的方法转化为特定的图样来进行描述，通过这些图样来实现建筑设计和建筑施工之间信息的传递，这些图样就是建筑施工图。因此可以说建筑施工图是建筑的特殊语言，只有正确掌握了这门语言，我们才能在建筑施工图中找到所需要的信息。

**2. 建筑施工图的设计**

建筑施工图的设计，是由建设单位通过招标选择设计单位之后，进行委托设计。设计单位则根据建设方提供的设计任务书和有关设计资料，譬如房屋的用途、规模、建筑物所定现场的自然条件、地理情况等，按照设计方案、规划要求、建筑艺术风格、计算数据等来设计并绘制成图。

一般可将建筑施工图设计分为初步设计阶段、技术设计阶段和施工图设计阶段，若工程项目规模较小或技术并不复杂，可省略技术设计阶段。

（1）初步设计阶段。初步设计阶段的主要任务是根据建设单位提出的设计任务要求，进行调查研究、搜集资料、提出设计方案。其内容包括必要的工程图纸，如简略的平面图、立面图、剖面图等图样，以及设计概算和设计说明等。有时还要向建设单位提供建筑效果图、建筑模型或电脑动画效果图，以便直观地反映建筑物。

初步设计方案需报建设单位，即业主，征求意见，并报规划、消防、卫生、交通、人防等相关部门审批。在此阶段的图纸和相关文件只能作为提供方案研究和审批之用，不能作为施工的依据。

（2）技术设计阶段。技术设计阶段将针对技术上复杂或特殊要求而又缺乏设计经验的建设项目所增加的一个阶段，是根据批准的初步设计进行的。用以进一步解决初步设计阶段未解决的一些重大问题，譬如初步设计中采用的特殊工艺流程须经试验研究，新设备须经试验及确定，大型建筑物、构筑物的关键部位或特殊结构须经试验研究落实，建筑规模及重要的技术经济指标须经进一步论证等。其具体内容应视工程项目的具体情况、特点和要求确定。

（3）施工图设计阶段。施工图设计阶段是在前两个阶段的基础上进行的详细、具体的设计。主要是为满足工程施工中的的各项具体的技术要求，提供一切准确可靠的施工依据。因此必须根据工程和社保各构成部分的尺寸、布置和主要施工做法等，绘制出正确、完整和详细的建筑和安装详图及必要的文字说明和工程概算。整套施工图纸是设计人员的最终成果，也是施工单位进行施工的主要依据。

**3. 建筑施工图的分类**

按专业分工不同，一般建筑施工图可分为建筑施工图、结构施工图和设备施工图三类。各专业图纸均又可分为基本图和详图。基本图纸描述全局性的内容，详图描述具体构件或局部详细尺寸和材料构成等信息。

（1）建筑施工图。建筑施工图简称建施，是根据建设任务要求和工程技术条件，表达房屋建筑的总体布局、外部形式、建筑各部分的构造做法及施工要求等。建筑施工图是整改建筑设计的先行，是房屋建筑施工的主要依据，也是结构施工图、设备施工图的设计依据。

建筑施工图中基本图有总平面图、平面图、立面图、剖面图等；详图包括墙身、楼梯、门窗、卫生间、檐口及各装修构造的具体做法。

（2）结构施工图。结构施工图简称结施，是根据建筑功能要求进行结构设计后绘制的系列图纸。需根据建筑要求进行设计，需选择合适的结构类型，并进行合理布局，再确定结构构件的截面形状、大小、材料和构造等。主要表示建筑承重结构的布置情况、构件类型、构造及做法等。结构施工图是工程放线、土方开挖、基础施工、模板钢筋安装、混凝土浇筑等施工过程和编制预算、施工组织设计的重要依据。

结构施工图中基本图有基础平面布置图、柱网平面布置图、楼层结构布置平面图、屋顶结构平面布置图等，详图主要为各构件图，包括柱、梁、楼板、雨篷等的配筋图或模板图。

（3）设备施工图。建筑物的给水、排水、采暖、通风和电气照明灯的设计图纸，简称分别为水施、暖施、电施等，通称为设备施工图。主要表达管道或电气线路与设备的布置和走向、构件做法和设备的安装要求等。

设备施工图中基本图有平面图、轴测系统图或系统图；详图有构件、配件制作或安装图。

**4. 装配式建筑施工图的编排次序**

为便于看图、易于查找，房屋建筑施工图一般按以下顺序进行编排：图纸目录—施工总说明—装配式结构专项说明—建筑施工图—结构施工图—给排水施工图—采暖通风施工图—电气施工图。

各类别图纸均将基本图编排在前，详图在后；先施工部分的图纸在前，后施工部分的图纸在后；重要的图纸在前，次要的图纸在后。以某专业为主的工程，应突出该专业的图纸。

（1）图纸目录与书本目录的作用类似，方便我们查找所需图纸的具体位置。在图纸目录中包含了整套建筑施工图中各图纸的名称、内容、图号等。

（2）施工总说明是将图纸中不便用图纸表达的部分转化为文字，一般位于建筑施工图的最前面，在图纸目录之后。施工总说明包含工程名称及用途、建设单位、坐落地点、工程规模及面积、房屋层数及高度、设计结构形式、有效使用年限、安全等级、工程所在地设防烈度、设计的目标效果、场地标高等，并按专业建筑、结构、水、电、设备等作进一步的说明。对于较简单的房屋，图纸目录和施工总说明也可放在“建筑施工图”中“总平面图”内。

（3）装配式结构专项说明是装配式建筑施工图所特有的，旨在重点说明与装配式结构密切相关的部分，包括所选用标准图集、材料要求、预制构件深化设计、预制构件的生产和检验、预制构件的运输与堆放、现场施工等，且应与结构设计总说明相协调。

#### 5. 装配式建筑施工图的特点

（1）装配式建筑施工图中各图样，除水暖管道系统图是用斜投影绘制之外，其余图样均采用正投影法绘制。

（2）由于房屋的形体较大而图纸的幅面有限，所以装配式建筑施工图均采用缩小的比例绘制。

（3）装配式建筑是由多种预制构件、现浇构件、配件和材料建造的。国家标准规定，在装配式工程图中，采用各种图例、符号来表示预制构件、现浇构件、配料和材料，以简化和规划装配式建筑施工图。

（4） 装配式建筑中许多预制构件和配件已经有标准的定型设计，并配有标准设计图集，如《装配式混凝土剪力外墙板》《桁架钢筋混凝土叠合板（60mm 厚底板）》等可供参考。为节省设计和制图工作量，凡是有标准定型设计的构件和配件，应尽可能选用标准构件和配件，采用之处只需在图纸相应位置标注除标注图集的名称编号、页数即可。这样可以提高设计效率，提高装配式建筑预制率，实现构配件的工厂化，降低建筑成本。

### 1.1.2 装配式建筑施工图的图示规定

装配式建筑施工图应严格遵守国家标准的有关规定进行绘制，识读装配式建筑也需按照国家规范所规定的表达方式进行。

#### 1. 比例

建筑实体与图纸相比尺寸相差极大，因此在施工图中需将建筑物缩小以绘制在图纸上。图纸上建筑物的线性尺寸与该建筑物实际尺寸之比即为该图纸所采用的比例，需注意的是建筑施工图的比例是线段之比而非面积之比。

比例中比值大于 1 的称为放大的比例，如 1:5；比值小于 1 的称为缩小的比例，如 1:100。建筑物一般采用缩小比例进行绘制，整体建筑物在绘制时一般可选用 1:100、1:150、1:200 等比例，若绘制局部构造时可选用 1:20、1:10、1:5 等，对某些尺寸小的细节部位，也可用放大比例制图。除上述所举的常用比例外，也可根据建筑物特点和图纸大小自行选择比例。

#### 2. 图线

在绘制工程图时，为了表示图中不同内容，建筑施工图必须使用不同类型的图线。图线是构成图样的基本元素。因此，熟悉图纸的类型及用途，掌握各类图线的画法是建筑识图最基本的技术。

常用的图线包括实线、虚线、单点长划线、双点长划线、折断线和波浪线六种基本线型，其中除折断线和波浪线之外，其余四种线型又可根据线宽分为粗、中、细三种，具体如表 1-1 所示。

在制图时，应先按所绘图样选用的比例选定粗实线的宽度，再确定其他线型宽度。图线宽度 b，可从 2.0mm、1.4mm、1.0mm、0.7mm、0.5mm、0.35mm 线宽系列中选择。

表 1-1 线型和线宽

| 名称 | | 线型 | 线宽 | 用途 |
|---|---|---|---|---|
| 实线 | 粗 | | *b* | 主要可见轮廓线 |
| | 中 | | 0.5*b* | 可见轮廓线 |
| | 细 | | 0.25*b* | 可见轮廓线、图例线 |
| 虚线 | 粗 | | *b* | 见各有关专业制图标准 |
| | 中 | | 0.5*b* | 不可见轮廓线 |
| | 细 | | 0.25*b* | 不可见轮廓线、图例线 |
| 单点长划线 | 粗 | | *b* | 见各有关专业制图标准 |
| | 中 | | 0.5*b* | 见各有关专业制图标准 |
| | 细 | | 0.25*b* | 中心线、对称线 |
| 双点长划线 | 粗 | | *b* | 见各有关专业制图标准 |
| | 中 | | 0.5*b* | 见各有关专业制图标准 |
| | 细 | | 0.25*b* | 假想轮廓线、成型前原始轮廓线 |
| 折断线 | | | 0.25*b* | 断开界线 |
| 波浪线 | | | 0.25*b* | 断开界线 |

### 3. 定位轴线

定位轴线是用以确定施工图中建筑物主要构件位置的线，是施工时定位放样的依据。凡建筑中承重墙、柱子、主梁或屋架等主要承重构件都应画出轴线以确定其位置，对于非承重的隔断墙及其他次要构件一般不画轴线，而是注明其与附近轴线的相关尺寸来确定构件位置。定位轴线的表达需遵循以下原则：

（1）定位轴线应用细单点长划线表示，末端画细实线圆，直径为 8~10mm，圆心应在定位轴线延长线或延长线折线上，并在圈内注明编号。

（2）定位轴线的编号顺序，如图 1-1 所示，横向（即水平方向）编号用阿拉伯数字，从左至右顺序编写。竖向编号用大写拉丁字母，从下至上顺序编写。需注意的是拉丁字母中的 O、I、Z 应与数字 0、1、2 形状类似，为避免混淆，不得用作定位轴线编号。

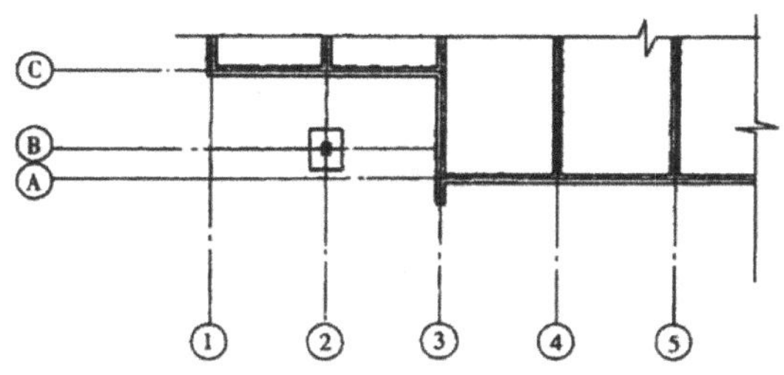


图 1-1　定位轴线编号顺序

（3）若字母数量不够使用，可采用双字母或单字母加数字注脚的方式编号，如 AA、AB 或 A1、B1。

（4）若建筑平面组合较为复杂，定位轴线也可采用分区编号，如图 1-2 所示。

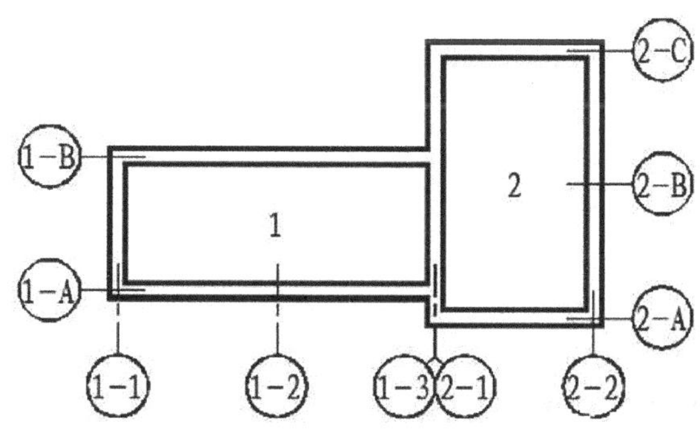


图 1-2　定位轴线的分区编号

（5）对于次要位置的确定，可以采用附加定位轴线的编号，编号用分数表示。分母表示前一轴线编号，分子表示附加轴线编号，附加轴线编号不论横向或竖向均采用阿拉伯数字顺序编写，如图 1-3 所示。

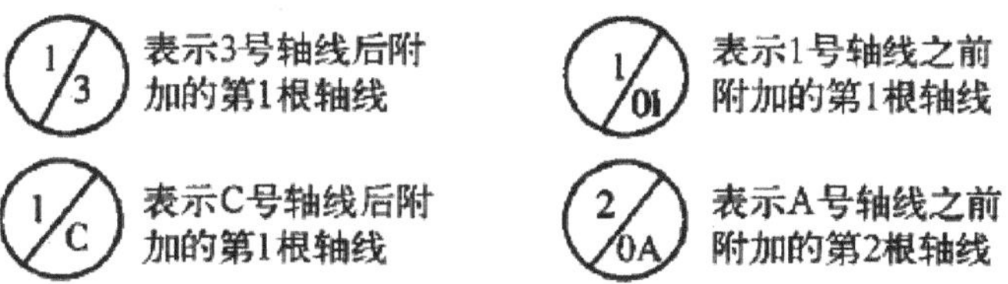


图 1-3　附加轴线

**4. 尺寸与标高**

施工图上的尺寸除标高及建筑总平面图上规定用米（m）为单位外，其余均以毫米（mm）为单位。

标高是指建筑物中的某一部位与所确定的水准基点的高差，称为该部位的标高，是标注建筑物高度的一种尺寸形式。标高有两种：绝对标高和相对标高。

（1）绝对标高。也称海拔，是指黄海平均海平面定为绝对标高的零点，其他各地标高都以黄海海平面作为基准。如在总平面图中的室外场地平整标高即为绝对标高。

（2）相对标高。若将建筑中所有构件标高均采用绝对标高，不但数字繁琐，且不易直接得出各部分的高差。因此除总平面图外，其余图纸一般采用相对标高，即把底层室内主要地坪的标高定为相对标高的零点，即±0.000。在建筑工程图总说明中，需说明相对标高和绝对标高的关系。

（3）标高符号。应以直角等腰三角形表示。总平面图室外地坪标高符号用涂黑的三角形表示，其余标高采用空心三角形即可。单体建筑施工图中标高数字注写到小数点后第三位，总平面图中注写到小数点后第二位。零点标高记为±0.000，正数标高不注符号，负数标高应注“-”号，如图 1-4 所示。

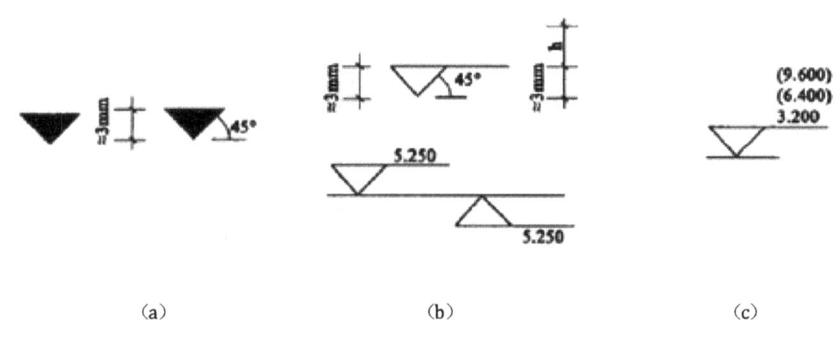


（a）　　（b）　　（c）

图 1-4　标高符号

（a）总平面图室外地坪标高符号　（b）标高的指向　（c）同一位置注写多个标高数字

## 5. 索引符号

建筑施工基本图一般所采用比例较小，如 1:100、1:200 等，在小比例下，建筑局部或构件往往不能在基本图中表达清晰，故绘制相应详图。索引符号可以将构件详图与所在基本图联系起来，方便读图。

索引符号由直径为 10mm 的圆和水平直径组成，水平直径将整个索引符号分为上半圆和下半圆，圆与水平直径均应为细实线绘制，如图 1-5（a）所示。索引符号应按下列规定编写：

（1）索引出的详图，若与被索引的图同在一张图纸内，应在索引符号上半圆中用阿拉伯数字注明详图编号，并在下半圆中间画一段水平细实线，如图 1-5（b）所示，该索引符号表示所索引的详图编号为 5，且就在该页上。

（2）索引出的详图，若与被索引的图不在同一张图纸内，索引符号上半圆仍用阿拉伯数字注明该详图编号，在索引符号下半圆需用阿拉伯数字注明索引详图所在图纸编号，如图 1-5（c）所示，该索引符号表示所索引详图编号为 5，在编号为 2 的图纸上可找到。

（3）索引出的详图，若采用标准图，应在索引符号水平直径的延长线上加注改标准图册的编号，如图 1-5(d)所示，该索引符号表示所索引详图编号为 5，在图册 J103 上编号为 2 的图纸上可找到。

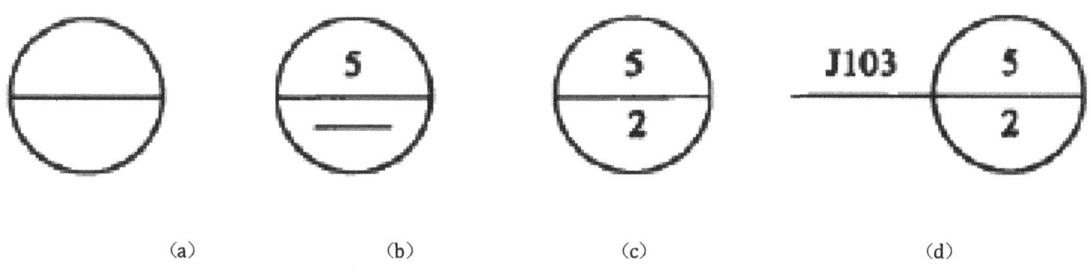


图 1-5　索引符号

**6. 对称符号与引出线**

（1）对称符号。对称符号由对称线和两端两对平行线组成。对称线用细单点长划线绘制，平行线用细实线绘制，长度宜为 6~10mm，每队间距宜为 2~3mm，对称线垂直平分两对平行线，两端超出平行线宜为 2~3mm，如图 1-6 所示。

（2）引出线。引出线应以细实线绘制，采用水平方向直线、与水平方向直线成 30°、45°、60°、90°的直线。文字说明应注写在水平线上方或端部，如图 1-6（a）所示。多层构造共用引出线，应通过被引出的各层，文字说明注写在水平线上方或端部。说明的顺序应从上往下，且应与被说明的层次一一对应，如图 1-6（b）所示。

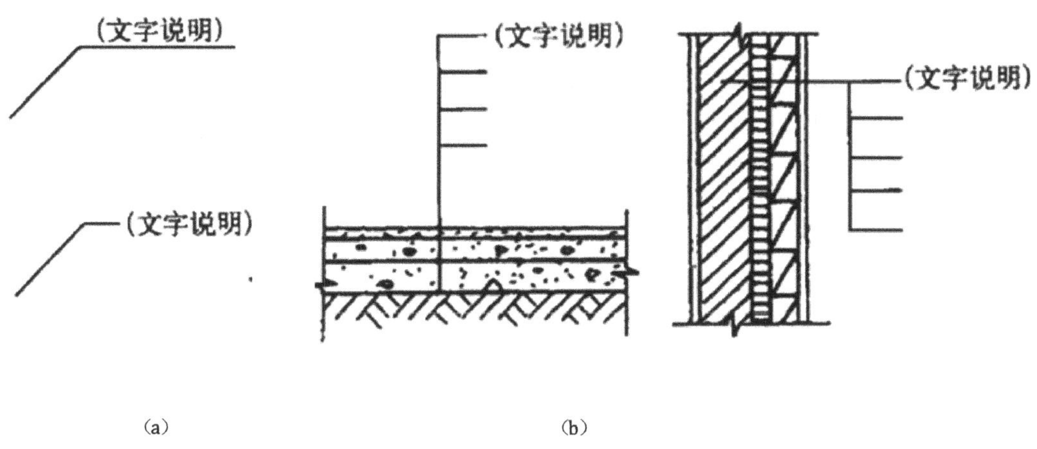


图 1-6　引出线

**7. 装配式建筑常用图例**

本书所讲解装配式建筑识图方法以装配整体式混凝土为例，暂不包括装配式钢结构及木结构。与传统现浇混凝土结构相比，装配整体式混凝土有大量预制构件、现浇构件、后浇段相互连接形成整体，虽然都为钢筋混凝土材料，但构件节点、施工方案均有较大差异，故在装配整体式混凝土结构中常采用填充不同图例加以区别开，如表 1-2 所示。

表 1-2 装配式建筑常用图例

| 名称 | 图例 | 名称 | 图例 |
|---|---|---|---|
| 预制钢筋混凝土构件（包括内墙、内叶墙、外叶墙、楼板等） |   | 有机保温材料 | 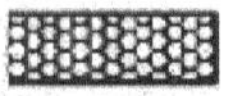 |
| 后浇段、边缘构件 |  | 无机保温材料 |  |
| 现浇钢筋混凝土构件 |  | 砂浆 | |
| 轻质墙体 |   | 嵌缝剂 | |
| 夹心保温外墙 |  | 密封膏 | 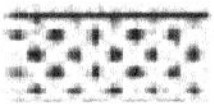 |
| 预制外墙模板 | 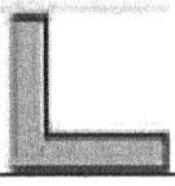 | 木材 |  |
| 砌体 |  | 素土夯实 |  |

## 1.2 装配式建筑图纸识读基本方法及步骤

### 1.2.1 识读方法

整套施工图纸少则十几、二十张，多则数百张，每张图纸都包含有大量的建筑相关信息，若没有恰当的识读方法，抓不住要点，分不清主次，即使空有识读所需知识，也往往收效甚微，无法了解图纸所表达的意思。

在识读装配式建筑图纸前，需对装配式建筑有一定的了解。装配式建筑与传统现浇混凝土结构不管是设计还是施工都有很大的区别，只有对装配式结构的制作、运输、吊装、施工等有了了解后，才能更准确识读装配式结构施工图。

如前文所介绍的，建筑施工图按专业来分可分为建筑施工图、结构施工图、设备施工图，本书在后续章节中将重点介绍结构施工图的识读，但在实际应用中一定要注意，整套施工图是一个整体，不可将结构施工图单独识读。因为不管是建筑、结构还是设备施工图都是表达的同一幢建筑，只是选取的角度不同，且建筑施工图是整套施工图纸的先导，结构及设备施工图都是以建筑施工图作为依据进行绘制。在识读相应结构施工图前需先阅读建筑施工图，对整体建筑平面布置、层数、功能等有大致印象，且在详细识读结构施工图时，如遇到识读困难的地方，也可以配合相应建筑施工图及设备施工图联系在一起进行识读。如识读结构施工图中梁板配筋图，可以配合建筑施工图中对应平面图，以提高识读效率及效果。

在识读单张结构施工图时，首先需弄清这份图纸表达的主要内容，掌握图纸的特点，且同样需注意联系上下图纸，在本图纸上未表示的信息，譬如配筋、构件尺寸等，将会在其他图纸上予以体现。看单张图纸时可根据经验顺口溜，看图应"从上往下看、从左向右看、由外向里看、由大到小看、由粗到细看、图样与说明对照看、建施与结施结合看、土建与安装结合看"，这样看图才能收到较好的效果。

最后，需特别提醒大家的是，在读图时心中需存疑，在实际工作中可以说没有整套施工图是百分之百正确的，因此施工单位在拿到设计单位所绘制图纸后，往往有一个图纸自审和会审的过程。在自己识读图纸时把每一次识读过程都作为一个自审的过程，看前后图纸，特别是不同专业图纸之间是否有互相矛盾的地方，或构造上能否施工，并记录下关键内容，如轴线尺寸、开间尺寸、层高、主要梁柱截面尺寸和配筋等。如有存疑，及时拿笔将有疑问的地方记录下来，可通过自己思考或与同学老师交流来解决问题。正如圣贤孔子所说"学而不思则罔 思而不学则殆"，希望大家都能在学习中带着思考与疑问，相信这样一定能事半功倍。

### 1.2.2　识读步骤

本书重点虽然是讲解装配式建筑结构图施工，在此也将建筑施工图识读步骤进行简略讲解，结构施工图的识读需建立在正确识读建筑施工图的基础上进行。

（1）拿到一套建筑施工图，需先把图纸目录看一遍。了解是什么类型的建筑，是工业厂房还是民用建筑，建筑是单层、多层还是高层，图纸共有多少张等，对这份图纸的建筑建立初步的了解。

（2）按照图纸目录检查各类图纸是否齐全，图纸编号与图名是否一一对应，且装配式建筑中可能会大量采用标准图集中已有构件，需了解本套施工图采用来哪些标准图集，了解这些标准图集所属类别、编号及编制单位等，收集好被采用标准图集，以便识读时可以随时查看。

我国编制的标准图集，按其编制的单位和适用范围的情况可分为三类：经国家批准的标准图集，供全国范围内使用；经各省、市、自治区等地方批准的通用标准图集，供本地区使用；各设计单位编制的图集，供本单位设计的工程使用。

全国通用的标准图集，通常采用代号"G"，或"结"表示结构标准构件类图集，用"J"或"建"表示建筑标准配件类图集。标准图集的查阅方法见表 1-3 所示。

表 1-3　标准图集查阅方法

| 步骤 | 查阅方法说明 |
| --- | --- |
| 1 | 根据施工图中注明的标准图集名称、编号及编制单位，查找相应的图集 |
| 2 | 阅读标准图集的总说明，了解编制该图集的设计依据，使用范围，施工要求及注意事项等 |
| 3 | 了解该图集编号和表示方法，一般标准图集都用代号表示，代号表明构件、配件的类别、规格及大小 |
| 4 | 根据图集目录及构件、配件代号在该图集内查找所需详图 |

图纸及标准图集准备齐全后就可以继续进行图纸识读了。

（1）看图时需先看设计总说明，了解建筑概况、技术要求等，然后看图纸。一般按目录的排列顺序逐张看图，如先看建筑总平面图，了解建筑物的地理位置、高程、坐标、朝向，以及与建筑相关的其他情况。若是一名施工技术人员，在看建筑总平面图时，应思考施工时如何进行施工平面布置，预制构件放置位置，吊装机械的选用等。

（2）看完建筑总平面图之后，则应先看建筑施工图中的建筑平面图，了解房屋的长度、宽度、轴线尺寸、开间大小、一般布局等。装配式建筑中常通过减少预制构件种类来提高预制构件制作效率及降低建筑成本，因此装配式建筑中会通过一系列标准化部品、模块的多样组合来满足不同空间的功能需求，如图 1-6 所示。在识读装配式建筑平面图，特别是标准层平面图时应特别注意这部分通过模块、通用构件。且随着目前计算机技术的发展，近年来愈来愈多的施工图中开始配有三维模型图，与原来二维图纸相比，三维模型图的加入使得图纸立体起来，特别是对于一些空间形体多变、节点复杂的图纸来说，使得施工图纸在阅读时简化来难度，更富有空间感及立体感，如图 1-7 所示。某预制模块构件组合如图 1-8 所示。

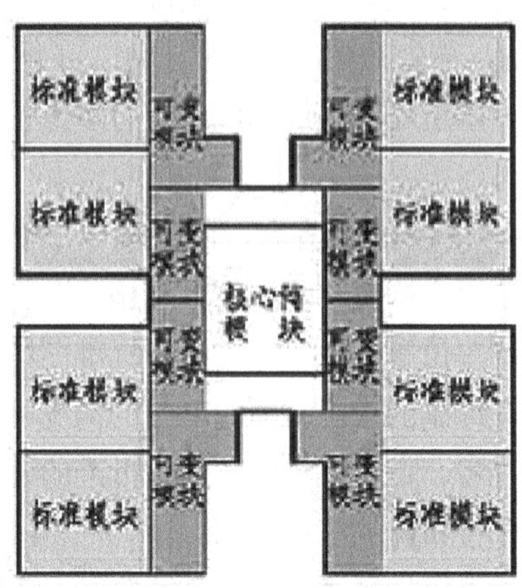


图 1-7　装配式建筑套型组合

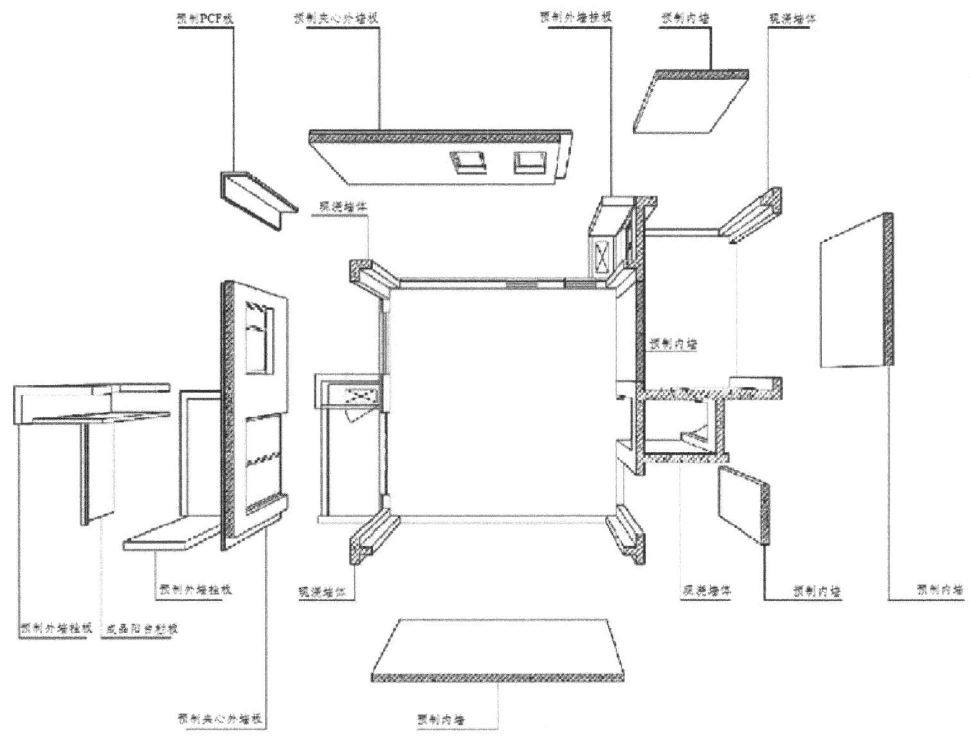


图 1-8　某预制模块构件组合

（3）在了解建筑平面布置的基本情况后，再看立面图和剖面图，对整栋建筑有一个初步总体印象，且在看图时，配合三维模型图在脑海中逐渐形成该建筑的立体形象，能想象出它的规模和轮廓，见图 1-9。这需要一定的空间想象能力，可以通过平时多读图，多接触实际建筑物、工作中多实践来锻炼自己的能力，也可借助计算机软件自己尝试边读图边建立建筑计算机模型来提高能力。良好的空间想象能力对快速正确识读具有至关重要的帮助。

（4）在开始正式识读结构施工图之前，同识读建筑施工图相同，也需按图纸顺序依次开始识读。先读结构设计总说明，了解工程概况、设计依据、主要材料要求、标准图或通用图的使用、构造要求及施工注意事项等。

（5）阅读基础平面图、详图与纸质勘查资料。基础平面图应与建筑底层平面图结合起来看。装配式建筑所用基础与现浇混凝土结构相同，可采用现浇混凝土独立基础、条形基础等形式，也可采用预制混凝土桩基础等。

（6）阅读柱平面布置图，根据对应的建筑平面图校对柱的布置是否合理，柱网尺寸、柱断面尺寸与轴线的关系尺寸是否有误。与建筑施工图配合，需在识读时明确各柱的编号、数量和位置，根据各柱的编号，查阅图中截面标注或柱表，明确柱的标高、截面尺寸、配筋情况。再根据抗震等级、设计要求和标准构造详图确定纵向钢筋和箍筋的构造要求，如纵向钢筋连接的方式、位置和搭接长度、弯折要求，箍筋加密区的范围等。

（7）阅读梁平面布置图，了解各预制梁、现浇梁及叠合梁的编号、尺寸、数及位置，查阅图中截面标注或梁表，明确梁的标高、截面尺寸、配筋等情况。

图 1-9　建筑模型

（8）阅读剪力墙平面布置图，了解各预制剪力墙身、现浇剪力墙身、剪力墙梁、后浇段的编号及平面位置，校核轴线编号及其间距尺寸，要求必须与建筑图、基础平面图保持一致。与建筑图配合，明确各段剪力墙的后浇段编号、数量及位置、墙身的编号和长度、洞口的定位尺寸。根据各段剪力墙身的编号，查阅剪力墙身表或图中标注，明确剪力墙身的厚度、标高和配筋情况。再根据抗震等级、设计要求和标准构造详图确定水平分布筋、竖向分布筋和拉筋的构造要求，如箍筋加密区的范围、纵向钢筋连接的方式、位置和搭接长度、弯折要求、柱头锚固要求等。

（9）在上述阅读结构施工图时，若涉及采用标准图集时，应详细阅读规定的标准图集。

# 第 2 章　图纸说明的识读

## 2.1　结构设计总说明的识读

从施工图中掌握对某工程项目的初步了解，总是从相关的建筑设计总说明与结构设计总说明开始。通过识读结构设计总说明，可以对该建筑工程项目在结构方面的特点和基本要求有一个全面的了解，为之后阅读各基本图和详图奠定良好的基础。

每个单项工程的结构设计总说明通常由以下主要内容组成：工程概况，设计依据，图纸在标高、尺寸、钢筋符号、表示方法等制图规则上的说明，建筑工程在结构方面的分类等级，主要荷载（作用）取值；设计计算程序，主要结构材料，基础及地下室工程的结构要点和施工要求，钢筋混凝土工程的结构要点和施工要求，非承重砌体填充墙，施工需特别注意的问题，绿色建筑设计专篇等。

以结施 01 结构设计总说明（见图 2-1 和图 2-2）为例，介绍结构设计总说明的识读。

### 2.1.1　工程概况

工程概况的识读见表 2-1 所示。

**表 2-1 《结构设计总说明》关于“工程概况”的识读**

| 识读步骤 | 识读要点 | 图纸示例 | 识读说明 |
| --- | --- | --- | --- |
| 1 | 工程概况 | （1）本工程为×××幼儿园，本工程位于×××；本工程总建筑面积 2906 平米，层数三层，层高 3.6 米，总高度 11.10 米；<br>（2）结构形式：钢筋混凝土框架结构；基础形式：独立基础；<br>（3）本工程以一层建筑地面标高±0.000，±0.000的绝对标高 36.710m | 工程概况一般在结构设计总说明第一部分，以简明扼要的语言对整体建筑工程项目进行描述；通过阅读左图所示工程概况，我们可以得到以下建筑基本信息：①三层钢筋混凝土框架结构幼儿园；②总建筑面积 2906m$^2$；③建筑总高度 11.10m；④基础采用独立基础形式；⑤建筑工程项目±0.000对应国家基准高程中标高 36.710m 这些建筑信息，也可在阅读相关图纸后得到验证 |

## 结构设计总说明（一）

### 一　工程概况：

1.1 本工程为**幼儿园，本工程位于***

本工程总建筑面积2906平米，层数为三层，层高3.6米，总高度11.10米。

1.2　结构型式：钢筋混凝土框架结构。

基础型式：独立基础。

1.3 本工程以一层建筑地面标高为±0.000，±0.000的绝对标高为36.710m。

### 二、设计依据

2.1 主体结构设计使用年限为50年。

2.2 自然条件：

2.2.1 基本风压为0.45kN/m²（n=50）；

2.2.2 基本雪压为0.30kN/m²（n=50）；

2.2.3 抗震设防烈度为6度（0.05g），抗震计算及措施按抗震设防烈度为7度（0.10g）。

2.3 岩土工程勘察报告：本工程根据**提供的

《**项目岩土工程勘察报告》（工程编号***）

2.4 本工程设计所执行的主要标准、规范、规程和规定。

| | |
|---|---|
| •建筑结构荷载规范 | GB50009-2012 |
| •混凝土结构设计规范 | GB50010-2010 |
| •建筑抗震设计规范 | GB50011-2010 |
| •建筑工程抗震设防分类标准 | GB50223-2008 |
| •建筑结构可靠度设计统一标准 | GB50068-2001 |
| •建筑地基基础设计规范 | GB50007-2011 |
| •砌体结构设计规范 | GB50003-2011 |
| •建筑结构制图标准 | GB/T50105-2010 |
| •建筑地基处理技术规范 | JGJ 79-2012 |
| •工业建筑防腐蚀设计规范 | GB50046-2008 |
| •钢结构设计规范 | GB50017-2003 |
| •湿陷性黄土地区建筑规范 | GB50025-2004 |
| •预制带肋底板混凝土叠合楼板技术规程 | JGJ/T258-2011 |

注：其他未列项目见国家现行标准、规范及规程。

### 三、图纸说明

3.1 本套结构施工图纸中标高为米（m），尺寸为毫米（mm），注明者除外。

3.2 构件编号见表3.2。

表3.2　构件编号

| 构件类型 | 代号 | 构件类型 | 代号 | 构件类型 | 代号 | 构件类型 | 代号 |
|---|---|---|---|---|---|---|---|
| 独立坡形基础 | DJp | 屋面框架梁 | WKL | 次梁 | L | 梯板 | A~DT |
| 框架柱 | KZ | 悬挑梁 | XL | 框架梁 | KL | | |

3.3 钢筋符号、钢材牌号见表3.3。

表3.3　钢筋符号、钢材牌号

| 热轧钢筋种类 | 符号 | fy（N/mm²） | 钢材牌号 | 厚度（mm） | f（N/mm²） |
|---|---|---|---|---|---|
| HPB300 | Φ | 270 | Q235-B | ≤16 | 215 |
| HRB335 | Φ | 300 | Q345-B | ≤16 | 310 |
| HRB400 | Φ | 360 | | | |

3.4 平法G101系列标准图集见表3.4。

表3.4　平法G101系列标准图集

| 序号 | 图集名称 | | 图集代号 |
|---|---|---|---|
| 1 | 混凝土结构施工图平面整体表示方法制图规则和构造详图 | 现浇混凝土框架、剪力墙、梁、板 | 11G101-1 |
| 2 | | 现浇混凝土板式楼梯 | 11G101-2 |
| 3 | | 独立基础、条形基础、筏形基础及桩基承台 | 11G101-3 |

3.5 设计选用的其他标准图集：

| | | | |
|---|---|---|---|
| •钢筋混凝土过梁 | L13G7 | •加气混凝土砌块墙 | L13J3-3 |
| •地沟及盖板 | 02G331 | •钢筋混凝土结构构造 | L13G3 |
| •钢筋混凝土结构预埋件 | 04G362 | •建筑物抗震构造详图 | 11G329-1 |
| •混凝土结构施工钢筋排布规则与构造详图 | 12G901-1、2、3 | | |

本工程按现行国家设计标准进行设计，施工时除应遵守本说明外，尚应符合各设计图纸说明和标准图集的要求、以及山东省建设厅、济南市建委的有关规章规定。

### 四、建筑分类等级

4.1 建筑分类等级见表4.1。

表4.1　建筑分类等级

| 序 | 名称 | | 等级 | 依据的国家标准规范 |
|---|---|---|---|---|
| 1 | 建筑结构安全等级 | | 二级 | 《建筑结构可靠度设计统一标准》 |
| 2 | 建筑抗震设防类别 | | 重点设防类（乙类） | 《建筑工程抗震设防分类标准》 |
| 3 | 抗震等级 | | 三级 | 《建筑抗震设计规范》 |
| 4 | 混凝土构件的环境类别 | 上部结构构件 | 一类 | 《混凝土结构设计规范》 |
| | | 卫生间 | 二a类 | |
| | | 基础、露天结构 | 二b类 | |
| 5 | 地基基础设计等级 | | 丙级 | 《建筑地基基础设计规范》 |

### 五、主要荷载（作用）取值

5.1 楼（屋）面活荷载见表5.1。

表5.1　楼面均布活荷载标准值

| 项次 | 类别 | 标准值 kN/m² | 备注 |
|---|---|---|---|
| 1 | 教室、办公室、门厅走廊 | 2.0 | |
| 2 | 楼梯 | 3.5 | |
| 3 | 档案室、卫生间（其他） | 2.5 | |
| 4 | 展厅 | 2.5 | |
| 5 | 开水间 | 2.5 | |
| 6 | 卫生间（有水泥台） | 8.0 | |
| 7 | 上人屋面 | 2.0 | |
| 8 | 不上人屋面 | 0.5 | |

注：1、楼面、屋面如有大型设备等较大集中荷载时，应按实际荷载采用。

2、楼梯、阳台等的栏杆活荷载标准值：栏杆顶部的水平荷载取1.0kN/m；竖向荷载取1.2kN/m。

表5.2　墙体荷载取值

| 墙厚 | 面荷（包括双面粉刷荷载） | 备注 |
|---|---|---|
| 220mm厚混凝土外墙挂板 | ≤4.0kN/m² | |
| 内墙200mm厚轻质条板 | ≤2.0kN/m² | 5.5kN/m² |
| 内墙100mm厚轻质条板 | ≤1.5kN/m² | |

5.2 风荷载：　5.2.1 地面粗糙度为B类；　5.2.2 风荷载体型系数为1.30

5.3 雪荷载：　5.3.1 屋面积雪分布系数为1.0；　5.3.2 准永久值系数分区Ⅱ。

5.4 地震作用：

5.4.1 设计基本地震加速度值为0.10g；　5.4.4 设计特征周期为0.45s；

5.4.2 设计地震分组为第三组；　5.4.5 结构阻尼比为0.05；

5.4.3 建筑场地类别为Ⅱ类；　5.4.6 多遇地震水平地震影响系数最大值为0.08

### 六、设计计算程序

6.1 PMCAD(2010_v2.2)——结构平面计算机辅助设计软件；

6.2 SATWE(2010_v2.2)——多层及高层结构空间有限元分析设计软件（结构整体计算）；

6.3 JCCAD(2010_v2.2)——独基、条基、钢筋混凝土地基梁、桩基础和筏板基础设计软件

### 七、主要结构材料

7.1 结构混凝土耐久性的基本要求、混凝土强度等级、防水混凝土的抗渗等级见表7.1-1~2

表7.1-1　结构混凝土耐久性的基本要求

| 环境类别 | 最大水胶比 | 最低强度等级 | 最大氯离子含量(%) | 最大碱含量(kg/m³) |
|---|---|---|---|---|
| 一 | 0.60 | C20 | 0.3 | 不限制 |
| 二a | 0.55 | C25 | 0.2 | 3.0 |
| 二b | 0.50(0.55) | C30(C25) | 0.15 | 3.0 |
| 三a | 0.45(0.50) | C35(C30) | 0.15 | 3.0 |
| 三b | 0.40 | C40 | 0.15 | 3.0 |

图 2-1　结施 01 结构设计总说明

## 结构设计总说明（二）

表7.1-2 混凝土强度等级、防水混凝土的抗渗等级

| 序号 | 构件名称及范围 | 混凝土强度等级 | 防水混凝土抗渗等级 |
|---|---|---|---|
| 1 | 基础底板垫层 | C15 | – |
| 2 | 基础、基础梁 | C30 | – |
| 3 | 柱 | C30 | – |
| 5 | 楼梯、梁、楼板 | C30 | – |
| 6 | 构造柱、过梁、圈梁 | C25 | – |

注：1）卫生间、屋面楼板、与土壤相接触的混凝土构件采用防水混凝土，抗渗等级P6。

2）防水混凝土（抗渗等级P6）内采用掺加SY-K膨胀纤维抗裂防水剂替代等量水泥，掺加量为混凝土中胶凝材料重量的8%左右，具体掺加量应以试验为准，水中14天混凝土限制膨胀率应不小于0.025%，以减少收缩面收缩裂缝，并应符合补偿收缩混凝土规程。

3）本工程混凝土均采用商品混凝土，不需现场搅拌。

7.2 砌块、砂浆、砌体结构施工质量控制等级。

7.2.1 砌块强度等级、干容重：粉煤灰蒸压加气混凝土砌块砌块强度等级A3.5(B06)，其干容重≤6.5kN/m³。

7.2.2 砂浆强度等级：专用砂浆，强度等级M5.0；

7.2.3 砌体结构施工质量控制等级为B级。

7.3 钢筋

7.3.1 钢筋种类：HPB300级钢筋（现行国家标准GB 13013）、HRB335钢、HRB400级钢筋（现行国家标准GB 1499）。

7.3.2 所有钢筋强度标准值应具有不小于95%的保证率

7.3.3 抗震等级为一、二、三级的框架和斜撑构件（含梯段），其纵向受力钢筋采用普通钢筋时，钢筋抗拉强度实测值与屈服强度实测值的比值不应小于1.25；钢筋的屈服强度实测值与屈服强度标准值的比值不应大于1.3，且钢筋在最大拉力下的总伸长率实测值不应小于9%。

7.3.4 吊钩、吊环采用HPB300钢，不得采用冷加工钢筋。

7.3.5 在施工中，当需要以强度等级较高的钢筋替代原设计中的纵向受力钢筋时，应按照钢筋受拉承载力设计值相等的原则换算，并应满足正常使用极限状态和抗震构造措施的要求，并应注意构件最小配筋率要求。钢筋替代需经设计单位认可后方可施工。

7.4 局部钢结构

7.4.1 钢材：Q235-B钢，符合现行国家标准《碳素结构钢》GB/T 700；Q345-B钢，符合现行国家标准《低合金高强度结构钢》GB/T 1591。钢材的屈服强度实测值与抗拉强度实测值的比值不应大于0.85，钢材应有明显的屈服台阶，且伸长率不应小于20%，钢材应有良好的可焊性和合格的冲击韧性。

7.4.2 焊接方法及材料：手工焊时HPB300级钢筋、Q235-B钢材采用E43××型焊条，HRB335级钢筋、HRB400级钢筋、Q345-B钢材采用E50××型焊条，钢筋与钢材焊接随钢筋定焊条。

### 八、基础工程

8.1 工程地质概况。

8.1.1 场地、地形：拟建场地地形较平坦，钻孔标高最大值36.03m，最小值34.66m，相对高差1.37m。场地地貌单元属山前冲洪积平原地貌单元。

8.1.2 地层土质概述：本工程勘察场区自然地面下钻探深度范围内的地层，主要土层岩性及工程特性划分见表8.1.2，表中未列土层详工程勘察报告。

8.1.3 地下水情况：在勘察期间，测得稳定地下水位埋深为7.12~8.56m。

8.1.4 标准冻深为0.50m。

8.1.5 基础形式和基础持力层：结合地质报告，根据结构上部荷载和基础埋深，基底持力层为第3层黄土状粉质粘土，且第3层为非自重湿陷性黄土场地I级（轻微）。采用3:7灰土换填，进行地基处理，满足设计要求。

8.1.5.1 场地地基处理厚度：将1层杂填土、2层素填土全部挖除，场地整片进行灰土换填处理，其处理范围应大于建筑物底层平面的面积，超出建筑物外墙基础外缘的宽度，每边不宜小于土层厚度的1/2，并不应小于2m，地基处理厚度不应小于1m，且下卧未处理的湿陷性黄土层的起始压力值不宜小于130kPa，用3:7灰土回填至基础底设计标高。本工程所用3:7灰土压实系数≥0.97，处理后的灰土承载力不应小于180kPa。

表8.1.2 主要土层的压缩模量、地基土承载力特征值

| 土层编号 | 土层名称 | 土层厚度(m) | 层底标高(m) | 地基承载力特征值fak(kPa) | 变形模量(MPa) | 备注 |
|---|---|---|---|---|---|---|
| 1 | 杂填土 | 0.60~3.60 | 32.13~35.04 | – | | |
| 2 | 素填土 | 1.50~2.70 | 31.77~33.04 | – | | |
| 3 | 黄土状粉质粘土 | 1.70~3.20 | 29.17~30.43 | 130 | | 持力层 |
| 4 | 卵石 | 0.30~0.80 | 32.20~32.74 | 160 | | |
| 5 | 粉质粘土 | 0.50~6.30 | 23.86~29.34 | 110 | | |
| 6 | 碎石 | 0.60~1.60 | 25.14~28.53 | 260 | | |
| 7 | 粘土 | 1.20~4.00 | 20.87~24.03 | 220 | | |
| 8 | 砾石 | 揭露7.50，未揭穿 | | 350 | | |

8.1.5.2 地基土对混凝土结构有微腐蚀性，对钢筋混凝土结构中的钢筋有微腐蚀性，水和土对建筑材料的腐蚀防护，应符合GB50046-2008的规定。

8.1.5.3 垫层的施工质量检验必须分层进行，应在每层的压实系数符合设计要求后铺填上层土

8.1.5.4 垫层的承载力宜通过现场荷载试验确定，该工程的试验点不宜少于3点。

8.1.5.5 在湿陷性黄土场地，对建筑物及其附属工程进行施工，应根据湿陷性黄土的特点和设计要求采取措施防止施工用水和场地雨水流入建筑物地基（或基坑内）引起湿陷。

8.1.5.6 在建筑物邻近修建地下工程时，应采取有效措施，保证原有建筑物和管道系统的安全使用，并应保持场地排水畅通。

8.1.5.7 当发现地基浸水湿陷和建筑物产生裂缝时，应暂时停止施工，切断有关水源，查明浸水的原因和范围，对建筑物的沉降和裂缝加强观测，并绘图记录，经处理后方可继续施工。

8.1.5.8 管道和水池等施工完毕，必须进行水压试验。不合格的应返修或加固，重做试验，直至合格为止。清洗管道用水、水池用水和试验用水，应将其引至排水系统，不得任意排放。

8.1.5.9 在使用期间，对建筑物和管道应经常进行维护和检修，并应确保所有防水措施发挥有效作用，防止建筑物和管道的地基浸水湿陷。

8.2 基坑开挖

8.2.1 基坑开挖应注意边坡稳定，非自然放坡开挖时，基坑护壁应做支护设计。机械挖土时要求坑底至少保留200mm厚的土层用人工开挖

8.2.2 土方开挖完成后应立即对基坑进行封闭，防止水浸和暴露，并应及时进行地下结构施工。基坑土方开挖应严格按设计要求进行，基坑周边堆载，不得超过设计荷载限制条件。

8.2.3 基槽（坑）开挖后，应进行基槽检验。当发现与勘察报告及设计文件不一致，或遇到异常情况时，应结合地质条件提出处理意见。基槽开挖后在土层范围内普遍钎探，钎探深度2.5m，钎孔间距1.5m，钎探完毕后，应及时通知勘察、设计单位等有关单位验槽，合格后方可进行施工。

8.2.4 基坑开挖对邻近建（构）筑物的变形监控应考虑基坑开挖造成的附加沉降与原有沉降的叠加。

8.2.5 在基础与基坑侧壁间隙回填土前，应排除积水，清除虚土和建筑垃圾，填土应按设计要求选料，分层夯实，对称进行。

8.3 地基与基础工程的施工应遵照现行《建筑地基基础工程施工质量验收规范》GB50202-2002有关规定施工。

### 九、钢筋混凝土工程

9.1 混凝土构件的环境类别和受力钢筋的保护层厚度见表9.1。

表9.1 混凝土构件的环境类别和受力钢筋的保护层厚度

| 环境类别 | 墙、板、壳 | 梁、柱、杆 | 环境类别 | 墙、板、壳 | 梁、柱、杆 |
|---|---|---|---|---|---|
| 一 | 15 | 20 | 三a | 30 | 40 |
| 二a | 20 | 25 | 三b | 40 | 50 |
| 二b | 25 | 35 | | | |

注：1）表中混凝土保护层厚度指最外层钢筋外边缘至混凝土表面的距离，适用于设计使用年限为50年的混凝土结构，设计使用年限为100年的混凝土结构，最外层钢筋的保护层厚度不小于表中数值的1.4倍；2）混凝土强度等级不大于C25时，表中保护层厚度数值应增加5mm；3）上述各受力钢筋混凝土保护层厚度同时应满足不小于钢筋公称直径的要求；4）基础（与土接触柱）中纵向受力钢筋的混凝土保护层厚度应从垫层顶面算起，且不应小于40mm。

图 2-2　结施 02 结构设计总说明

### 2.1.2 设计依据

设计依据的识读见表 2-2 所示。

表 2-2 《结构设计总说明》中关于设计依据的识读

| 识读步骤 | 识读要点 | 图纸示例 | 识读说明 |
|---|---|---|---|
| 1 | 设计依据 | （1）主体结构设计使用年限为 50 年；<br>（2）基本风压为 0.45kN/m$^2$；<br>（3）基本雪压 0.30kN/m$^2$；<br>（4）抗震设防烈度为 6 度，抗震计算及措施按抗震设防烈度为 7 度；<br>（5）岩土工程勘察报告：本工程根据××提供的《××项目岩土工程勘察报告》（工程编号×××）；<br>（6）本工程设计所执行的主要标准、规范、规程和规定；<br>（7）可参考结施（一）；<br>（8）其他未列项目见国家现行标准、规范及规程 | （1）明确建筑工程项目主体结构部分有质量保证的使用年限，建筑结构设计使用年限主要与该建筑分类等级有关，详情可参考表 2-3；<br>（2）明确建筑所在地自然条件情况，譬如风压、雪压、年平均降雨量等；<br>（3）明确建筑工程项目基础设计依据的工程地质相关资料；<br>（4）列出工程项目结构施工图依据的主要现行规范和规程；<br>由于有关装配式建筑规范仍不完善，目前装配式建筑在设计时大量采用现浇混凝土设计规范，两者结构在设计施工时差别较大，用相同规范显然是不合适的；<br>近年来装配式建筑发展迅速，为满足我国装配式建筑应用的需求，相关部门编制和修订了国家标准《工业化建筑评价标准》《混凝土结构工程施工质量验收规范》；行业标准《装配式混凝土结构技术规程》《钢筋套筒灌浆连接应用技术规程》；产品标准有《钢筋连接用套筒灌浆料》等；上海市、北京市、深圳市、辽宁省、安徽省和江苏省等许多省市也相继出台了相关的地方标准；相信随着技术的研究及推广，我国装配式建筑配套规范也将在不远的未来进一步完善 |

建筑物的耐久年限主要是根据建筑物的重要性和建筑物的质量标准而定。我国《民用建筑设计通则》以主体结构确定的建筑耐久年限，分为四级，如表 2-3 所示。对于普通民用建筑一般设计使用年限均为 50 年，但这只是一个建议性的合理使用年限，并不意味着该建筑只能使用 50 年。达到 50 年的设计使用年限之后，建筑是否还能继续安全使用，与建筑的设计、施工材料使用等多方面因素有关，需进行相应检测和鉴定，再确定。

表 2-3　房屋建筑的设计使用年限

| 类　别 | 设计使用年限/年 | 示　例 |
|---|---|---|
| 1 | 5 | 临时性结构 |
| 2 | 25 | 易于替换的结构构件 |
| 3 | 50 | 普通房屋和构筑物 |
| 4 | 100 | 纪念性建筑和特别重要的建筑结构 |

### 2.1.3　图纸表述

结构设计总说明中关于图纸表述的识读如表 2-4 所示。

表 2-4　《结构设计总说明》中关于图纸表述的识读

| 识读步骤 | 识读要点 | 图　纸　示　例 | 识读说明 |
|---|---|---|---|
| 1 | 主要内容图纸表述 | （1）本套结构施工图纸中标高为米（m），尺寸为毫米（mm），注明者除外；<br>（2）构件编号见表 2-5；<br>（3）钢筋符号，钢材牌号见表 2-6；<br>（4）平法 G101 系列标准图集见结施 01；<br>（5）设计选用的其他标准图集见结施 01；<br>（6）本工程按现行国家设计标准进行设计，施工时除应遵守本说明外，尚应符合各设计图纸说明和标准图集的要求，以及××省、××市建委的有关规章规定 | （1）明确建筑工程项目结构施工图中尺寸的单位；<br>（2）明确结构施工图中用到的构件编号；<br>（3）明确该建筑工程所用钢材符号及牌号；<br>（4）明确结构施工图中采用的表示方法及配套的图集 |

如表 2-5 所示，常用构件代号，为方便使用和理解，均采用各构件名称汉语拼音的第一个字母表示。

表 2-5　图中构件编号表

| 构件类型 | 代号 | 构件类型 | 代号 |
|---|---|---|---|
| 独立坡形基础 | DJP | 框架梁 | KL |
| 框架柱 | KZ | 次梁 | L |
| 屋面框架梁 | WKL | 梯板 | A~DT |
| 悬挑梁 | XL | | |

表 2-6　钢筋符号、钢材牌号

| 热轧钢筋种类 | 符号 | fy(N/mm$^2$) | 钢材牌号 | 厚度（mm） | fy（N/mm$^2$） |
|---|---|---|---|---|---|
| HPB300 | Φ | 270 | Q235-B | ≤16 | 215 |
| HRB335 | Φ | 300 | Q345-B | ≤16 | 310 |
| HRB400 | Φ | 360 | | | |

注：$f_y$为钢筋抗拉强度设计值。

热轧钢筋通常分为 HPB300、HRB335、HRB400、HRB500（Φ），HPB 是热轧光圆钢筋（Hot Rolled Plain Steel Bars）的简称 HRB 是热轧带肋钢筋（Hot Rolled Ribbed Steel Bars）的简称，钢筋牌号字母后面所跟数字为该种类钢筋屈服强度数值，屈服强度数值越高则该钢筋强度越高。在工程中把上述四种热轧钢筋称为一级钢、二级钢、三级钢和四级钢。

钢材牌号由字母 Q、数字、质量等级及脱氧方式四个部分组成。字母 Q 代表屈服强度，数字即为屈服强度具体数值，单位为 N/mm$^2$。碳素结构钢按强度由低到高有 Q195、Q215、Q235、Q255 和 Q275 共 5 个牌号，质量等级由低到高可分为 A、B、C、D 四个等级。其中 Q235 是国家规范所推荐使用钢材牌号，也是目前工程中应用最广的一种碳素结构钢。低合金高强度钢按强度由低到高可分为 Q295、Q345、Q390 和 Q420 共 4 个牌号，其中 Q345、Q390 和 Q420 为国家规范推荐使用的钢材牌号，质量等级由低到高可分为 A、B、C、D、E 五个等级。施工中每批次进场的钢筋均应符合对应的钢筋国家标准的质量要求并按规定送检。

“平法”是建筑结构平面整体设计方法的简称，是一种结构设计方法。结构工程师借助平法将其从大量重复性劳动中解放出来，重点着力于建筑结构的分析，而非机械的画图，提高了我国结构设计的效率。但同时平法的广泛应用也给广大施工人员、造价人员带来新的挑战，只有在正确掌握平法识读的规律后才能进行钢筋施工或钢筋算量，本书中所用示例图均符合平法 G101 图集相关规定，将在后续章节详细讲解。

平法 G101 系列标准图集可参考表 2-7 所示。

表 2-7　平法 G101 系列标准图集

| 序号 | 图　集　名　称 | | 图集代号 |
|---|---|---|---|
| 1 | 混凝土结构施工图平面整体表示方法制图规则和构造详图 | 现浇混凝土框架、剪力墙、梁、板 | 11G101-1 |
| 2 | | 现浇混凝土板式楼梯 | 11G101-2 |
| 3 | | 独立基础、条形基础、筏形基础及桩基承台 | 11G101-3 |

### 2.1.4　建筑分类等级

每个建筑工程项目根据其重要性、所处的自然环境等分别对应不同的建筑分类等级，依据相应的分类等级采取对应的可靠度设计标准，即指为保证建筑物在正常使用阶段的安全可靠，针对建筑物特性设定的建筑结构安全概率目标的设计要求。

建筑分类等级主要包括建筑结构安全等级、建筑抗震设防类别、抗震等级、混凝土构件的环境类别和地基基础设计等级等，见表 2-8 所示。

**表 2-8 《结构设计总说明》中关于"建筑分类等级"的识读**

| 识读步骤 | 识读要点 | 图纸示例 | 识读说明 |
| --- | --- | --- | --- |
| 1 | 建筑分类等级 | 建筑分类等级见表 2-9 | 明确建筑结构安全等级、建筑抗震设防类别、抗震等级等 |

**表 2-9　建筑分类等级**

<table>
<tr><th>序号</th><th colspan="2">名称</th><th>等级</th><th>依据等国家标准规范</th></tr>
<tr><td>1</td><td colspan="2">建筑结构安全等级</td><td>二级</td><td>《建筑结构可靠度设计统一标准》</td></tr>
<tr><td>2</td><td colspan="2">建筑抗震设防类别</td><td>重点设防类（乙类）</td><td>《建筑工程抗震设防分类标准》</td></tr>
<tr><td>3</td><td colspan="2">抗震等级</td><td>三类</td><td>《建筑抗震设计规范》</td></tr>
<tr><td rowspan="3">4</td><td rowspan="3">混凝土构件的环境类别</td><td>未注明构件</td><td>一类</td><td rowspan="3">《混凝土结构设计规范》</td></tr>
<tr><td>卫生间</td><td>二 a 类</td></tr>
<tr><td>基础、露天构件</td><td>二 b 类</td></tr>
<tr><td>5</td><td>地基基础设计等级</td><td colspan="2">丙级</td><td>《建筑地基基础设计规范》</td></tr>
</table>

#### 1. 建筑结构安全等级

根据结构破坏可能产生的后果(危及人的生命、造成经济损失、产生社会影响等)的严重性，《统一标准》将建筑物划分为三个安全等级，如表 2-10 所示。

一般民用建筑物其建筑结构安全等级均为二级，重要建筑物安全等级提高一级，次要建筑物降低一级，任何情况结构的安全等级均不得低于三级。设计部门可根据工程实际情况和设计传统习惯选用。

同一建筑物内的各种结构构件宜与整个结构采用相同的安全等级，但允许对部分结构构件根据其重要程度和综合经济效果进行适当调整。如提高某一结构构件的安全等级所需额外费用很少，又能减轻整个结构的破坏，从而大大减少人员伤亡和财物损失，则可将该结构构件的安全等级比整个结构的安全等级提高一级；相反，如某一结构构件的破坏并不影响整个结构或其他结构构件，则可将其安全等级降低一级。由大量工程实践表明，由于混凝土结构在施工阶段容易发生质量问题，因此取消了原规范“对施工阶段预制构件安全等级可降低一级”的规定。

表 2-10 房屋建筑结构的安全等级

| 安全等级 | 破 坏 后 果 | 示 例 |
| --- | --- | --- |
| 一级 | 很严重：对人的生命、经济、社会或环境影响很大 | 大型的公共建筑等 |
| 二级 | 严重：对人的生命、经济、社会或环境影响较大 | 普通的住宅和办公楼等 |
| 三级 | 不严重：对人的生命、经济、社会或环境影响较小 | 小型的或临时性贮存建筑等 |

**2. 建筑抗震设防类别**

根据建筑物自身重要性的不同、建筑物在地震作用下产生破坏带来的危害程度的不同等区分不同的建筑抗震设防类别，进行相应的地震作用计算和采取对应的抗震构造措施。《建筑工程抗震设防分类标准》将建筑抗震设防类别的划分为特殊设防类、重点设防类、标准设防类及适度设防类四类，简称分别为甲类、乙类、丙类、丁类，如表 2-11 所示。

一般工业与民用，其抗震设防类别均为标准设防类，即丙类。需注意目前抗震规范中，已经把中小学校舍提高到了乙类建筑。

表 2-11 建筑抗震设防类别

| 抗震设防类别 | 对应的建筑类型 | 抗震设防标准 |
| --- | --- | --- |
| 甲类 | 重大建筑工程和地震时可能发生严重次生灾害的建筑，如核电站、核设施、水库、大坝、堤防、贮油、贮气、贮存易燃易爆、剧毒、强腐蚀物质的设施等 | 地震作用应高于本地区抗震设防烈度的要求抗震措施，当抗震设防烈度为 6~8 度时，应符合本地区抗震设防烈度提高一度的要求，当为 9 度时，应符合比 9 度更高的要求 |
| 乙类 | 地震时功能不能中断或需尽快恢复的建筑，即生命线工程建筑，如消防、急救、供水、供电、通讯等 | 地震作用应符合本地区抗震设防烈度的要求抗震措施，当抗震设防烈度为 6~8 度时，应符合本地区抗震设防烈度提高一度的要求，当为 9 度时，应符合比 9 度更高的要求 |
| 丙类 | 甲、乙、丁类以外的一般建筑，如一般公共建筑、住宅、旅馆、厂房等 | 地震作用和抗震措施均应符合本地区抗震设防烈度要求 |
| 丁类 | 抗震次要建筑，如储存物品价值低的一般仓库，人员活动少的辅助建筑等 | 地震作用应符合本地区抗震设防烈度的要求，抗震措施应允许比本地区抗震设防烈度适当降低，但当设防烈度为 6 度时，不应降低 |

### 3. 抗震等级

《建筑抗震设计规范》针对不同的抗震设防类别、地震设防烈度、结构类型及建筑物高度对建筑物划分不同的抗震等级，进行相应的地震作用计算和采取对应的抗震构造措施。

抗震等级与抗震设防烈度是两个不同的概念，因对此进行区分。抗震设防烈度强调的是建筑结构的重要性，而抗震等级是建筑结构的属性，是结构计算中需要控制的参数，将影响建筑结构各构件在设计时尺寸大小、配筋等。抗震等级在确定时，其中一个确定标准即为抗震设防类别，可以说抗震设防这一概念体现在了抗震等级中。

以钢筋混凝土框架结构为例，抗震等级划分为四级，以表示其很严重、严重、较严重及一般的四个级别。混凝土结构抗震等级的确定如表 2-12 所示。

**表 2-12　混凝土结构建筑抗震等级**

<table>
<tr><td colspan="3" rowspan="2">结构类型</td><td colspan="12">设防类别</td></tr>
<tr><td colspan="2">6</td><td colspan="4">7</td><td colspan="4">8</td><td colspan="2">9</td></tr>
<tr><td rowspan="3">框架结构</td><td colspan="2">高度（m）</td><td>≤ 24</td><td>＞ 24</td><td colspan="2">≤ 24</td><td colspan="2">＞ 24</td><td colspan="2">≤ 24</td><td colspan="2">＞ 24</td><td colspan="2">≤ 24</td></tr>
<tr><td colspan="2">框架</td><td>四</td><td>三</td><td colspan="2">三</td><td colspan="2">二</td><td colspan="2">二</td><td colspan="2">一</td><td colspan="2">一</td></tr>
<tr><td colspan="2">抗震墙</td><td colspan="2">三</td><td colspan="4">二</td><td colspan="4">一</td><td colspan="2">一</td></tr>
<tr><td rowspan="3">框架—抗震墙结构</td><td colspan="2">高度（m）</td><td>≤ 60</td><td>＞ 60</td><td>≤ 24</td><td colspan="2">25 ~ 60</td><td>＞ 60</td><td>≤ 24</td><td colspan="2">25 ~ 60</td><td>＞ 60</td><td>≤ 24</td><td>25 ~ 50</td></tr>
<tr><td colspan="2">框架</td><td>四</td><td>三</td><td>四</td><td colspan="2">三</td><td>二</td><td>三</td><td colspan="2">二</td><td>一</td><td>二</td><td>一</td></tr>
<tr><td colspan="2">抗震墙</td><td colspan="2">三</td><td>三</td><td colspan="3">二</td><td>二</td><td colspan="3">一</td><td colspan="2">一</td></tr>
<tr><td rowspan="2">抗震墙结构</td><td colspan="2">高度（m）</td><td>≤ 80</td><td>＞ 80</td><td>≤ 24</td><td colspan="2">25 ~ 80</td><td>＞ 80</td><td>≤ 24</td><td colspan="2">25 ~ 80</td><td>＞ 80</td><td>≤ 24</td><td>25 ~ 60</td></tr>
<tr><td colspan="2">剪力墙</td><td>四</td><td>三</td><td>四</td><td colspan="2">三</td><td>二</td><td>三</td><td colspan="2">二</td><td>一</td><td>二</td><td>一</td></tr>
<tr><td rowspan="4">部分框支抗震墙结构</td><td colspan="2">高度（m）</td><td>≤ 80</td><td>＞ 80</td><td>≤ 24</td><td colspan="2">25 ~ 80</td><td>＞ 80</td><td>≤ 24</td><td colspan="2">25 ~ 80</td><td rowspan="4"></td><td colspan="2" rowspan="4"></td></tr>
<tr><td rowspan="2">抗震墙</td><td>一般部位</td><td>四</td><td>三</td><td>四</td><td colspan="2">三</td><td>二</td><td>三</td><td colspan="2">二</td></tr>
<tr><td>加强部位</td><td>三</td><td>二</td><td>三</td><td colspan="2">二</td><td>一</td><td>二</td><td colspan="2">一</td></tr>
<tr><td colspan="2">框支层框架</td><td colspan="2">二</td><td colspan="2">二</td><td colspan="2">一</td><td colspan="3">一</td></tr>
<tr><td rowspan="2">框支—核心筒结构</td><td colspan="2">框架</td><td colspan="2">三</td><td colspan="4">二</td><td colspan="4">一</td><td colspan="2">一</td></tr>
<tr><td colspan="2">核心筒</td><td colspan="2">二</td><td colspan="4">二</td><td colspan="4">一</td><td colspan="2">一</td></tr>
<tr><td rowspan="2">筒中筒结构</td><td colspan="2">外筒</td><td colspan="2">三</td><td colspan="4">二</td><td colspan="4">一</td><td colspan="2">一</td></tr>
<tr><td colspan="2">内筒</td><td colspan="2">三</td><td colspan="4">二</td><td colspan="4">一</td><td colspan="2">一</td></tr>
</table>

注：此表数据仅适用于普通的钢筋混凝土结构，即抗震设防烈度中的丙类建筑。

#### 4. 混凝土构件的环境类别

混凝土是一种耐久性能良好的建筑材料，被广泛地用于各类工程，但不同环境对混凝土侵蚀程度存在巨大差异，譬如说临海建筑和长期处于干燥环境下的混凝土结构，若采筒体的混凝土结构设计，显然是不合理的。因此《混凝土结构设计规范》对混凝土结构的常用环境类别进行了区分，是同调整混凝土所用水泥强度、混凝土保护层等方式来提高在恶劣自然环境下混凝土结构的耐久性，混凝土结构环境类别如表 2-13 所示。

对于普通民用建筑而言，建筑物室内正常环境的环境类别为一类；屋面、卫生间等潮湿环境的环境类别为二 a 类；基础梁、基础底板等处于地下水位附近（干湿交替环境）的环境类别为二 b 类。

表 2-13　混凝土结构环境类别

| 环境类别 | | 条　件 |
|---|---|---|
| 一类 | | （1）室内干燥环境；<br>（2）永久的无侵蚀性静水浸没环境 |
| 二类 | a | （1）室内潮湿环境；<br>（2）非严寒和非寒冷地区的露天环境；<br>（3）非严寒和非寒冷地区与无侵蚀性的水或土壤直接接触的环境；<br>（4）寒冷和严寒地区的冰冻线以下与无侵蚀性的水或土壤直接接触的环境 |
| | b | （1）干湿交替环境；<br>（2）水位频繁变动环境，严寒和寒冷地区的露天环境；<br>（3）严寒和寒冷地区的冰冻线以上与无侵蚀性的水或土壤直接接触的环境 |
| 三类 | a | 严寒和寒冷地区冬季水位冰冻区环境；受除冰盐影响环境；海风环境 |
| | b | 盐渍土环境；受除冰盐作用环境；海岸环境 |
| 四类 | | 海水环境 |
| 五类 | | 受人为或自然的侵蚀性物质影响的环境 |

#### 5. 地基基础设计等级

由于建筑地基基础引发的工程质量事故较多且各地的工程地质条件多样，为防止地基基础质量事故的发生，应区别对待不同建筑地基基础设计问题。施工中应关注因为建筑地基基础设计等级不同，对地基和基础施工完成后采取的不同检测要求。《建筑地基基础规范》对建筑地基基础设计等级的划分如表 2-14 所示。

表 2-14　地基基础设计等级

| 地基基础设计等级 | 建筑和地基类型 |
| --- | --- |
| 甲级 | （1）重要的工业与民用建筑物；<br>（2）30 层以上的高层建筑；<br>（3）体型复杂,层数相差超过 10 层的高低层连成一体建筑物；<br>（4）大面积的多层地下建筑物(如地下车库,商场.运动场等)；<br>（5）对地基变形有特殊要求的建筑物；<br>（6）复杂地质条件下的坡上建筑物(包括高边坡)；<br>（7）对原有工程影响较大的新建建筑物；<br>（8）场地和地基条件复杂的一般建筑物；<br>（9）位于复杂地质条件及软土地区的二层及二层以上地下室的基坑工程；<br>（10）开挖深度大于 15m 的基坑工程；<br>（11）周边环境条件复杂、环境保护要求高的基坑工程 |
| 乙级 | （1）除甲级、丙级以外的工业与民用建筑物；<br>（2）除甲级、丙级以外的基坑工程 |
| 丙级 | （1）场地和地基条件简单，且荷载分布均匀的七层及七层以下民用建筑及一般工业建筑物；<br>（2）次要的轻型建筑物 3.非软土地区且场地地质条件简单、基坑周边环境条件简单、环境保护要求不高且开挖深度小于 5.0m 的基坑工程 |

### 2.1.5　主要荷载取值及设计技术程序

《结构设计总说明》中主要荷载取值及设计技术程序部分的识读见表 2-16 所示。

表 2-15　楼面活荷载取值

| 序号 | 类别 | 标准值（kN/m2） | 序号 | 类别 | 标准值（kN/m2） |
| --- | --- | --- | --- | --- | --- |
| 1 | 教室、办公室、门廊走廊 | 2.0 | 5 | 开间 | 2.5 |
| 2 | 楼梯 | 3.5 | 6 | 卫生间（有水泥台） | 8.0 |
| 3 | 档案室、卫生间（其他） | 2.5 | 7 | 上人屋面 | 2.0 |
| 4 | 展厅 | 2.5 | 8 | 不上人屋面 | 0.5 |

注：（1）楼面、屋面如有大型设备等较大集中荷载时，应按实际荷载采用；
（2）楼梯、阳台等等栏杆活荷载标准值：栏杆顶部等水平荷载取 1.0kN/m；竖向荷载取 1.2kN/m。

**表 2-16 《结构设计总说明》中有关“主要荷载取值及设计技术程序”的识读**

<table>
<tr><th>识读步骤</th><th>识读要点</th><th>图纸示例</th><th>识读说明</th></tr>
<tr><td>1</td><td>楼面活荷载</td><td>详情可见表 2-15</td><td>明确建筑工程项目中所采用的楼（屋）面活荷载的数值，施工中施工堆料及建成使用后的活荷载均不得超过楼（屋）面活荷载表格中所列的数值；荷载有多种分类方式：<br>（1)若按作用性质，可将荷载分为静荷载和动荷载：<br>静荷载：大小、作用位置和方向不随时间而变化的荷载（缓慢地、逐步地加到结构上的荷载），例如构件的自重、土压力等；<br>动荷载：大小、作用位置和方向随时间迅速变化的荷载，例如动力机械产生的荷载、地震荷载等；<br>（2)若按作用时间，可将荷载分为恒荷载和活荷载：<br>恒荷载：长期作用在结构上的不变荷载，例如构件自重、土压力等；<br>活荷载：施工和使用期间可能作用在结构上的可变荷载，这种可变指的是荷载有时存在，有时作用位置可能是固定，也可能是移动的，例如室内人群、家具、厂房吊车荷载等；<br>（3）若按作用范围，可将荷载分为集中荷载、分布荷载、体荷载、面荷载、线荷载等；左图中楼（屋）面活荷载即为面荷载的一种</td></tr>
<tr><td>2</td><td>墙体荷载取值</td><td><table><tr><td>墙厚</td><td>面载 kN/m<br>2</td><td>容重 kN/m²</td></tr><tr><td>220mm 厚混凝土外墙挂板</td><td colspan="2">≤ 4.0</td></tr><tr><td>内墙 200 厚轻质条板</td><td>≤ 2.0</td><td rowspan="2">5.5</td></tr><tr><td>内墙 100 厚轻质条板</td><td>≤ 1.5</td></tr></table></td><td>明确工程项目中所采用墙体材料类型及容重的要求，采购相关材料时必须满足结构设计总说明中提出的对材料容重的要求；墙体自重属于荷载中的恒荷载</td></tr>
</table>

续表

| 识读步骤 | 识读要点 | 图纸示例 | 识读说明 |
|---|---|---|---|
| 3 | 设计计算程序 | （1）PMCAD（2010_v2.2）——结构平面计算机辅助设计软件；<br>（2）SATWE（2010_v2.2）——多层及高层结构空间有限元分析设计软件（结构整体计算）；<br>（3）JCCAD（2010_v2.2）（独立基础、条形基础、钢筋混凝土地基梁，桩基础和筏板基础设计软件） | 随着计算机技术的进步，工程项目的结构设计通常利用计算机程序进行结构的辅助计算，简化梁大量的手工计算程序，提高了建筑结构的设计效率；目前国内建筑结构设计常用计算机软件有 TAT、SATWE、ETABS 等；<br>各种计算机设计软件在对构件模型假定有一定差异，使得各软件精度、可信度、应用范围不相同；需根据结构活构件特点选择合适的计算机设计软件；针对复杂活重要构件，也可设置相应试验来验证计算机设计软件的精确度 |

### 2.1.6　主要结构材料

结构设计总说明中主要结构材料部分的识读见表 2-17 所示。

**表 2-17　《结构设计总说明》中有关“主要结构材料”的识读**

<table>
<tr><th>识读步骤</th><th>识读要点</th><th>图纸示例</th><th>识读说明</th></tr>
<tr><td>1</td><td>混凝土</td><td>结构混凝土耐久性的基本要求，混凝土强度等级、防水混凝土的抗渗等级如表 2-13，2-14 所示；结构混凝土耐久性的基本要求如下表：
<table>
<tr><th>环境类别</th><th>最大水灰比</th><th>最低强度等</th><th>最大氯离子含量（%）</th><th>最大碱含量（kg/m³）</th></tr>
<tr><td>一</td><td>0.60</td><td>C20</td><td>0.3</td><td>不限制</td></tr>
<tr><td>二 a</td><td>0.55</td><td>C25</td><td>0.2</td><td>3.0</td></tr>
<tr><td>二 b</td><td>0.50</td><td>C30</td><td>0.15</td><td>3.0</td></tr>
<tr><td>三 a</td><td>0.45</td><td>C35</td><td>0.15</td><td>3.0</td></tr>
<tr><td>三 b</td><td>0.40</td><td>C40</td><td>0.15</td><td>3.0</td></tr>
</table>
注：氯离子含量是指其占胶凝材料总量的百分比</td><td>（1）明确结构所用混凝土种类，采购混凝土应严格按照设计要求，不得随意进场材料替换；<br>（2）明确环境类别及耐久性对混凝土对最大水灰比、最大氯离子、碱含量等相关要求；<br>（3）若结构设计总说明中注明需采用商品混凝土，则不得采用现场搅拌方式制得混凝土；<br>混凝土是由胶凝材料、粗细骨料、水按适当比例配合、搅拌制成的混合物，经一定时间将发生硬化反映；具有强度高、可塑性强、经济性等优点</td></tr>
</table>

续表

<table>
<tr><th>识读步骤</th><th>识读要点</th><th>图纸示例</th><th>识读说明</th></tr>
<tr><td>1</td><td>混凝土</td><td>混凝土强度等级、防水混凝土的抗渗等级见下表：
<table>
<tr><th>序号</th><th>构件名称及范围</th><th>混凝土强度等级</th><th>防水混凝土抗渗等级</th></tr>
<tr><td>1</td><td>基础底板垫层</td><td>C15</td><td>—</td></tr>
<tr><td>2</td><td>基础、础</td><td>C30</td><td>—</td></tr>
<tr><td>3</td><td>柱</td><td>C30</td><td>—</td></tr>
<tr><td>4</td><td>楼梯、梁、楼板</td><td>C30</td><td>—</td></tr>
<tr><td>5</td><td>构造柱、过梁、圈梁</td><td>C25</td><td>—</td></tr>
</table></td><td>混凝土强度等级采用字母 C 加混凝土立方体抗压强度标准值表示，目前我国混凝土按强度等级可分为 C7.5、C20 等 12 个等级；C20 即表示该类型混凝土立方体抗压强度标准值为 20MPa；不同的建筑及其构件，需根据其特点选择合适强度的混凝土，目前我国常用混凝土等级及适用范围如下：C7.5~C15 用于垫层、基础、地板受力不大的结构；C15-C25 用于梁、板、柱、楼梯、屋架等普通钢筋混凝土结构；C25-C30 用于大跨度结构，耐久性要求较高的结构，与之构件等；C30 以上用于预应力钢筋混凝土构件，承受动荷结构及特种结构等</td></tr>
<tr><td>2</td><td>砂浆及砌块</td><td>（1）砌块强度等级、干容重：粉煤灰蒸压加气混凝土砌块，砌块强度等级 A3.5（B06），其干容重≤ $6.5\mathrm{kN}/m^3$；<br>（2）砂浆强度等级：专用砂浆、强度等级 M5.0；<br>（3）砌体结构施工质量控制等级为 B 级</td><td>（1）明确砂浆及砌块材料种类及要求，采购材料时需严格按照设计总说明，不得随意进行材料替代；<br>（2）明确砌体结构工程施工质量等级；<br>砌体墙可作为建筑承重墙或者隔墙来设计，若作为隔墙应在设计时通过减小墙厚、改变材料等方式尽可能降低墙体自重；砌体墙主要有砌块及砂浆两种材料通过砌筑形成；常用砌块有砖、混凝土空心砌块、加气混凝土砌块等；因混凝土砌块尺寸较标准砖大，在施工时可提高施工速率，且质量较轻被广泛用于目前结构中，如下图所示：<br></td></tr>
</table>

续表

| 识读步骤 | 识读要点 | 图纸示例 | 识读说明 |
| --- | --- | --- | --- |
| 2 | 砂浆及砌块 |  | 砌块强度用大写字母 MU 表示，砂浆强度用大写字母 M 表示；例如 M10 水泥砂浆表示采用水泥、砂、水拌合而成，抗压强度为 10MPa，一般用于砌筑超市环境的砌体 |

### 2.1.7　基础工程

结构设计总说明中基础工程部分的识读见表 2-18 所示。

**表 2-18 《结构设计总说明》中有关“基础工程”的识读**

| 识读步骤 | 识读要点 | 图纸示例 | 识读说明 |
| --- | --- | --- | --- |
| 1 | 工程地质概况 | （1）场地、地形：拟建场地地形较平坦，钻孔标高最大值 36.03m，最小值 34.66m，相对高差 1.37 面，场地地貌单元属于前冲击平原地貌单元；<br>（2）地质土层概述：本工程拟建场区自然地面下钻探深度范围内的地层，主要土层岩性及工程特性划分见结施 01，表中未列土层详见工程勘察报告；<br>（3）地下水情况：在勘察期间，测得稳定地上水位埋深为 7.12m~8.56m；<br>（4）标准冻深为 0.50m；<br>（5）基础形式和基础持力层：综合地质报告，根据结构上部荷载和基础埋深，基础持力层为第 3 层黄土状粉质粘土，且第 3 层位缝自重湿陷性黄土场地 Ⅰ 级（轻微），采用 3:7 灰土换填，进行地基处理，满足设计要求 | （1）明确建筑工程项目所在地貌类型；<br>（2）明确建筑所在区域地质情况，包括地下平均水位线及冻融线位置；<br>（3）明确基础持力层情况及常用地基处理措施方法；<br>基础和地基是两个不同的概念，基础是建筑物地面以下的承重构件；它承受建筑物上部结构传下来的荷载，并把这些荷载连同本身的自重一起传给地基，是同建筑的梁、柱一样属于建筑的承重构件，而地基是承受基础传下来荷载的土体或岩体，地基承受建筑物荷载而产生的应力和应变是随着土层深度的增加而减小，在达到一定的深度以后就可以忽略不计；<br>工程地质勘查报告是建筑设计的重要依据之一，对基础的类型选择、配筋、埋深等影响深远；基础埋深为室外设计地面至基础底面的垂直距离，与建筑荷载、土层构造情况、地下水位线、冰冻线等因素有关 |

续表

| 识读步骤 | 识读要点 | 图纸示例 | 识读说明 |
| --- | --- | --- | --- |
| 2 | 基坑开挖 | （1）基坑开挖应注意边坡稳定，非自然放坡开挖时，基坑护壁应做支护设计，机械挖土时要求坑底至少保留200mm厚的土层用人工开挖；<br>（2）土方开挖完成后应立即对基坑进行封闭，防止水浸和暴露，并应及时进行地下结构施工，基坑土方开挖应严格按设计要求进行；基坑周边荷载，不得超过设计荷载限制条件；<br>（3）基槽（坑）开挖后，应进行基槽检验；当发现与勘察报告及设计文件不一致，或遇到异常情况时，应结合地质条件提出处理意见；基槽开挖后在土层范围内普遍钎探，钎探深度 2.5m，钎孔间距1.5m，钎探完毕后，应及时通知勘察、设计单位等有关单位验槽，合格后方可进行施工；<br>（4）基坑开挖对邻近建筑物对变形监控应考虑基坑开挖造成的附加沉降与原有沉降的叠加；<br>（5）在基础与基坑侧壁间隙回填土前，应排除积水，清除虚土和建筑垃圾，填土应按设计要求选料，分层夯实，对称进行 | 地基可以分为天然地基和人工地基，当天然地基承载能力无法满足建筑要求时，可采用机械碾压法、换土法、夯实法等方式对地基进行处理；<br>（1）明确基坑开挖边坡支护方式，施工时应严格按照相关规范及设计总说明所规定内容执行，做好基坑放坡、排水等，防止施工出现基坑坍塌等工程施工；<br>（2）明确基坑检验方式，基坑验收通过后放可进行基础施工；<br>（3）明确基坑回填土操作；<br>建筑所在区域的场地平整、基坑开挖等土方工程施工是建筑施工第一步，后续经回填土后不易发现问题，出现问题也很难处理，对建筑物安全影响直观重要；且随着城市不断发展，对地下空间对需求日益增长，使深基坑工程越来越多，基坑面积也越来越大，对基坑工程的施工要求也越来越高；与此同时，在基坑工程施工中发生安全事故或险情的概率也在逐步增大；在施工中需严格按照相应规范和设计总说明的要求进行基坑施工工作，以防基坑边坡失稳发生坍塌；<br>引起基坑边坡失稳的原因主要有三点：边坡过陡坡；雨水、地下室渗入基坑；基坑（槽）边缘附近大量堆土，或停放机具、材料；<br>在基坑施工时需进行放坡，以防基坑过陡，土方边坡的坡度是以土方挖方深度 $H$ 与放坡宽度 $B$ 之比表示，如下图所示： 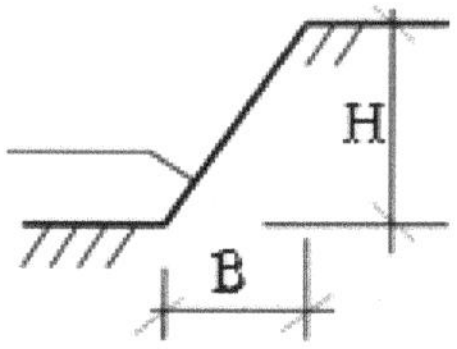<br>H<br>B |

### 2.1.8　钢筋混凝土工程

结构设计总说明中混凝土保护层部分的识读见表 2-19 所示。

**表 2-19 《结构设计总说明》中关于“混凝土保护层”的识读**

<table>
<tr><th>识读步骤</th><th>识读要点</th><th>图纸示例</th><th>识读说明</th></tr>
<tr><td>1</td><td>混凝土保护层最小厚度</td><td>混凝土构件的环境类别和受力钢筋的保护层厚度见下表：<br>
<table>
<tr><th>环境类别</th><th>墙、板、壳</th><th>梁、柱、杆</th></tr>
<tr><td>一</td><td>15</td><td>20</td></tr>
<tr><td>二 a</td><td>20</td><td>25</td></tr>
<tr><td>二 b</td><td>25</td><td>35</td></tr>
<tr><td>三 a</td><td>30</td><td>40</td></tr>
<tr><td>三 b</td><td>40</td><td>50</td></tr>
</table>
注：（1）表中混凝土保护层厚度指最外层钢筋外边缘至混凝土表面的距离，适应用于设计使用年限为 50 年的混凝土结构，设计使用年限为 100 年的混凝土结构，最外层钢筋的保护层厚度不小于表中数值的 1.4 倍；<br>（2）混凝土强度等级不大于 C25 时，表中保护层厚度数值应增加 5mm；<br>（3）上述各受力钢筋混凝土保护层厚度同时应满足不小于钢筋公称直径的要求；<br>（4）基础（与土接触柱）中纵向受力钢筋的混凝土保护层厚度应从基础垫层顶面算起，且不应小于 40mm</td><td>明确建筑结构中各主要构件环境类别及其对应混凝土保护层厚度；<br>混凝土保护层最小厚度是指最外层钢筋（包括箍筋、构造钢筋、分布筋等）的外边缘到混凝土表面的最小距离，独立基础混凝土保护层如下图所示：<br>根据建筑物的使用年限和建筑中各构件所处的实际环境条件，混凝土构件的环境类别和混凝土保护层最小厚度在结构设计总说明中应予以明确；《混凝土结构设计规范》中规定了混凝土保护层的最小厚度，因本结构构件所采用混凝土强度均大于 C25，且设计使用年限为 50 年，故直接采用规范中相关保护层厚度即可，不需另作调整</td></tr>
</table>

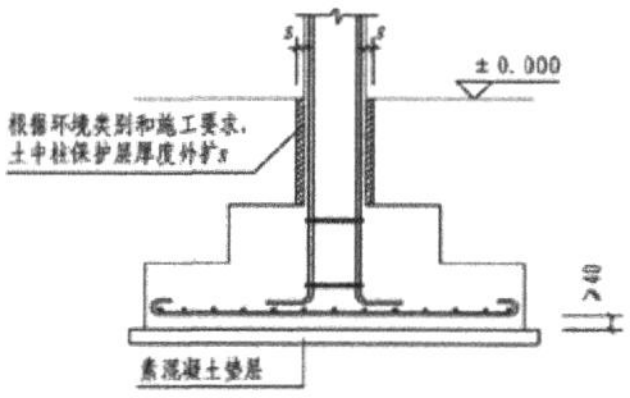

## 2.2　装配式结构专项说明的识读

装配式混凝土建筑是指以工厂化生产的混凝土预制构件为主，通过现场装配的方式设计建造的混凝土结构类房屋建筑。具有提高质量、缩短工期、节约能源、减少消耗、清洁生产等许多优点。

与传统现浇混凝土结构相比从设计到施工差异较大，图 2-3 为现浇混凝土施工流程，从项目立项到建筑验收使用，整体流程基本为单线，且经过各单位多年实践对于项目组织管理已较为清晰。图 2-4 为装配式建筑建设流程，与现浇混凝土结构相比，装配式混凝土剪力墙结构住宅的建设流程更全面、更精细、更综合，增加了技术策划、工厂生产、一体化装修等过程。且在方案设计阶段之前增加了前期技术策划环节，以配合预制构件的生产加工需求来对预制构件加工图进行设计，对各参与单位的技术水平、生产工艺、生产能力、运输条件、管理水平等提出了更高的要求。需各建设、设计、生产、施工和管理等单位精心配合、协同工作。

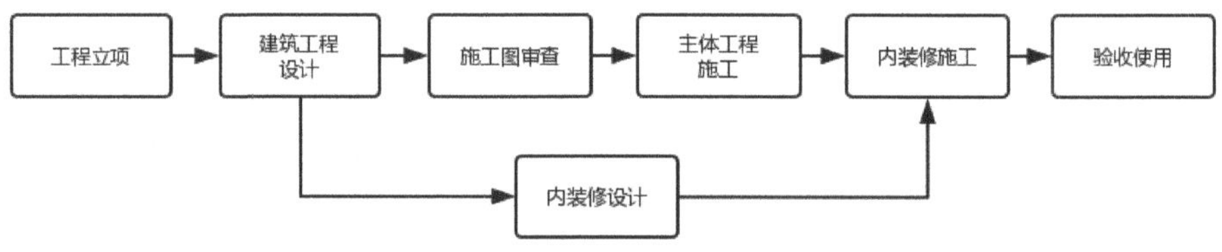


图 2-3　现浇混凝土结构建设流程

故对于装配式结构需在设计总说明后增加装配式结构专项说明，对装配式结构的生产、施工、储存、施工等进行说明，以保证结构安全施工。装配式结构专项说明如图 2-5 所示。

装配式结构专项说明主要由以下内容组成：总则，预制构件的生产和检验，预制构件的运输和堆放，现场施工，单体预制率，验收。

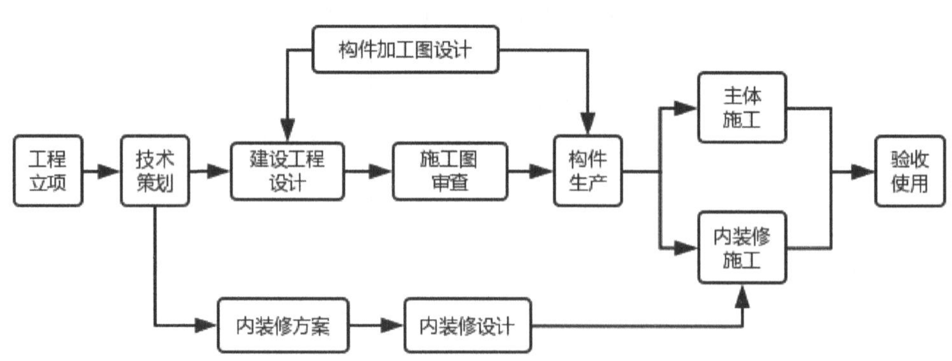


图 2-4　装配式混凝土结构建设流程图

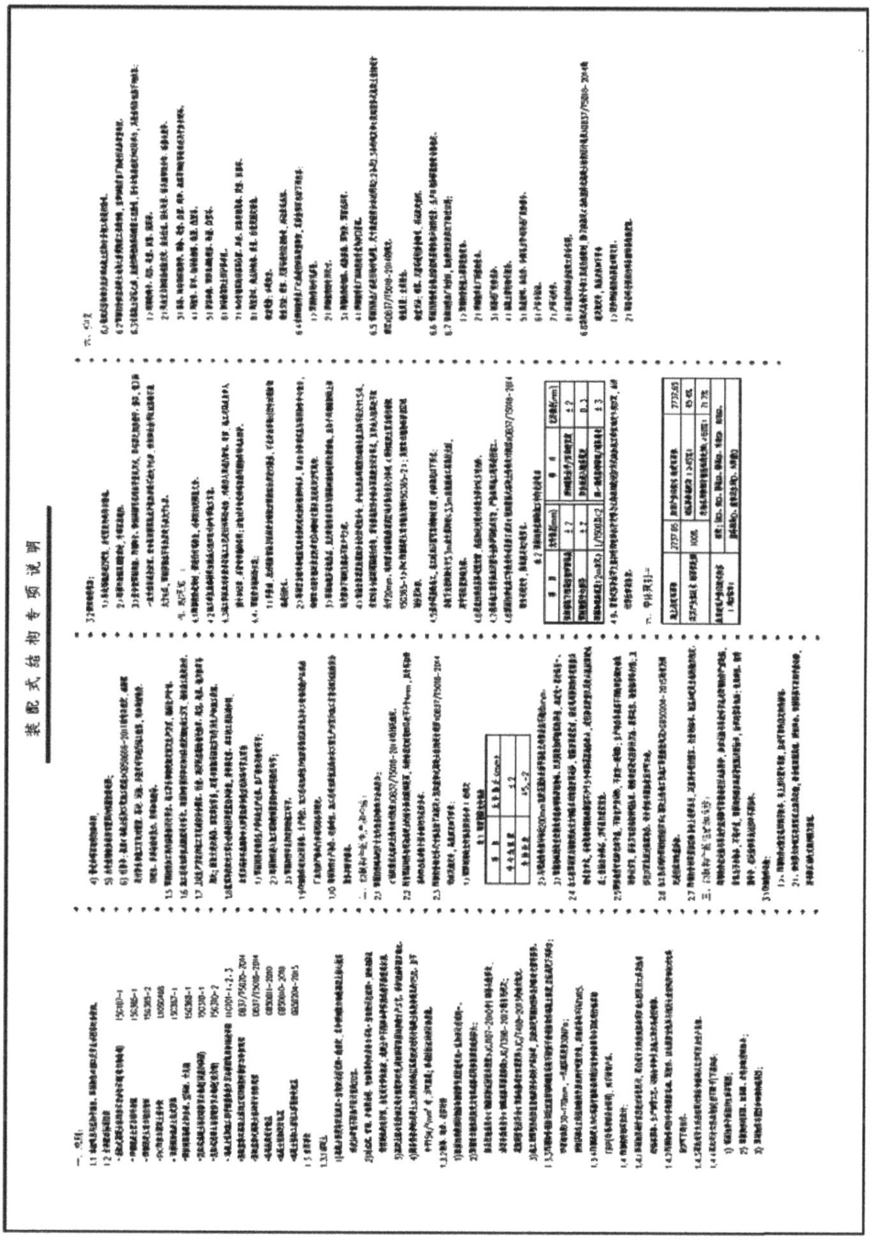

装配式结构专项说明

图 2-5　装配式结构专项说明

### 2.2.1 总则

装配式结构专项说明中总则部分的识读见表 2-20 所示。

表 2-20 《装配式结构专项说明》中有关“总则”的识读

| 识读步骤 | 识读要点 | 图纸示例 | 识读说明 |
| --- | --- | --- | --- |
| 1 | 配套图集 | （1）本设计说明应与结构平面图、预制构件详图以及节点详图等配合使用；<br>（2）所采用主要配套标准图集可见图 2-5 所示 | 明确本装配式结构配套图集，并收集装配式结构专项说明中所列图集，以备后续识读结构图所用；<br>装配式混凝土结构在设计时，应在满足建筑使用功能的前提下，实现建筑结构的标准化设计，遵循“少规格、多组合”的原则，以提高预制构件与部品的重复使用率，有利于降低造价；故在装配式结构设计中大量采用已有标准图集中预制构件；<br>目前的装配式混凝土技术体系从结构形式主要可以分为剪力墙结构、框架结构、框 架-剪力墙结构、框架-核心筒结构等；目前应用最多的是剪力墙结构体系，其次是框架结构、框架-剪力墙结构体系；<br>由住房和城乡建设部组织中国建筑标准设计研究院等单位编制的装配式混凝土结构图集针对剪力墙结构体系，目前共有 8 本：《装配式混凝土结构住宅建筑设计示例（剪力墙结构）》《装配式混凝土结构表示方法及示例(剪力墙结构)》《装配式混凝土结构连接节点构造 G310-1#2》《预制混凝土剪力墙外墙板》《预制混凝土剪力墙内墙板》《桁架钢筋混凝土叠合板（60mm 厚底板）》《预制钢筋混凝土板式楼梯》《预制钢筋混凝土阳台板、空调板及女儿墙》 |
| 2 | 混凝土 | （1）混凝土强度等级应满足“结构设计总说明”的规定，其中预制剪力墙的混凝土轴心抗压强度标准值不得高于设计值的 20%； | （1）明确对混凝土材料的相关要求；<br>（2）明确预制构件加工厂在进行构件加工时需注意相关事项，混凝土配置、养护、脱膜、起吊等工艺均需严格按照装配式专项说明；<br>（3）明确装配式专项说明与结构设计总说明关系，两者在识读时应相互联系； |

续表

| 识读步骤 | 识读要点 | 图纸示例 | 识读说明 |
| --- | --- | --- | --- |
| 2 | 混凝土 | （2）对水泥、骨料、矿物掺合料、外加剂等的设计要求详见“结构设计总说明”，应特别保证骨料配级的连续性，未经设计单位批准，混凝土中不得掺加早强剂或者早强型减水剂；<br>（3）混凝土配合比除满足设计强度要求外，尚应根据预制构件的生产工艺、养护措施等因素确定；<br>（4）条件养护的混凝土立方体试件的抗压强度达到设计混凝土强度等级的 75%，且不小于 15N/mm$^2$ 时，方可脱膜；吊装时应达到设计强度值 | 剪力墙又称抗风墙、抗震墙或结构墙；房屋或构筑物中主要承受风荷载或地震作用引起的水平荷载和竖向荷载的墙体，防止结构剪切破坏，是装配式混凝土剪力墙结构体系中的重要承重构件；在对剪力墙构件设计时需综合考虑剪力墙强度、刚度、稳定性及延性等方面，剪力墙混凝土强度等级越高、轴力越大，剪力墙延性越差，因此需通过控制剪力墙轴心抗压强度来保证装配式结构的延性；<br>预制构件一般在构件加工工厂生产，与现浇构件相比，构件加工工厂施工条件更稳定，制作程序更规范，也更容易保证构件质量；目前构件加工工厂通常利用流水线实现批量工业化生产，以节约材料，提高生产效率；预制构件加工程序一般包括：模板组装→划线→预埋件安装→混凝土浇筑→混凝土养护→脱膜、起吊、堆放→出厂 |
| 3 | 钢筋/钢材/连接材料 | （1）预制构件使用的钢筋和钢材牌号及性能详见“结构设计总说明”；<br>（2）预制剪力墙板纵向受力刚接连接采用套筒灌浆连接接头：①接头性能应符合《钢筋机械连接技术规程》JGJ107-2010 中Ⅰ级接头的要求；②灌浆套筒应符合《钢筋连接用灌浆套筒》JG/T398-2012 的有关规定；③灌浆性能应符合《钢筋(1) 连接用套筒灌浆料》JG/T408-2013 的有关规定；<br>（3）施工用预埋件的性能指标应符合相关产品标准，且应满足预制构件吊装和临时支撑等需要 | （1）配合结构设计总说明，明确对钢筋、钢材牌号及性能的要求；<br>（2）明确预制构件所采用节点连接方式，施工时需严格安装装配式结构专项说明及相应规程技术标准进行施工，以保证预制结构的施工安全及质量；<br>（3）明确对预制构件中预埋件性能的要求，施工中需注意构件吊装及安装后支撑等问题，以保证施工安全；<br>装配整体式结构中，节点及接缝处的纵向钢筋连接宜根据接头受力、施工工艺等要求选用机械连接、套筒灌浆连接、浆锚搭接连接、焊接连接、绑扎搭接连接等连接方式，并应符合国家现行有关标准的规定 |

续表

| 识读步骤 | 识读要点 | 图纸示例 | 识读说明 |
|---|---|---|---|
| 3 | 钢筋/钢材/连接材料 | | 钢筋灌浆套筒入下图所示： 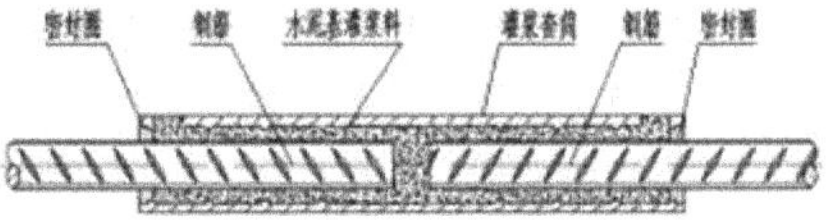<br>预制剪力墙预埋连接套筒如下图所示： 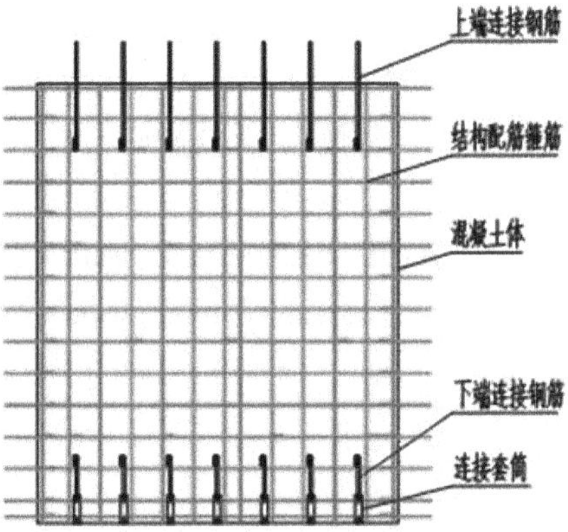 |
| 4 | 预制构件的深化设计 | （1）预制构件制作前应进行深化设计，深化设计应根据本项目施工图设计文件及选用的标准图集、生产制作工艺、运输条件和安装施工要求等进行编制；<br>（2）预制构件详图中各类预留孔洞、预埋件、机电预留管线须与相关专业图纸仔细核对无误后方可下料制作；<br>（3）深化设计文件应经设计单位书面确认后方可作为生产依据；<br>（4）深化设计文件应包括但不限于下属内容；详情可参考图 2-5 | （1）明确预制构件的深化设计要求；在预制构件生产前需对构件进行深化设计，并配合相关专业进行，不得随意更改经设计单位确认的深化设计文件；<br>在装配式结构设计阶段之前需增加了前期技术策划环节，以配合预制构件的生产加工需求来对预制构件加工图进行设计；预制构件加工图设计可由设计单位与预制构件生产企业等配合设计完成，且在设计中可采用 BIM 技术，协同各专业完成设计内容，提高设计精确度；<br>预制剪力墙为相关专业预留的孔洞实例如下图所示： 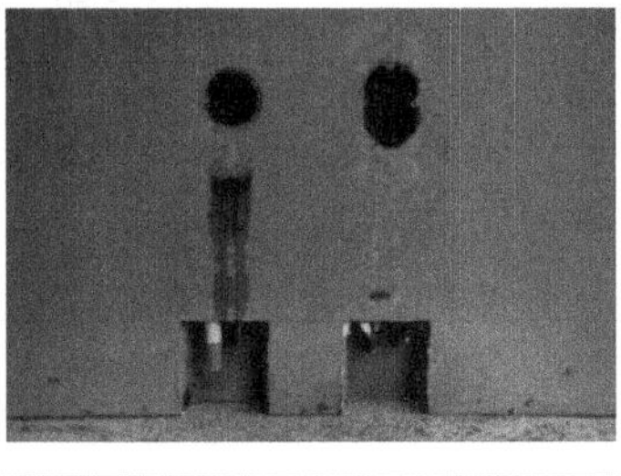 |

### 2.2.2 预制构件的生产和检验

装配式结构专项说明中预制构件的生产和检验部分的识读见表 2-21 所示。

表 2-21 《装配式结构专项说明》中有关“预制构件的生产和检验”的识读

<table>
<tr><th>识读步骤</th><th>识读要点</th><th>图纸示例</th><th>识读说明</th></tr>
<tr><td>1</td><td>预制构件的生产和检验</td><td>（1）预制构件的尺寸偏差和检验方法应符合《装配整体式混凝土结构设计规程》DB37/T5018-2014 的相关规定；<br>（2）所有预制构件与现浇混凝土的结合面应做粗糙面，无特殊规定时粗糙面凹凸度不小于 4mm；且外露粗骨料的凹凸应沿整个结合面均匀连续分布；<br>（3）预制构件的允许尺寸偏差除满足《装配整体式混凝土结构设计规程》的有关规定外，尚应满足如下的要求：<br>①预留钢筋的允许偏差见下表：<br><table><tr><th>项目</th><th>允许偏差（mm）</th></tr><tr><td>中心线位置</td><td>±2</td></tr><tr><td>外伸长度</td><td>+5，－2</td></tr></table>②与现浇结构相邻部位 200mm 宽度范围内表明平整度允许偏差应不超过 1mm；<br>（4）预制墙板的误差控制应考虑相邻楼层的墙板，以及同层相邻墙板的误差，应避免“累计误差”</td><td>（1）明确预制构件的尺寸偏差和检验方法，在预制构件进场时，需严格按照装配式结构专项说明及相关技术规程要求对预制构件进行检验，检验应当有书面记录和专人签字；未经检验或者检验不合格的，不得使用；<br>（2）明确预制构件与现浇混凝土结合处粗糙面的处理要求；<br>预制构件多为在构件加工企业制作，监理一般不参与构件加工制作部分，无法像现浇构件一样以监督构件制作质量；故预制构件进场必须经过检验，以弥补专业企业生产过程中无监理的情况，通过验证构件实际生产质量来确保结构质量和施工安全，也通过检验防止专业企业在制作中“偷工减料”；<br>对于出现的严重缺陷及尺寸偏差的预制构件，应由预制构件生产企业技术按处理方案处理，并重新进场验收，此种情况处理过程有时不需经过监理与设计，以最终进场验收合格为准；<br>为保证装配式结构的整体性，结构中还保有一定量的后浇段、现浇剪力墙等现浇结构；预制构件与现浇构件相连接接触面需进行粗糙处理，使预制构件与现浇构件连接性增加；粗糙面的面积不宜小于结合面的 80%，预制板的粗糙面凹凸深度不应小于 4 mm，预制梁端、预制柱端、预制墙端的粗糙面凹凸深度不应小于 6mm ；<br>预制构件粗糙面实例如下图所示：<br>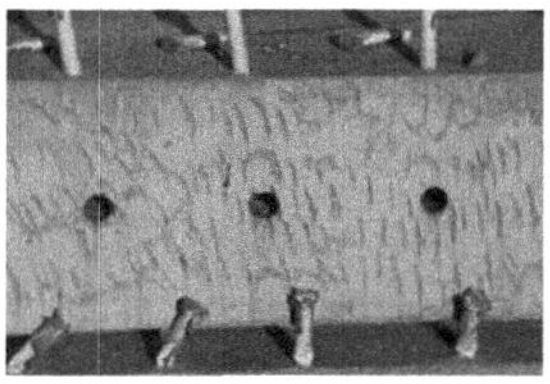</td></tr>
</table>

### 2.2.3 预制构件的运输和堆放

预制构件在运输与堆放中应采取可靠措施进行成品保护，如因运输与堆放环节造成预制构件严重缺陷，应视为不合格品，不得安装；预制构件应在其显著位置设置标识，标识内容应包括：使用部位、构件编号等，预制构件的运输和堆放部分的识读见表 2-22 所示。

**表 2-22 《装配式结构专项说明》中有关“预制构件的运输和堆放”的识读**

| 识读步骤 | 识读要点 | 图纸示例 | 识读说明 |
| --- | --- | --- | --- |
| 1 | 预制构件运输 | （1）预制构件运输宜选用低平板车，车上应设置专用架，且有可靠的稳定构件措施；<br>（2）预制剪力墙板宜采用竖直立放式运输，叠合板预制底板、预制阳台、预制楼梯可采用平放运输，并采取正确的支架和固定措施 | （1）明确构件运输要求，运输时需遵循装配式结构专项说明，避免构件应运输不当破损；<br>预制构件的运输线路应根据道路、桥梁的实际条件确定；场内运输宜设置循环线路；运输车辆应满足构件尺寸和载重要求；装卸构件过程中，应采取保证车体平衡、防止车体倾覆的措施；应采取防止构件移动或倾倒的绑扎固定措施；运输细长构件时应根据需要设置水平支架；对构件边角部或绳索接触处的混凝土，宜采用垫衬加以保护；<br>外观复杂的墙板宜采用插放架或靠放架直立堆放、直立运输，也可采用专用支架水平堆放、水平运输，如下图所示： 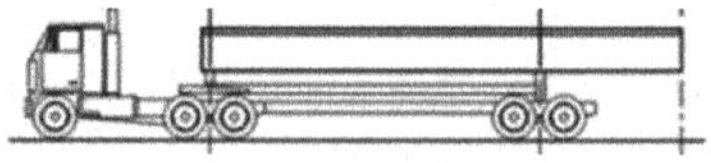 |
| 1 | 预制构件堆放 | （1）堆放场地应进行硬化，并设置良好的排水措施；<br>（2）预制外墙板采用靠放时，外饰面应朝内；<br>叠合板预制底板、预制阳台、预制楼梯可采用水平叠放方式，层与层之间应垫平、垫实，最下面一层支垫应通长设置；叠合板预制底板水平堆放层数不应大于 6 层，预制阳台水平堆放层数不应大于 4 层，预制楼梯水平堆放层数不应大于 6 层 | （1）明确预制构件堆放要求，做好预制构件堆放保护，防止构件由于储存不当发生破坏；<br>构件堆放所用插放架、靠放架应有足够的强度、刚度和稳定性；采用靠放架直立堆放的墙板宜对称靠放、饰面朝外，倾斜角度不宜小于 80°；<br>连接止水条、高低口、墙体转角等薄弱部位，应采用定型保护垫块或专用式套件作加强保护；重叠堆放构件时，每层构件间的垫木或垫块应在同一垂直线上；堆垛层数应根据构件自身荷载、地坪、垫木或垫块的承载能力及堆垛的稳定性确定；预制构件的码放应预埋吊件向上，标志向外；垫木或垫块在构件下的位置宜与脱模、吊装时的起吊位置一致 |

### 2.2.4　现场施工

装配式结构专项说明中现场施工部分的识读如表 2-23 所示。

表 2-23《装配式结构专项说明》中有关“现场施工”的识读

<table>
<tr><th>识读步骤</th><th>识读要点</th><th>图纸示例</th><th>识读说明</th></tr>
<tr><td>1</td><td>现场施工</td><td>（1）预制构件进场时，需进行外观检查，并核收相关质量文件；<br>（2）施工单位应编制详细的施工组织设计和专项施工方案；<br>（3）施工单位应对套筒灌浆施工工艺进行必要的试验，对操作人员进行培训；施工现场派专人值守和记录，并留有影像的资料，注意对具有瓷砖饰面的预制构件成品保护；<br>（4）预制剪力墙板的安装详情可参考图 2-5；<br>（5）叠合楼盖、悬挑构件应设临时支撑，待结构达到设计承载力要求时方可拆除；<br>（6）现场施工操作面应设置安全防护围栏或外架，严格按照施工规程进行施工；<br>（7）预制构件在施工中的允许误差除了满足《装配整体式混凝土结构设计规程》DB37/T5018 的有关规定外，尚应满足下表：
<table>
<tr><th>项目</th><th>允许误差（mm）</th></tr>
<tr><td>预制墙板下现浇结构顶面标高</td><td>±2</td></tr>
<tr><td>预制墙板中偏移心偏移</td><td>±2</td></tr>
<tr><td>预制墙板垂直度</td><td>L/1500 且< 2</td></tr>
<tr><td>预制墙板水平/竖向缝宽度</td><td>±2</td></tr>
<tr><td>阳台板进入墙体宽度</td><td>0，3</td></tr>
<tr><td>同一轴线相邻楼板/墙板高差</td><td>±3</td></tr>
</table></td><td>（1）明确装配式结构施工准备工作，并按要求完成预制构件进场、施工组织设计及专项施工方案；<br>（2）明确装配式结构施工要求，做好施工管理工作，保障施工安全；<br>（3）明确预制剪力墙、叠合楼板等构件安全要求及要点，施工时需设置临时支撑，以便后续进行垂直度、水平位移等校正；<br>当施工单位第一次从事某种类型的装配式结构施工或结构形式比较复杂时，为保证预制构件制作、运输、装配等施工过程的可靠，施工前应针对重点过程进行试制作和试安装；<br>预制构件安装过程中应根据水准点和轴线校正位置，安装就位后应及时采取临时固定措施；预制构件与吊具的分离应在校准定位及临时固定措施安装完成后进行；临时固定措施的拆除应在装配式结构能达到后续施工承载要求后进行，如下图所示：</td></tr>
</table>

### 2.2.5　单体预制率

装配式结构专项说明中单体预制率部分的识读见表 2-24 所示。

表 2-24 《装配式结构专项说明》中有关“单体预制率”的识读

| 识读步骤 | 识读要点 | 图纸示例 | 识读说明 |
|---|---|---|---|
| 1 | 单体预制率 | 详情可见表 2-25 | （1）明确该建筑地上总建筑面积；<br>（2）明确建筑单体装配率；<br>（3）明确建筑预制构件及部品采用种类；<br>在预制装配式建筑中，预制率和装配率是两个不同的概念；预制率是装配式混凝土建筑室外地坪以上主体结构和围护结构中预制构件部分的材料用量占对应构件材料总用量的体积比；装配率是装配式建筑中预制构件、建筑部品的数量（或面积）占同类构件或部品总数量（或 面积）的比率 |

表 2-25 建筑单体预制率

| 地上总建筑面积（$m^2$） | 2737.65 | 应用产业化技术的建筑面积 | 2723.65 |
|---|---|---|---|
| 落实产业化技术的面积比例 | 100% | 建筑单体装配率（≥ 45%） | 45.4% |
| | | 外墙采用预制外墙挂板的比例 | 71.7% |
| 应用建筑产业化技术内容（用√标示） | 框架：柱，梁，楼板√，楼梯√，外墙√，内墙√ | | |
| | 整体厨房，整体卫生间，太阳能 | | |

## 2.2.6 验收

装配式结构专项说明中验收部分的识读见表 2-26 所示。

表 2-26 《装配式结构专项说明》中有关“验收”的识读

| 识读步骤 | 识读要点 | 图纸示例 | 识 读 说 明 |
|---|---|---|---|
| 1 | 验收 | 可参考图 2-5 | （1）明确预制构件隐蔽工程验收内容及要求；<br>（2）明确预制构件出厂前成品质量验收内容及要求；<br>（3）明确预制构件出厂交付时，构件制作单位应提供验收材料种类 |

# 第 3 章　预制剪力墙施工图的识读

## 3.1　预制剪力墙构件平法识图

### 3.1.1　概述

**1. 剪力墙的作用**

剪力墙结构是多高层建筑最常用的结构形式之一。建筑结构中往往会通过设置剪力墙来抵抗结构所承受的风荷载或地震作用引起的水平作用力，防止结构剪切破坏。剪力墙又称为抗风墙、抗震墙或结构墙，一般为钢筋混凝土材料，如图 3-1 所示。

图 3-1　剪力墙结构

装配式剪力墙结构（见图 3-2）与装配式框架结构相比，结构中存有更大量的水平接缝、竖向接缝以及节点，使得整体结构具有足够的承载能力、刚度和延性，以及抗震、抗偶然荷载、抗风的能力，在现阶段装配式结构中发展较为成熟，应用也较广。

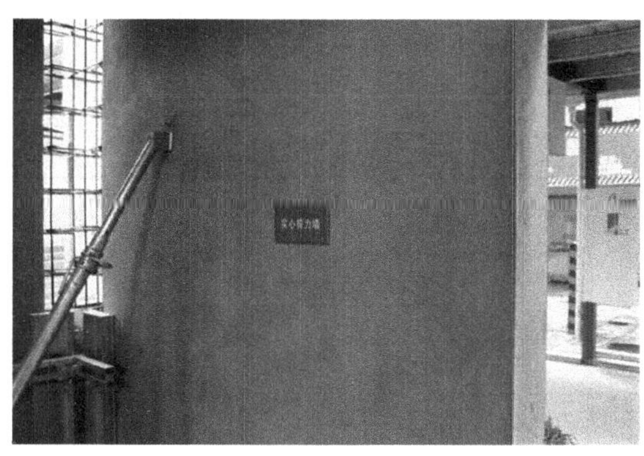

图 3-2　装配式剪力墙

### 2. 剪力墙构件的组成

装配式剪力墙墙体结构可视为由预制剪力墙身、后浇段、现浇剪力墙身、现浇剪力墙柱、现浇剪力墙梁等构件构成，如表 3-1 所示。

表 3-1 装配式剪力墙墙体结构

| 构 件 名 称 | | 示 意 图 |
|---|---|---|
| 预制部分 | 预制剪力墙身 |  |
| 现浇部分 | 现浇剪力墙身 | 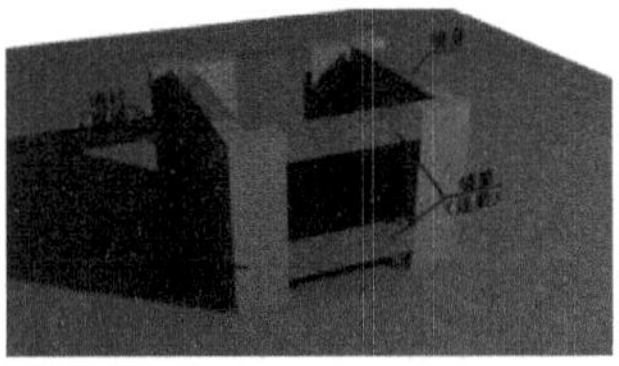 |
| | 现浇剪力墙柱 | |
| | 现浇剪力墙梁 | |
| 后浇段 | 约束边缘构件后浇段 |  |
| | 构造边缘构件后浇段 |  |
| | 非边缘构件后浇段 |  |

### 3. 图集《15G310》预制混凝土剪力墙平法识图知识体系

图集《15G310》分为 2 册，1 册为预制混凝土剪力墙外墙板，2 册为预制混凝土剪力墙内墙板，按墙板有无洞口进行分类编排，知识体系如表 3-2 及表 3-3 所示。

表 3-2 《预制混凝土剪力墙外墙板》（15G310-1）知识体系

| 预制混凝土剪力墙外墙板知识体系 | | | 《15G310-1》页码 |
|---|---|---|---|
| 编制说明 | | | P5 – P10 |
| 墙体类型 | 无洞口外墙板 | | P16 – P56 |
| | 一个窗洞外墙板（高窗洞） | | P58 – P123 |
| | 一个窗洞外墙板（矮窗洞） | | P124 – P169 |
| | 两个窗洞外墙板 | | P170 – P181 |
| | 一个门洞外墙板 | | P182 – P223 |
| 外叶墙板 | | | P229 – P234 |
| 节点详图 | | | P229 – P234 |

表 3-3 《预制混凝土剪力墙内墙板》（15G310-2）知识体系

<table>
<tr><th colspan="3">预制混凝土剪力墙内墙板知识体系</th><th>《15G310-2》页码</th></tr>
<tr><td colspan="3">编制说明</td><td>P4－P7</td></tr>
<tr><td rowspan="4">墙体类型</td><td>无洞口内墙板</td><td></td><td>P10－P51</td></tr>
<tr><td>固定门垛内墙板</td><td></td><td>P52－P99</td></tr>
<tr><td>中间门洞内墙板</td><td></td><td>P100－P141</td></tr>
<tr><td>刀把内墙板</td><td></td><td>P142－P177</td></tr>
<tr><td colspan="3">节点详图</td><td>P229－P234</td></tr>
</table>

### 3.1.2 预制剪力墙的平法识读

图 3-3 为预制剪力墙平面布置图。

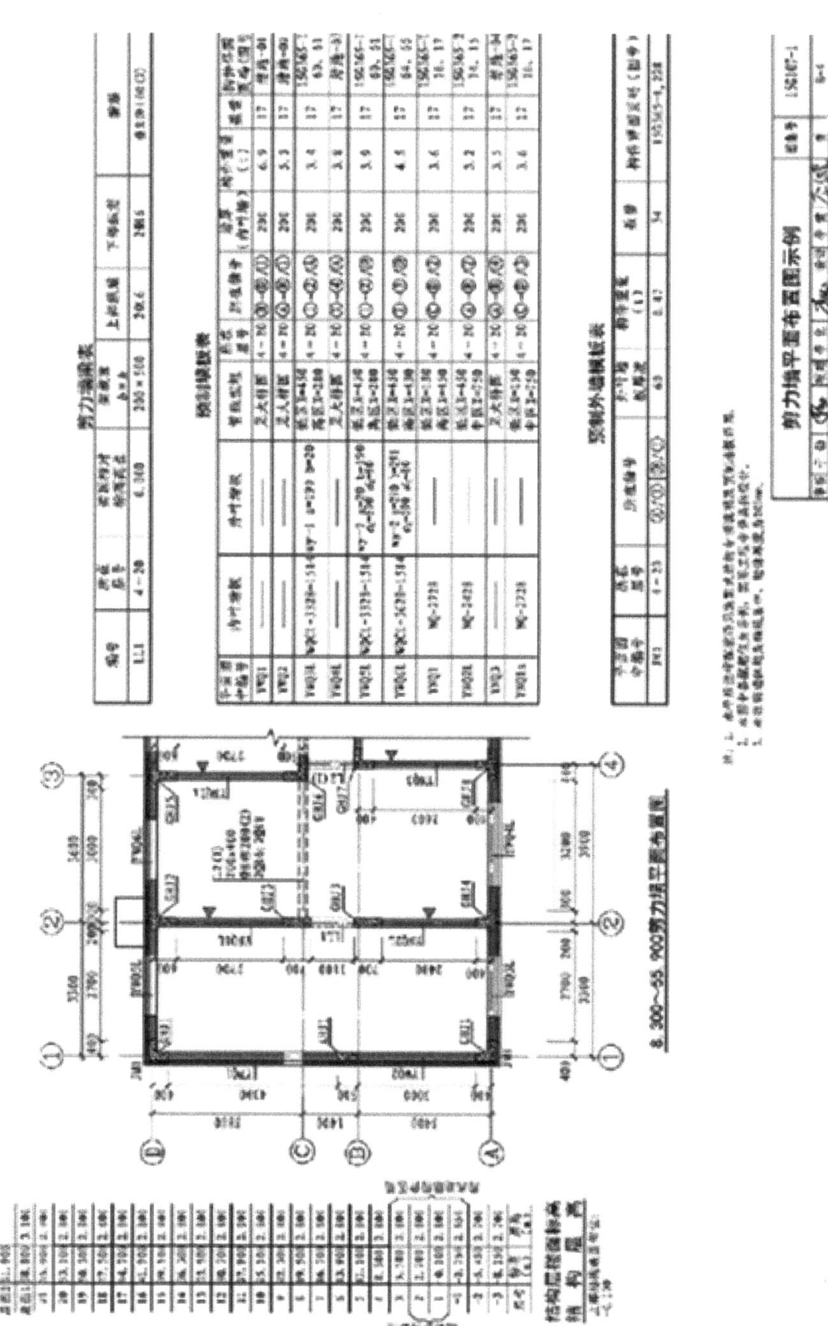

图 3-3　预制剪力墙平面布置图

### 1. 预制剪力墙的平法表示方式

从图 3-3 中可发现预制剪力墙在墙平面布置图中采用截面注写方式和列表注写方式进行表达，如表 3-4 所示。

表 3-4 剪力墙平法表示方式

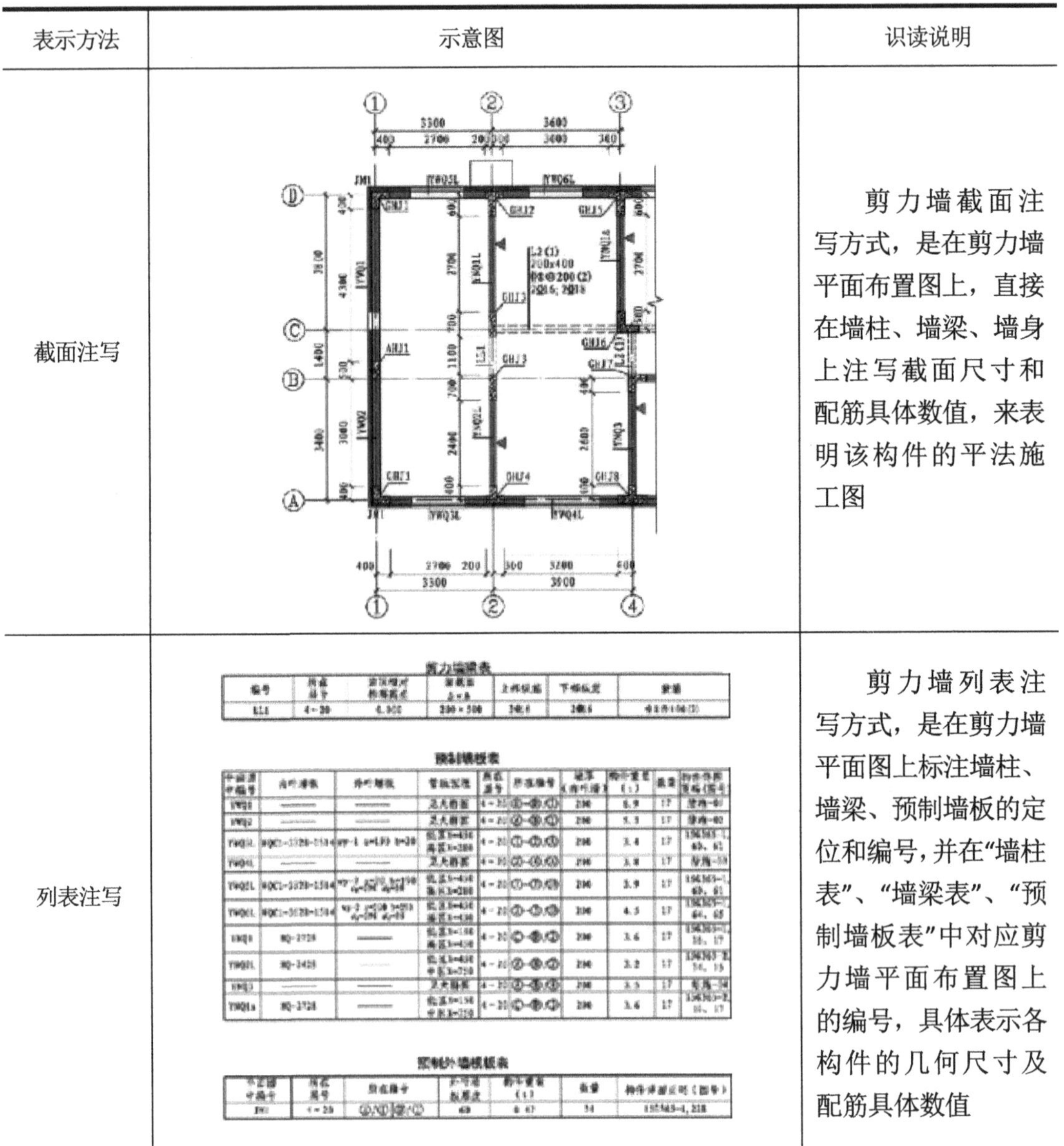

| 表示方法 | 示意图 | 识读说明 |
| --- | --- | --- |
| 截面注写 |  | 剪力墙截面注写方式，是在剪力墙平面布置图上，直接在墙柱、墙梁、墙身上注写截面尺寸和配筋具体数值，来表明该构件的平法施工图 |
| 列表注写 |  | 剪力墙列表注写方式，是在剪力墙平面图上标注墙柱、墙梁、预制墙板的定位和编号，并在“墙柱表”、“墙梁表”、“预制墙板表”中对应剪力墙平面布置图上的编号，具体表示各构件的几何尺寸及配筋具体数值 |

### 2. 剪力墙识读要点

（1）预制剪力墙墙身的识读见表 3-5 所示。

表 3-5　预制剪力墙墙身图纸的识读

| 识读步骤 | 识读要点 | 图纸示例 | 识读说明 |
|---|---|---|---|
| 1 | 剪力墙平面布置图图名 | 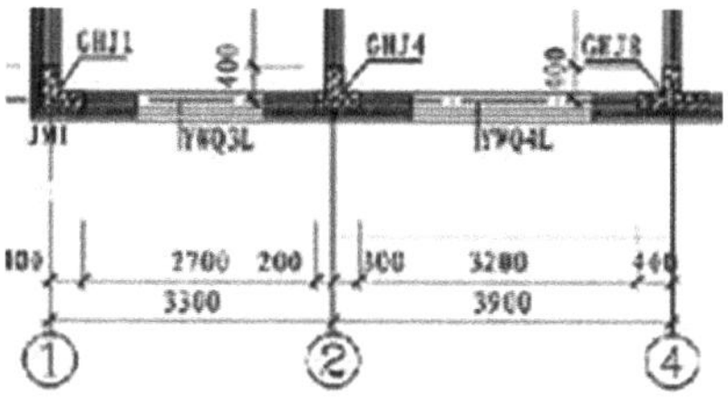 8.300～55.900剪力墙平面布置图 | （1）图名一般标注在相应图纸下方或图纸标题栏内；<br>（2）预制剪力墙平面布置图按剪力墙所在楼层标高命名；需结合对应结构层高表；<br>（3）结合结构层高表可知，该剪力墙平面图适用范围为建筑 8.3m 至 55.9m，即为该建筑 4 层至 21 层；<br>（4）预制结构为简化生产流程和提高施工装配速率，同一建筑类似构件种类不宜过多，设计时应严格按照建筑模数制要求 |
| 2 | 结构层高 | 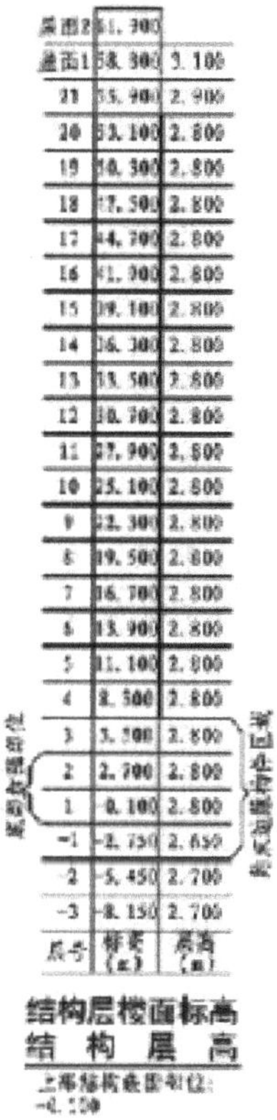 结构层楼面标高<br>结构层高 | （1）结构层高表通常由层号，标高及层高三部分组成；<br>（2）通过识读其层号栏，可知该建筑上共有 24 层；<br>（3）结构层楼面标高是指混凝土楼板顶面的标高；施工图纸中尺寸不标注单位，未有特殊说明情况下，标高以 m 为单位，其余尺寸均以 mm 为单位；<br>（4）建筑标高以室内地坪作为相对标高起始位置，记为±0.000；可通过识读楼层标高符合来判断建筑是否设有地下结构；该建筑 24 层中有三层为地下结构；<br>（5）结构层高是指相邻结构层混凝土楼板顶面标高之差；通过识读层高栏可知该建筑标准层层高为 2.8m |

续表

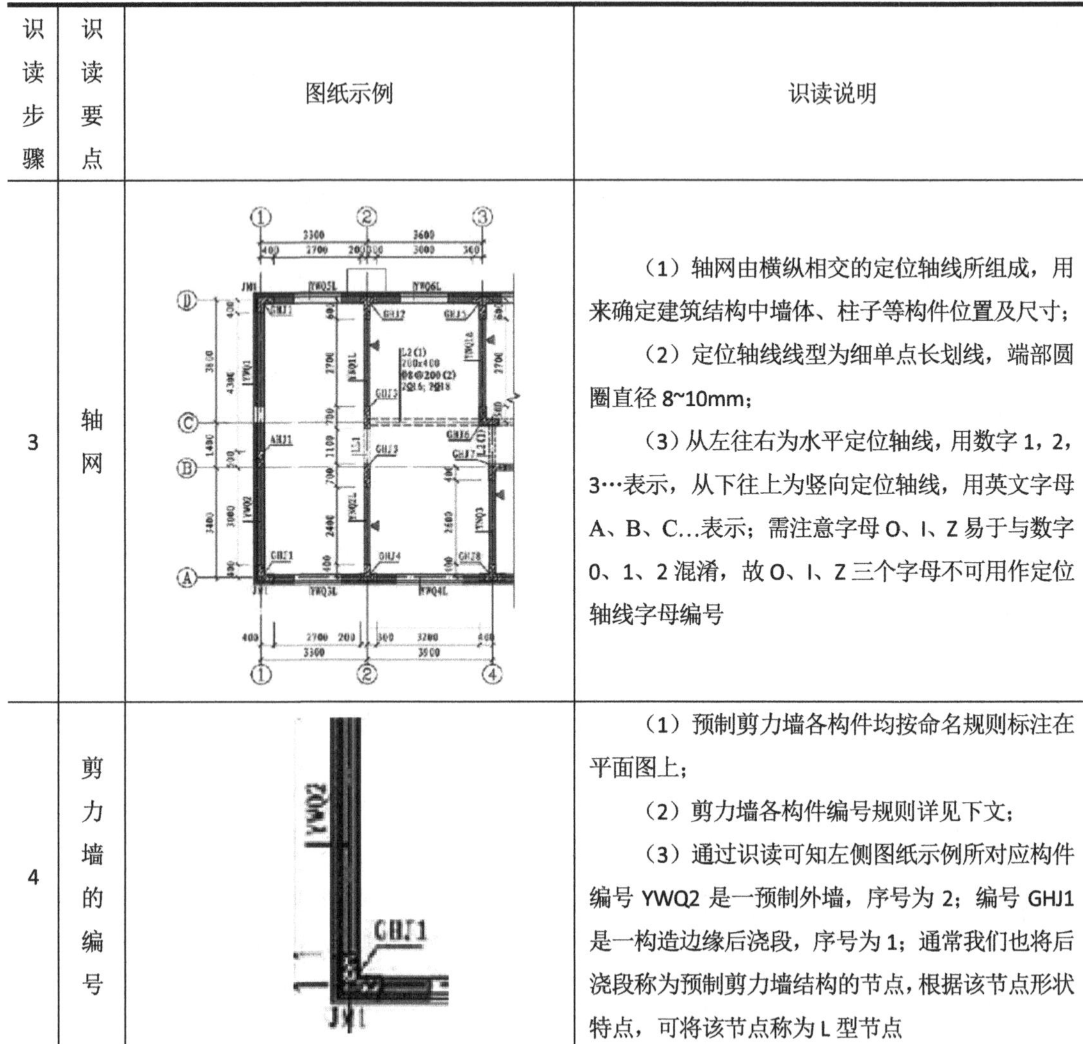

| 识读步骤 | 识读要点 | 图纸示例 | 识读说明 |
|---|---|---|---|
| 3 | 轴网 | | （1）轴网由横纵相交的定位轴线所组成，用来确定建筑结构中墙体、柱子等构件位置及尺寸；<br>（2）定位轴线线型为细单点长划线，端部圆圈直径 8~10mm；<br>（3）从左往右为水平定位轴线，用数字 1，2，3…表示，从下往上为竖向定位轴线，用英文字母 A、B、C…表示；需注意字母 O、I、Z 易于与数字 0、1、2 混淆，故 O、I、Z 三个字母不可用作定位轴线字母编号 |
| 4 | 剪力墙的编号 | | （1）预制剪力墙各构件均按命名规则标注在平面图上；<br>（2）剪力墙各构件编号规则详见下文；<br>（3）通过识读可知左侧图纸示例所对应构件编号 YWQ2 是一预制外墙，序号为 2；编号 GHJ1 是一构造边缘后浇段，序号为 1；通常我们也将后浇段称为预制剪力墙结构的节点，根据该节点形状特点，可将该节点称为 L 型节点 |

剪力墙编号由类型代号和序号组成，如表 3-6 所示。

**表 3-6　剪力墙编号**

| 构件类型 | | 代号 | 序号 |
|---|---|---|---|
| 预制墙体 | 预制外墙 | YWQ | ×× |
| | 预制内墙 | YNQ | ×× |
| 后浇段 | 约束边缘构件后浇段 | YHJ | ×× |
| | 构造边缘构件后浇段 | GHJ | ×× |
| | 非边缘构件后浇段 | AHJ | ×× |

相同的预制外墙或内墙可采用同一编号，编号中的序号既可以用数字，也可以采用数字加字母的命名方式。例如某工程有一预制混凝土内墙板与已编号的 YNQ5 除线盒位置外，其他参数均相同，为方便起见，可将该预制内墙板编号为 YNQ5a。预制剪力墙墙身编号的识读如表 3-7 所示。

**表 3-7　预制剪力墙墙身编号的识读**

<table>
<tr><th>识读步骤</th><th>识读要点</th><th>图纸示例</th><th>识 读 说 明</th></tr>
<tr><td>1</td><td>预制墙板装配方向</td><td>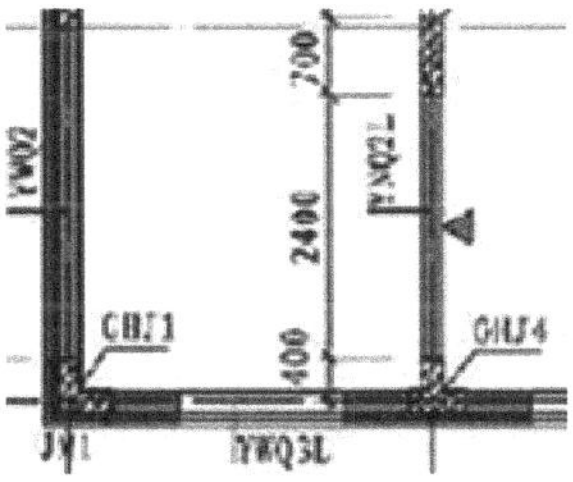
</td><td>（1）通过编号识读，我们可知左侧图纸示例中共有 2 块预制外墙，编号分别为 YWQ2 和 YWQ3L；1 块预制内墙，编号为 YNQ2L；<br>（2）外墙板以内侧位装配方向，不需特殊标注，内墙板用▲表示装配方向</td></tr>
<tr><td>2</td><td>预制墙板表</td><td>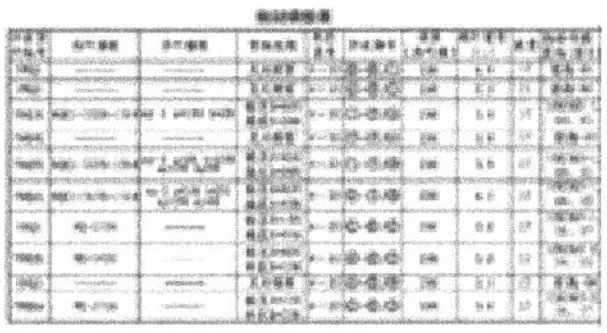</td><td>预制墙板表对应预制剪力墙平面布置图中的墙身编号，在列表中注写各预制墙板具体信息</td></tr>
<tr><td>3</td><td>预制墙板的图集索引</td><td>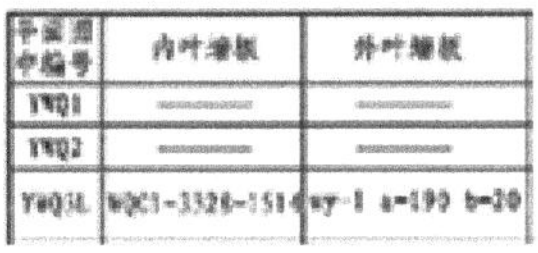
<table>
<tr><th>平面图中编号</th><th>内叶墙板</th><th>外叶墙板</th></tr>
<tr><td>YWQ1</td><td>————</td><td>————</td></tr>
<tr><td>YWQ2</td><td>————</td><td>————</td></tr>
<tr><td>YWQ3L</td><td>WQC1-3328-1514</td><td>wy-1 a=190 b=20</td></tr>
</table></td><td>（1）若直接选用标准图集中的预制构件，需在预制墙板表中明确平面布置图中构件编号与所选图集中构件编号的对应关系，使两者结合构成完整的结构设计图；<br>（2）从左侧预制墙板表识读中可知编号为 YWQ3L 的预制外墙板直接引用了图集中已有墙体，并在墙板表中注明了图集中该墙体编号；<br>（3）图集墙体编号详见下文；<br>（4）图集《15G365-1》中所用预制外墙板类型为夹心保温外墙板，在内外两混凝土墙板中放置聚苯板等保温材料，详细内容可参考 3.2 节中外墙施工的识读；<br>（5）通过识读可知编号 YWQ3L 的预制外墙直接引用了标准图集中编号为 WQC1－3328－1514 的外墙板；墙板类型为带一个窗洞，且该窗洞为高窗洞；墙板标志宽度为 3300mm，高度为 2800mm，窗洞尺寸为 1500mm × 1400mm</td></tr>
</table>

标准图集编号规则如表 3-8 及表 3-9 所示。

表 3-8 预制外墙标准图集编号

| 预制外墙 | 示意图 | 编号 |
| --- | --- | --- |
| 无洞口外墙板 | | WQ - ×× ××<br>无窗洞外墙；标志宽度；层高 |
| 一个窗洞外墙板（高窗洞） |  | WQC1 - ×× ×× - ×× ××<br>一窗洞外墙（高窗台）；标志宽度；层高；窗宽；窗高 |
| 一个窗洞外墙板（矮窗洞） |  | WQCA - ×× ×× - ×× ××<br>一窗洞外墙（矮窗台）；标志宽度；层高；窗宽；窗高 |
| 两个窗洞外墙板 |  | WQC2 - ×× ×× - ×× ×× - ×× ××<br>两窗洞外墙；标志宽度；层高；左窗宽；左窗高；右窗宽；右窗高 |
| 一个门洞外墙板 |  | WQM - ×× ×× - ×× ××<br>一门洞外墙；标志宽度；层高；门宽；门高 |

表 3-9　预制内墙标准图集编号

| 预制内墙 | 示意图 | 编　号 |
|---|---|---|
| 无洞口内墙 |  | 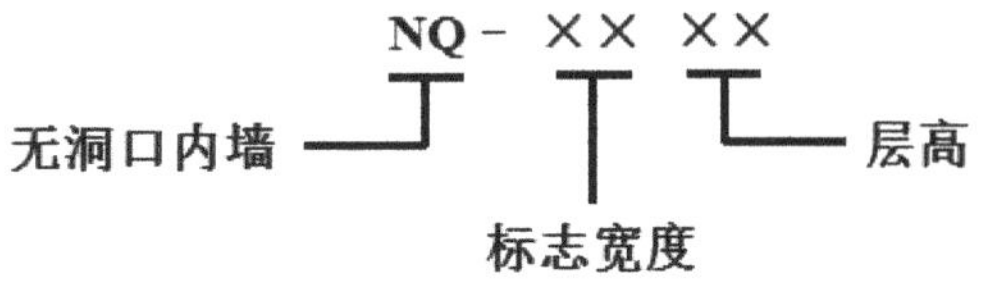 NQ－×× ××<br>无洞口内墙　标志宽度　层高 |
| 固定门垛 |   | 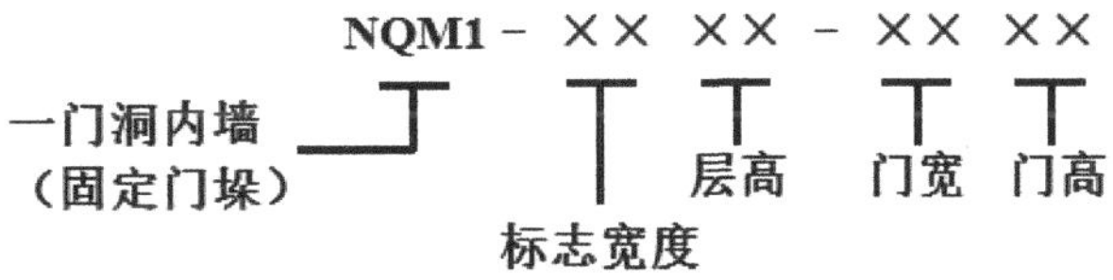 NQM1－×× ××－×× ××<br>一门洞内墙（固定门垛）　标志宽度　层高　门宽　门高 |
| 中间门洞 |   | 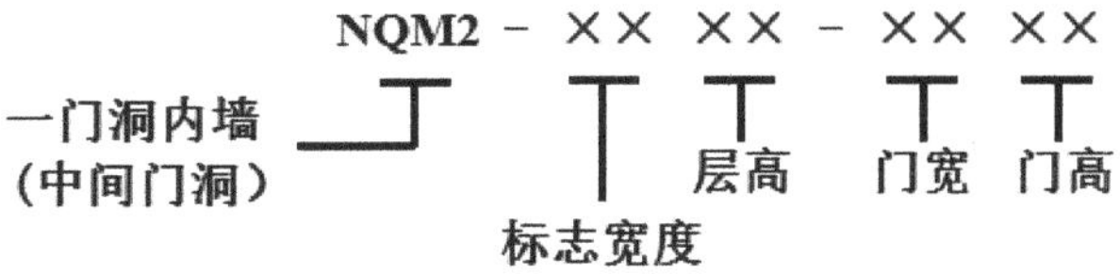 NQM2－×× ××－×× ××<br>一门洞内墙（中间门洞）　标志宽度　层高　门宽　门高 |
| 刀把式内墙 |   | 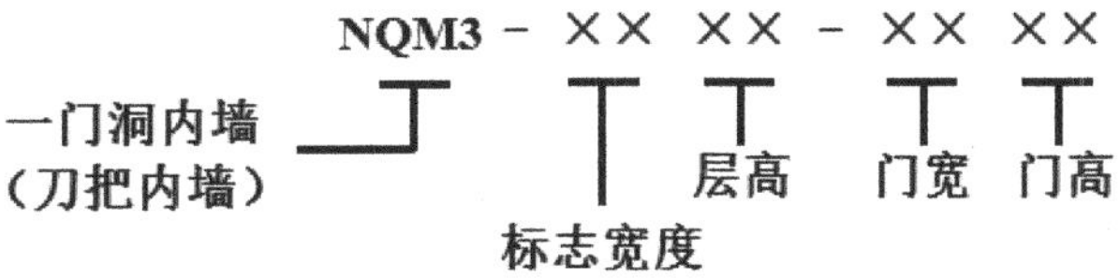 NQM3－×× ××－×× ××<br>一门洞内墙（刀把内墙）　标志宽度　层高　门宽　门高 |

预制剪力墙墙身注写符号的识读如表 3-10 所示。

表 3-10　预制剪力墙墙身注写符号的识读

| 识读步骤 | 识读要点 | 图纸示例 | 识读说明 |
|---|---|---|---|
| 1 | 管线预埋 | 平面图中编号 / 内叶墙板 / 外叶墙板 / 管线预埋<br>YWQ1 / —— / —— / 见大样图<br>YWQ2 / —— / —— / 见大样图<br>YWQ3L / WQC1-3328-1514 / wy-1 a=190 b=20 / 低区X=450 高区X=280 | （1）若选用标准图集中预制墙板，在注写管线预埋位置信息时，高度方向只注写低区、中区或者高区、水平方向根据标准图集的参数进行选择，如左侧图纸实例中编号为 YWQ3L 的预制外墙； |

续表

<table>
<tr><th>识读步骤</th><th>识读要点</th><th>图纸示例</th><th>识读说明</th></tr>
<tr><td>1</td><td>管线预埋</td><td></td><td>（2）当不选用标准图集时，高度方向和水平方向均应注写具体定位尺寸，其参数位置在装配方向为x、y，装配方向背面为x′、y′，如下图：</td></tr>
<tr><td>2</td><td>预制墙表-墙所在轴号</td><td></td><td>（1）预制墙板表中的轴号信息可以让我们更方便在平面图中找到对应的预制墙体；<br>（2）墙体轴号标注时应先标注垂直于墙板的起至轴号，用“~”表示起止方向；再标注所在轴线轴号，两者用“/”分隔；<br>（3）预制墙板中编号为YWQ2的所在轴号A~B/1，因此在平面图中我们只需要找到对应的A轴、B轴和1轴三根定位轴线，即可确定YWQ2在平面图上所在位置</td></tr>
<tr><td>3</td><td>预制墙板-其他信息</td><td><table><tr><th>墙厚<br>（内叶墙）</th><th>构件重量<br>（t）</th><th>数量</th></tr><tr><td>200</td><td>6.9</td><td>17</td></tr></table></td><td>预制构件在设计和制作时也需考虑后续的运输和施工吊装环节，所以一般预制构件与现浇构件相比尺寸较小，重量较轻；为方便后续的施工准备及组织，需在预制墙板表中注明各构件重量及数量</td></tr>
</table>

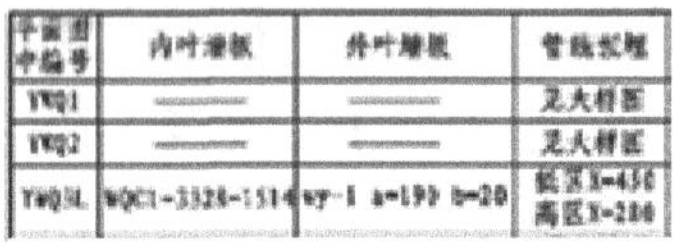

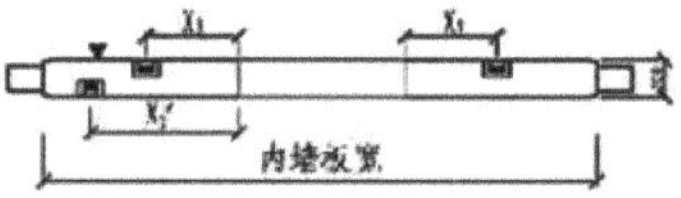

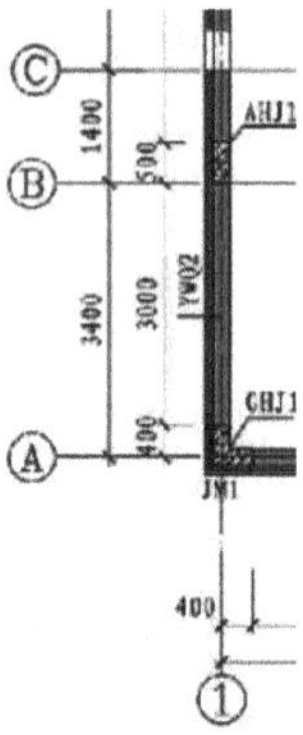

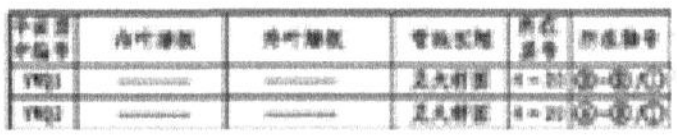

（2）预制剪力墙墙梁的识读。预制剪力墙并不是一个独立的构件，而是由墙身、墙梁、后浇段共同组成，墙身信息的识读是本章节的重点，但我们也需要掌握墙梁及后浇段信息的识读。预制剪力墙墙梁的识读见表3-11所示。

表 3-11　预制剪力墙墙梁的识读

| 识读步骤 | 识读要点 | 图纸示例 | 识读说明 |
| --- | --- | --- | --- |
| 1 | 墙梁集中标注 | 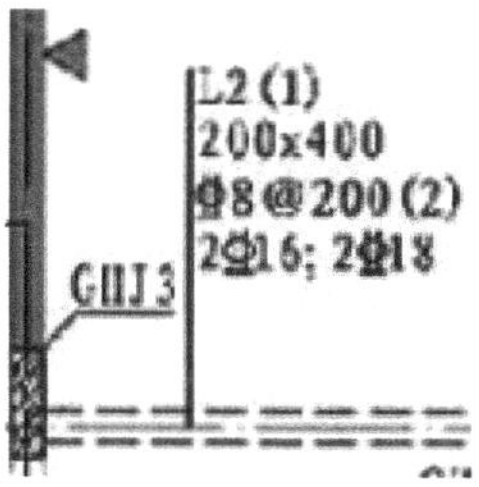  | 左侧图示中梁集中标注中包含了以下内容：①梁编号：L2（1）；②截面尺寸：200mm × 400mm；③箍筋：箍筋为 HRB400 级钢筋，直径 8mm，间距 200mm，双肢箍；④上部通长筋及下部通长筋：上部 2 根 HRB400 级钢筋，直径 16mm；下部 2 根 HRB400 级钢筋，直径 18mm |
| 2 | 墙梁表 | 详情可见表 3-12 | （1）通过识读左侧墙梁表，可获得编号 LL1 的剪力墙梁的相关信息，具体如下：①梁编号:LL1；②截面尺寸为200mm × 500mm；③箍筋为 HRB400 级钢筋，直径 8mm，间距 200mm，双肢箍；④上部 2 根 HRB400 级钢筋，直径 16mm；下部 2 根 HRB400 级钢筋，直径 16mm；<br>（2）梁顶相对标高高差为墙梁高出本层结构标高的标高差；左侧图示墙梁相对标高高差为 0.000m，表明墙梁与墙身无高度差，属于预制墙梁中的暗梁 |

表 3-12　墙梁表

| 编号 | 所在层号 | 梁顶相对标高高差 | 梁截面 $b \times h$ | 上部纵筋 | 下部纵筋 | 箍筋 |
| --- | --- | --- | --- | --- | --- | --- |
| LL1 | 4~20 | 0.000 | 200 × 500 | 2C16 | 2C16 | C8@100（2） |

（3）预制剪力墙后浇段的识读。预制剪力墙构件在现场装配时，构件节点部分通过现浇钢筋混凝土结构作为后浇段，形成预制构件间的可靠连接，以确保装配整体式混凝土结构的整体性。本书将预制剪力墙的后浇段从两个角度进行分类，第一种方式按后浇段作用进行分类，如表 3-13 所示，图集《15G107-1》也采用了此种分类方式，并注明了各类型后浇段代号，如表 3-14 所示；第二种方式按后浇段形状进行分类，如表 3-15 所示。

**表 3-13　预制剪力墙后浇段按作用分类**

| 后浇段分类 | 说　　明 |
| --- | --- |
| 约束边缘构件后浇段 | （1）约束边缘构件后浇段及构造边缘构件后浇段作用相同，均设置在预制剪力墙边缘，起到改善受力性能的作用；<br>（2）约束边缘后浇段以 Y 打头，用于一、二级抗震结构的底部加强部位及其上一层的剪力墙肢；<br>（3）构造边缘后浇段以 G 打头，用于三级抗震结构及其他部位；<br>（4）非边缘构件后浇带以 A 打头，设置在预制剪力墙非边缘连接处，一般情况下同强身相平 |
| 构造边缘构件后浇段 | |
| 非边缘构件后浇段 | |

**表 3-14　图集《15G107-1》后浇段代号**

| 后浇段类型 | 代号 |
| --- | --- |
| 约束边缘构件后浇段 | YHJ |
| 构造边缘构件后浇段 | GHJ |
| 非边缘构件后浇段 | AHJ |

**表 3-15　预制剪力墙后浇段按作用分类**

| 分类 | 平面图图示 | 配筋图图示 | 模型图 |
| --- | --- | --- | --- |
| 一字型 |  | 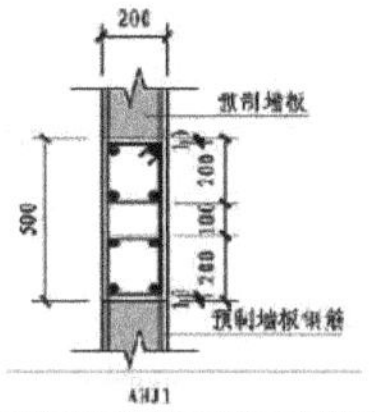 |  |
| T 型 | 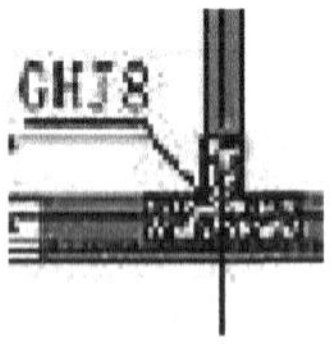 | 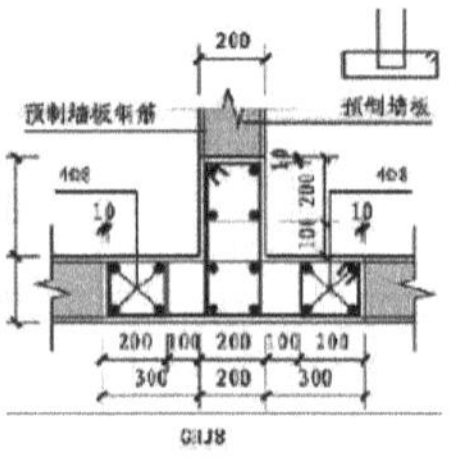 |  |
| L 型 | 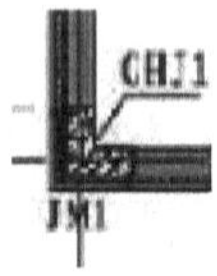 | 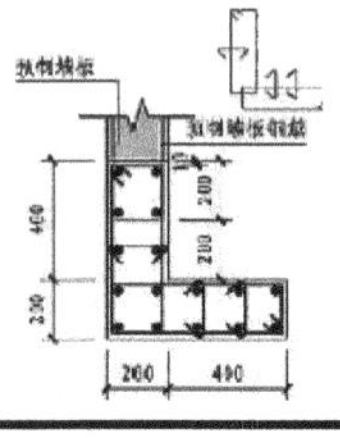 | 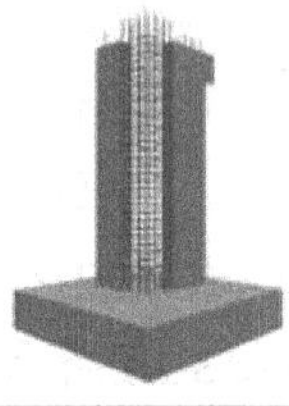 |

预制剪力墙后浇段的识读如表 3-16 所示。

**表 3-16　预制剪力墙后浇段识读**

| 识读步骤 | 识读要点 | 图纸示例 | 识读说明 |
|---|---|---|---|
| 1 | 编号 | 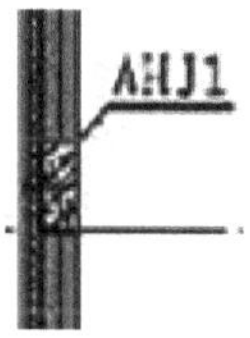 AHJ1 | （1）平面图中每个后浇段均应标注后浇段的编号，以明确后浇段的类型；<br>（2）左侧图示后浇段类型：非边缘性构件后浇段/一字型；<br>（3）根据所标注后浇段编号查找后浇段表中所对应的后浇段尺寸及配筋信息 |
| 2 | 起至高度 | 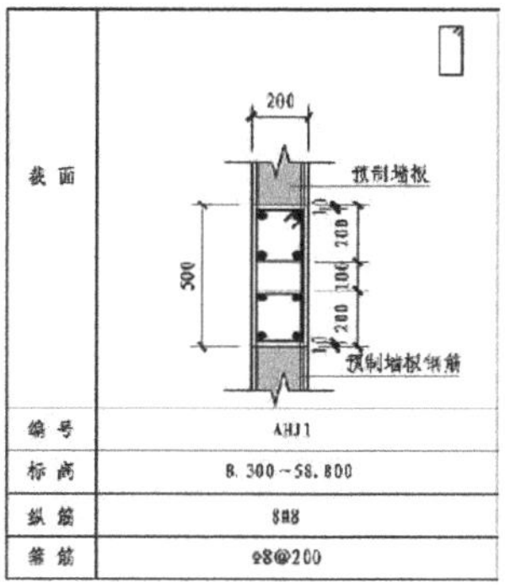 截面：200；预制墙板；500；200；100；200；预制墙板钢筋<br>编号：AHJ1<br>标高：8.300~58.800<br>纵筋：8⌀8<br>箍筋：⌀8@200 | 由标高信息栏和层高表可知，本图表示标高 8.3m – 58.8m 范围内编号为 AHJ1 后浇段的截面尺寸及配筋 |
| 3 | 纵筋/箍筋 | 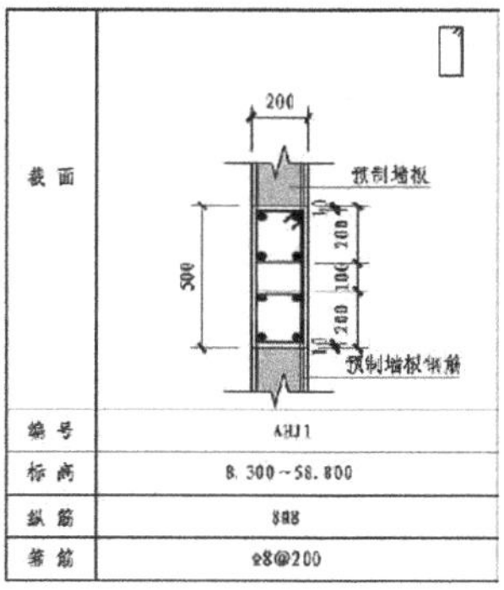 截面：200；预制墙板；500；200；100；200；预制墙板钢筋<br>编号：AHJ1<br>标高：8.300~58.800<br>纵筋：8⌀8<br>箍筋：⌀8@200 | （1）《装配式混凝土结构技术规程》（JGJ1-2014）规定预制剪力墙后浇段内应设置不少于 4 根竖向钢筋，钢筋直径不应小于墙体竖向分布筋直径且不小于 8mm；<br>（2）左侧图示后浇段竖向设置有 8 根 HRB400 钢筋，直径为 8mm；<br>（3）箍筋采用直径为 8mm 的 HRB400 钢筋，间距为 200mm |

（4）预制剪力墙现浇墙身表的识读。装配整体式剪力墙结构中也可根据实际工程需要设置现浇剪力墙，如结构中有现浇剪力墙，需在剪力墙施工图中如上述“墙梁表”“后浇段表”

一样，增加现浇剪力墙身表，预制剪力墙现浇墙身表的识读如表 3-17 所示。

**表 3-17　预制剪力墙现浇墙身表识读**

| 识读步骤 | 识读要点 | 图纸示例 | 识读说明 |
| --- | --- | --- | --- |
| 1 | 基本信息 | 现浇剪力墙身表<br>编号 \| 标高 \| 墙厚 \| 水平分布筋 \| 垂直分布筋 \| 拉筋<br>Q1 \| 11.500~57.900 \| 200 \| ⌀8@200 \| ⌀8@200 \| Φ6@600@600 | 左侧图示中现浇剪力墙基本信息：①编号为 Q1；②适用标高范围为 11.5m ~ 57.9m；③墙厚为 200mm |
| 2 | 分布筋 | 现浇剪力墙身表<br>编号 \| 标高 \| 墙厚 \| 水平分布筋 \| 垂直分布筋 \| 拉筋<br>Q1 \| 11.500~57.900 \| 200 \| ⌀8@200 \| ⌀8@200 \| Φ6@600@600 | 水平/垂直分布筋：采用直径为 8mm 的 HRB400 钢筋按间距 200mm 分布 |
| 3 | 拉筋 | 现浇剪力墙身表<br>编号 \| 标高 \| 墙厚 \| 水平分布筋 \| 垂直分布筋 \| 拉筋<br>Q1 \| 11.500~57.900 \| 200 \| ⌀8@200 \| ⌀8@200 \| Φ6@600@600 | （1）剪力墙拉筋是为了确保设计配置的钢筋固定在最佳位置，而在双层钢筋间设置拉接的钢筋；<br>（2）直径为 6mm 的 HPB300 钢筋按间距 600mm 在该现浇剪力墙钢筋骨架上设置拉筋 |

## 3.2　预制剪力墙体施工图的识读

### 3.2.1　预制实心墙体的识读

现有国家标准图集《15G365》即针对装配式建筑剪力墙体系中实心预制墙体，共有 2 侧，图集《15G365-1》为预制剪力墙外墙板，图集《15G365-2》为预制剪力墙内墙板。内墙板与外墙板构造基本类似，外墙板在内墙板构造上设置了保温层，也称为三明治墙板，是一种可以实现围护与保温一体化的保温墙体，墙体由内外叶钢筋混凝土板、中间保温层和连接件组成。本小节将以预制外墙板为例进行预制实心墙体施工图的识读讲解。

图 3-4 和图 3-5 分别为预制实心内墙和预制夹心保温外墙的 AR 模型。

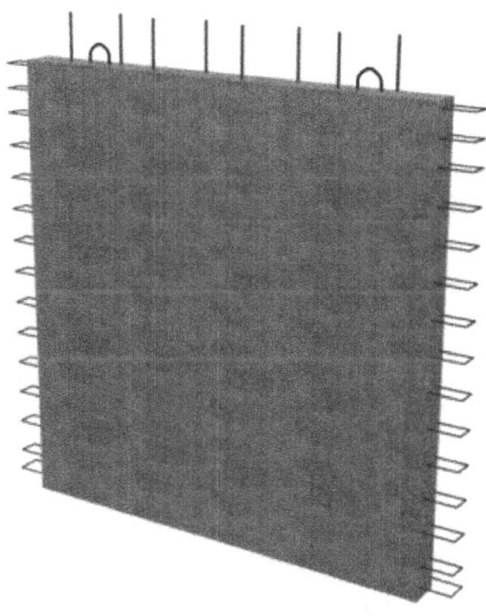

图 3-4　预制实心内墙 AR 模型

图 3-5　预制夹心保温外墙 AR 模型

保温材料置于内外两预制混凝土板内，内叶墙、保温层及外叶墙一次成型，无需再做外墙保温，简化了施工步骤。且墙体保温材料置于内外叶混凝土板之间，能有效地防止火灾、外部侵蚀环境等不利因素对保温材料的破坏，抗火性能与耐久性能良好，使保温层可做到与结构同寿命，几乎不用维修。

连接件是连接预制混凝土夹心保温墙体内外侧混凝土板的关键部件，其受力性能直接影响墙体的安全性。早期预制混凝土夹心保温墙体大多采用金属格构筋连接件，其保温性及耐久性较差。近年来，预制混凝土夹心保温墙体大多采用纤维增强速率（FRP）连接件，FRP 连接件具有强度高（见图 3-6），导热系数低的特点，可有效减小墙体的传热系数，提高墙体的安全性与耐久性。

图 3-6　保温连接件

本小节将以图集《15G365-1》讲解预制混凝土夹心保温墙体的识读要点。图集《15G365-1》中按墙体有无门窗空洞分为 5 类，可参考表 3-2。各类外墙均按常见尺寸进行了细分，譬如图集中无洞口外墙供有 2800、2900、3000 三种墙体层高，并配以各 7 种墙宽，共 21 中无洞口外墙尺寸。每一尺寸均附有一模板图及一配筋图，见图 3-7 和图 3-8。

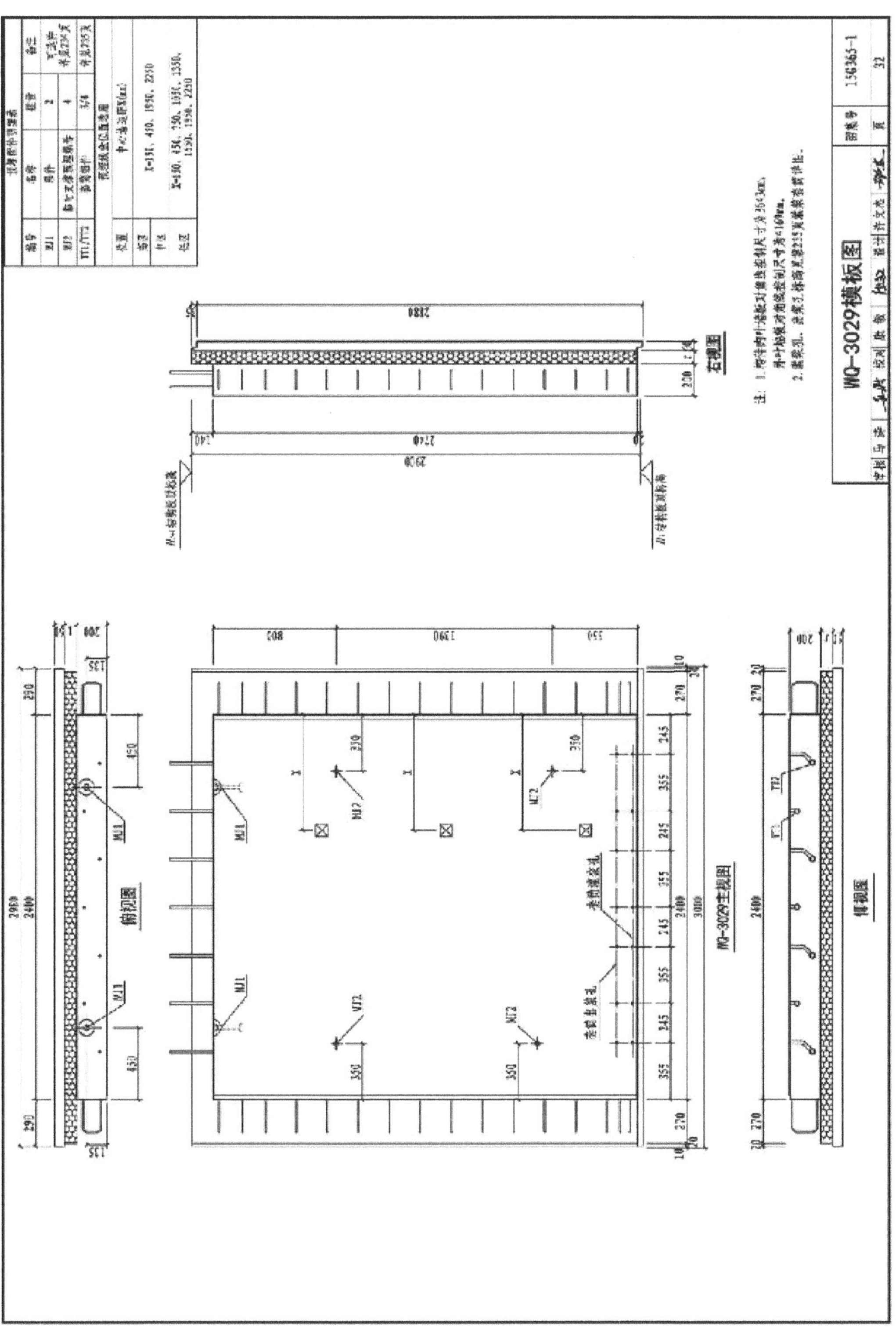


图 3-7　外墙模板图

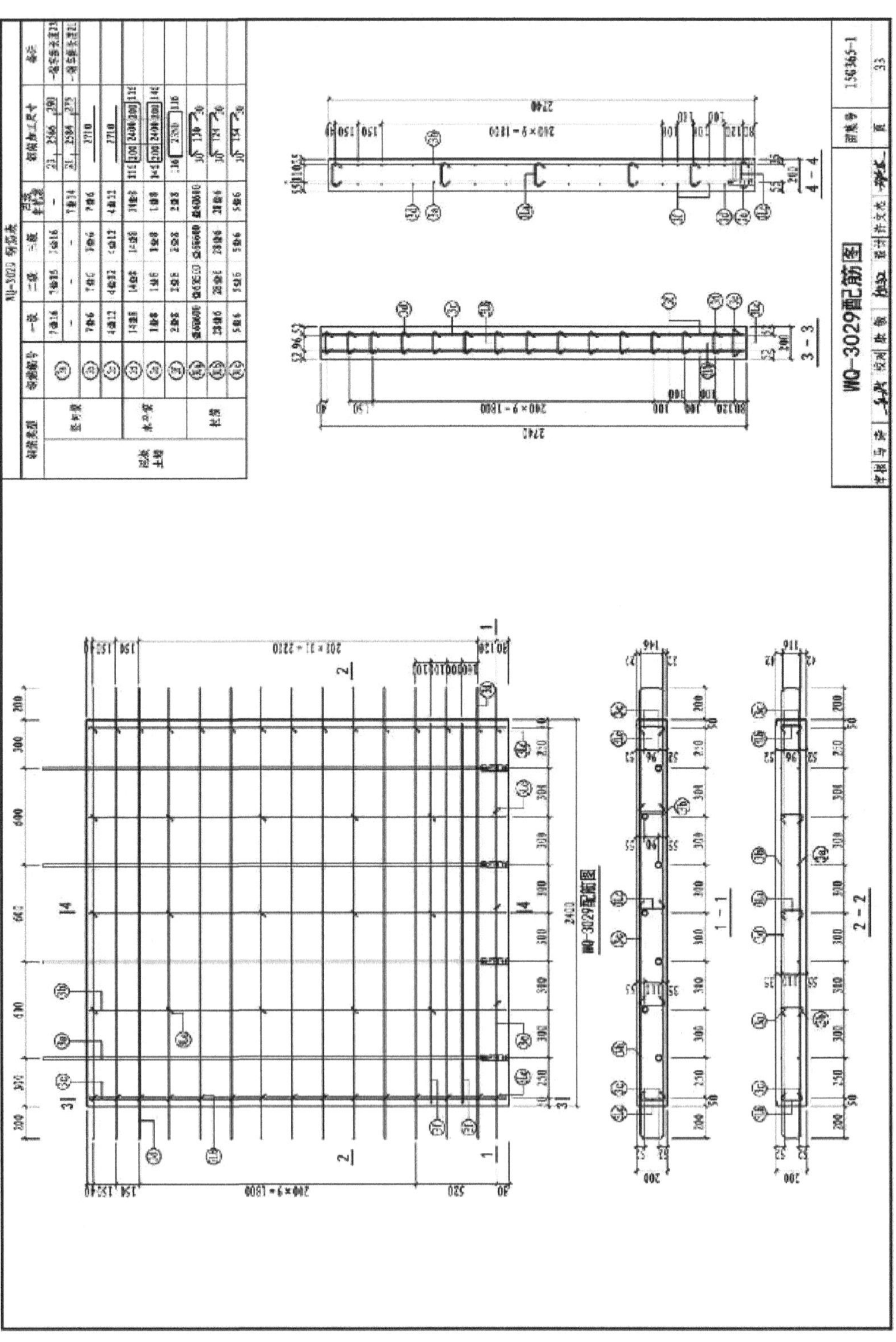

图 3-8　外墙配筋图

### 1. 无洞口预制外墙识读

以图集《15G365-1》中编号 WQ-3029 为例进行无洞口预制外墙识读，如表 3-18 所示。

表 3-18　无洞口预制外墙识读

| 识读步骤 | 识读要点 | 图纸示例 | 识读说明 |
|---|---|---|---|
| 1 | 图名 | WQ-3029 模板图 | 所讲图集编号规则对该墙体编号进行识读，可知该墙体为预制混凝土无洞口外墙，墙体标志宽度为 3000mm，高度为 2900mm |
| 2 | 内叶墙/外叶墙尺寸 | 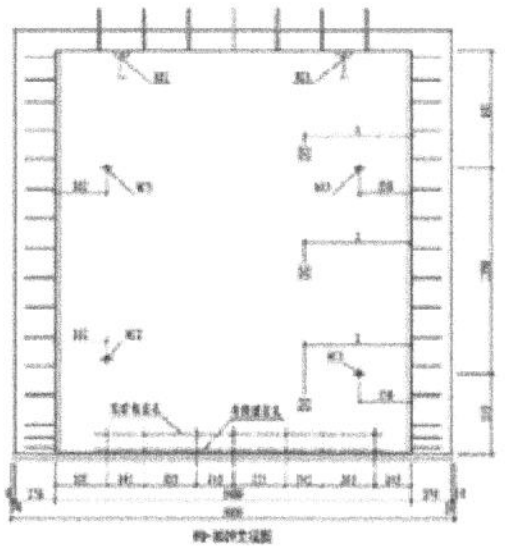 | WQ-3029 主视图上可较为清晰地看到组成该墙体的内叶墙和外叶墙；内叶墙在前，外叶墙在后，内外叶墙尺寸并不相同；墙体编号所体现尺寸3000mm × 2900mm为外叶墙尺寸；左侧所示墙体内叶墙尺寸为2400mm × 2740mm |
| 3 | 内叶墙/外叶墙厚度 | 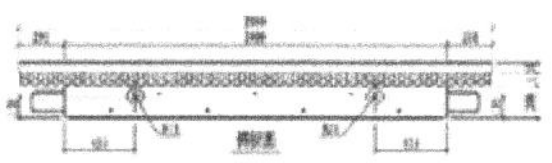 | （1）主视图外，各模板图均附有各墙体俯视图、仰视图、右视图；图示为 WQ-3029 俯视图；<br>（2）WQ-3029 俯视图中可更清晰看到该预制墙体构造；内叶墙板厚 200mm，外叶墙板厚 60mm；<br>（3）式混凝土结构技术规程》（JGJ1-2014）规定夹心保温外墙板外叶墙板厚度不应小于 50mm，保温层厚度不宜大于 120mm |
| 4 | 预埋线盒 | 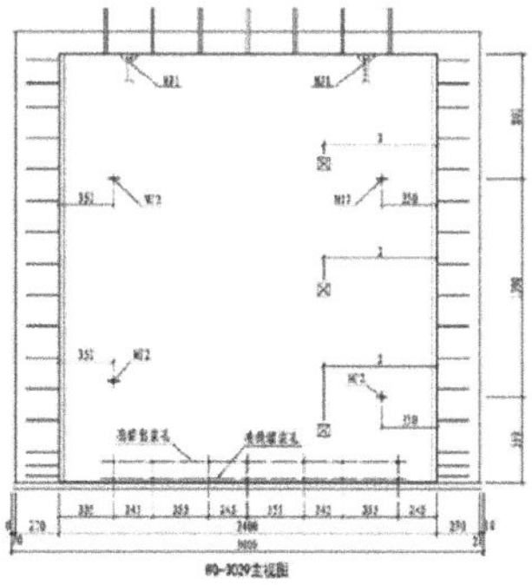 | 标准图集中预制墙板，注写管线预埋位置信息时，高度方向只注写低区、中区和高区、水平方向根据标准图集的参数进行选择 |

续表

| 识读步骤 | 识读要点 | 图纸示例 | 识读说明 |
| --- | --- | --- | --- |
| 4 | 预埋线盒 | 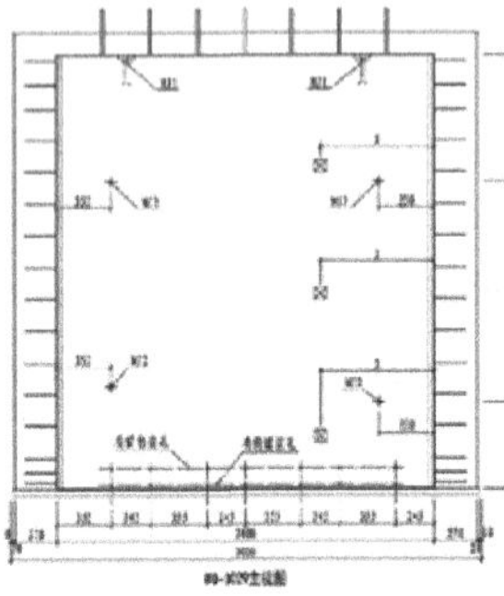 | 若选用标准图集中预制墙板，注写管线预埋位置信息时，高度方向只注写低区、中区和高区、水平方向根据标准图集的参数进行选择 |
| 5 | 墙体连接方式 | 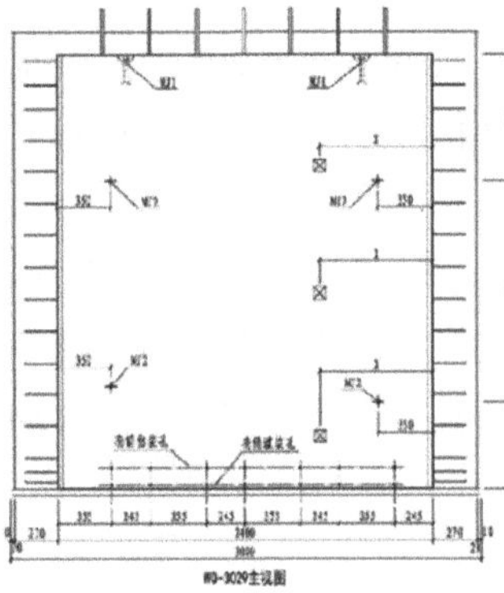 | （1）力墙内叶墙侧面将现浇混凝土形成后浇段，底面及顶面墙体受力钢筋采用钢筋套筒灌浆连接接头；<br>（2）墙可作为后浇段模板使用；<br>（3）四面混凝土表面连接处均应设置粗糙面，粗糙面的面积不宜小于结合面的 80%；预制板底面、顶面及侧面的粗糙面凹凸深度不应小于 6mm，如下图所示： 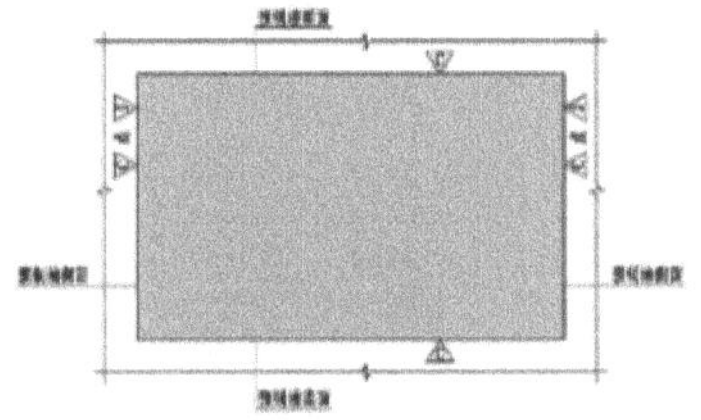<br>预制墙周边与后浇混凝土的结合面<br>（4）筒灌浆接头是由专门加工的套筒、配套灌浆料和钢筋组装的组合体，在连接钢筋时通过注入快硬无收缩浆料，依靠材料之间的黏结咬合作用连接钢筋与套筒；具有性能可靠、适用性广、安装简便等优点 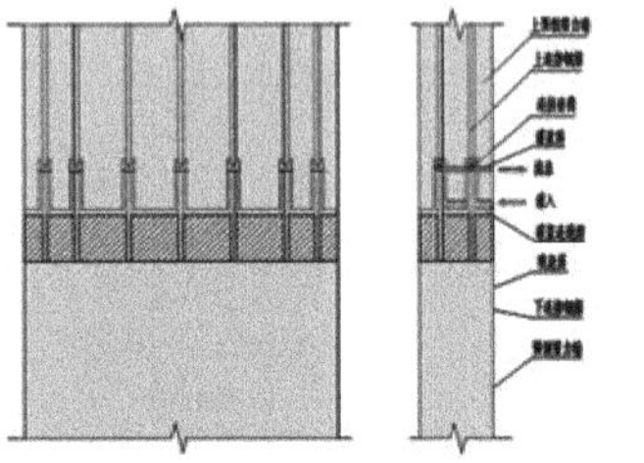 |

续表

| 识读步骤 | 识读要点 | 图纸示例 | 识读说明 |
|---|---|---|---|
| 6 | 支撑预埋螺母 | 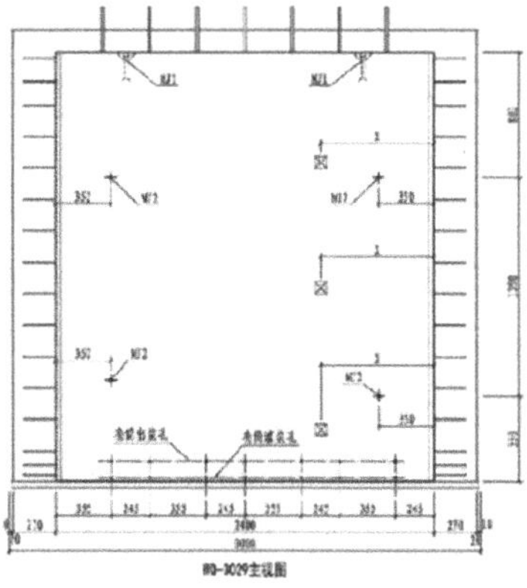 | 在施工时需有临时支撑以保证墙体垂直度及结构安全；常用的支撑方式为斜支撑杆支撑，在预制墙体制作时预先埋设支撑螺母，斜支撑杆直接与螺母相连接，如下图所示： 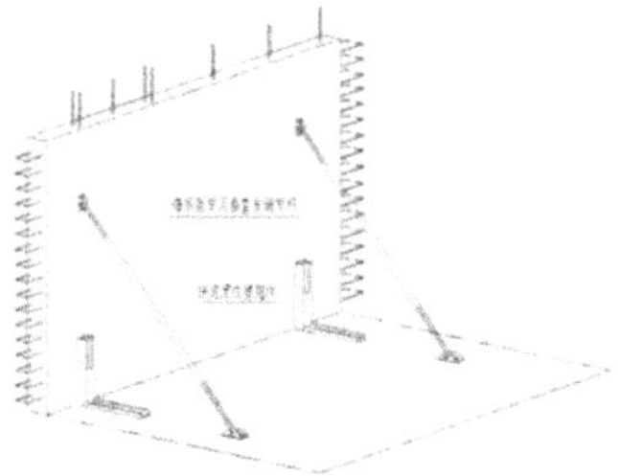 |
| 7 | 吊件 | 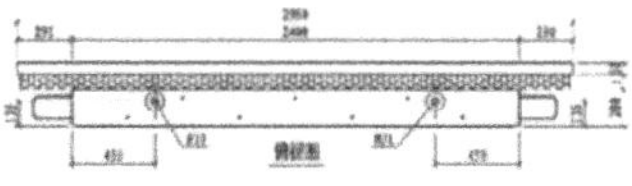 | 预制构件应采用平衡梁垂直起吊方式，故在预制墙板顶面设置相应吊件，如下图所示： 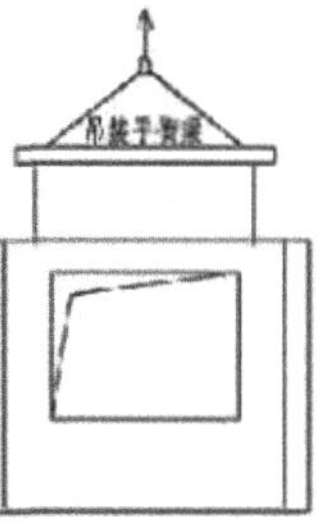 |
| 8 | 配筋表 |  | （1）体中钢筋主要分为水平分布钢筋、竖向分布钢筋及拉筋三类；<br>（2）《15G365-1》各墙体配筋图右上角均有对应预制墙体配筋表，对于不同抗震等级的预制墙体均注明梁各类型钢筋配置数量及直径；<br>端部无边缘构件的预制剪力墙，宜在端部配置 2 根直径不小于 12mm 的竖向构造钢筋；沿该钢筋竖向应配置拉筋，拉筋直径不宜小于 6mm、间距不宜大于 250mm |

续表

| 识读步骤 | 识读要点 | 图纸示例 | 识读说明 |
|---|---|---|---|
| 10 | 水平分布钢筋 | 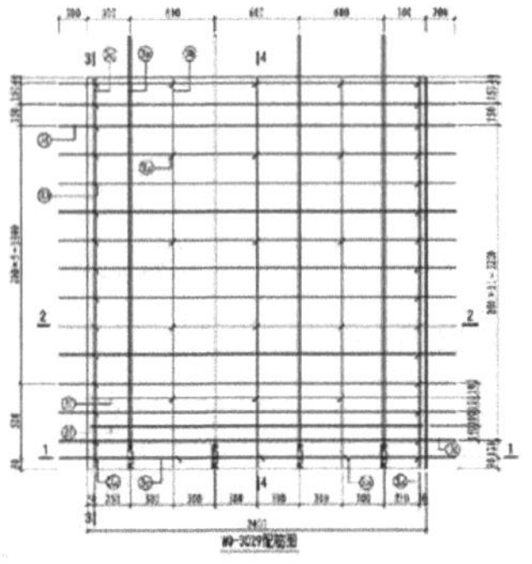 | （1）采用套筒灌浆连接时，自套筒底部至套筒顶部并向上延伸 300mm 范围内，预制剪力墙的水平分布筋应加密；<br>（2）震等级为一、二级的建筑，预制墙体水平加密区钢筋最大间距为 100mm，最小直径为 8mm；抗震等级为三、四级的建筑，预制墙体水平加密区钢筋最大间距为 150mm，最小直径为 8mm；<br>（3）筒上端第一道水平分布钢筋距离套筒顶部不应大于 50mm，如下图所示： 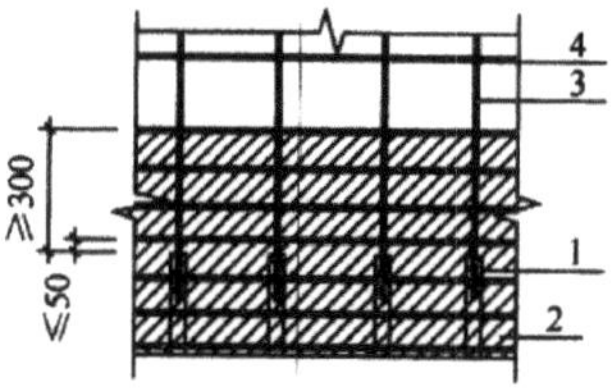 |
| 11 | 拉筋 | | （1）有梅花型和平行布置两种构造，如设计未明确注明，一般采用梅花形布置；<br>（2）筋布置：①在层高范围：从楼面往上第一排墙身水平筋，至顶板往下第一排墙身水平筋；②在宽度范围：从端部的墙身边第一排墙身竖向钢筋开始布置；<br>（3）一般情况，墙身拉筋间距是墙身水平筋或竖向筋间距的 2 倍 |

## 2. 有洞口外墙的识读

图集《15G365-1》中除无洞口预制剪力外墙外，还另有一个窗洞外墙板（高窗台）、一个窗洞外墙板（矮窗台）、两个窗洞外墙板及一个门洞外墙板四种带洞口预制外墙，现以图集编号 WQC1-3629-1814 为例讲解有洞口预制外墙的识读，图 3-9 和图 3-10 为该墙体模板图及配筋图。有洞口外墙的识读见表 3-19 所示。

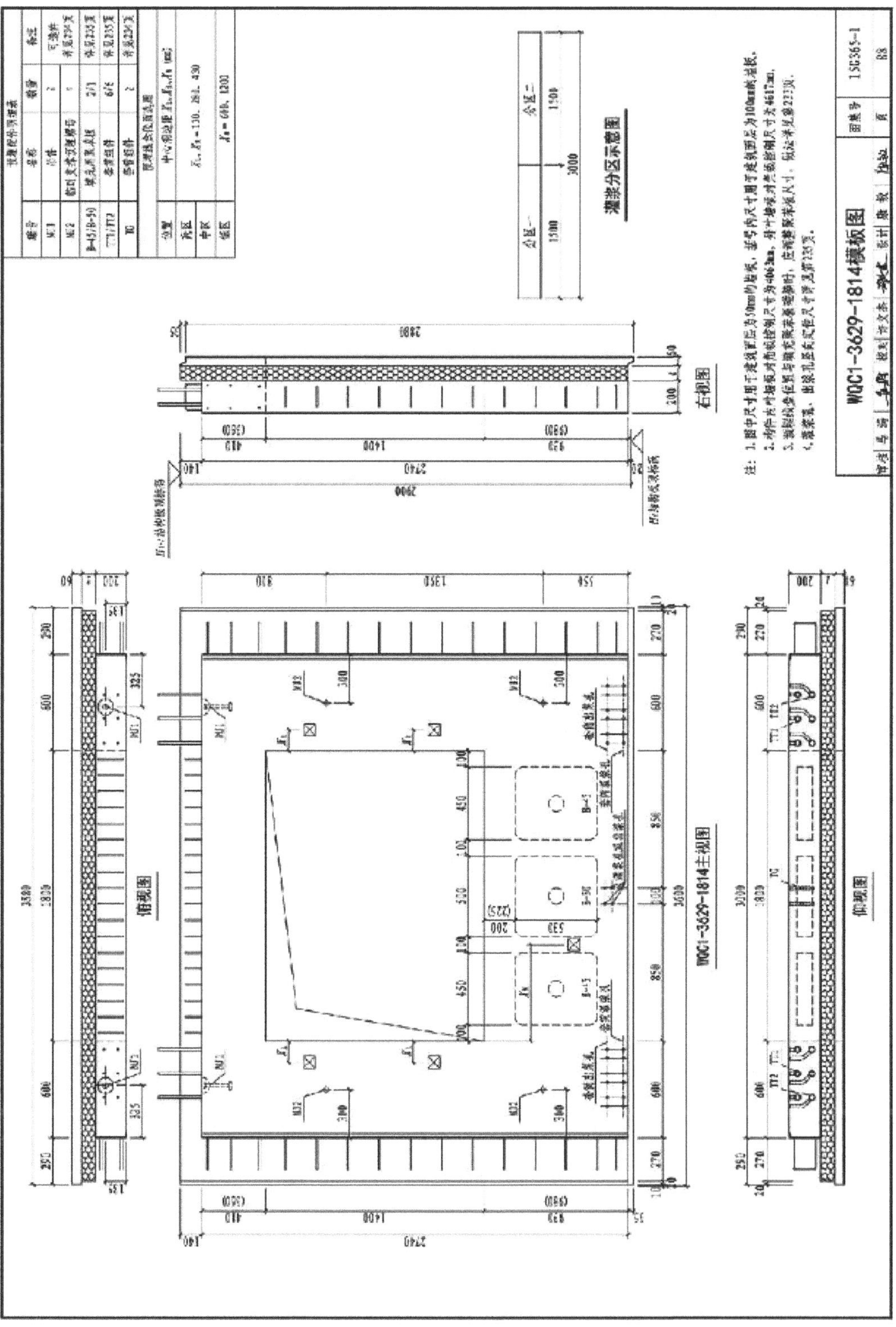

图 3-9　外墙模板图

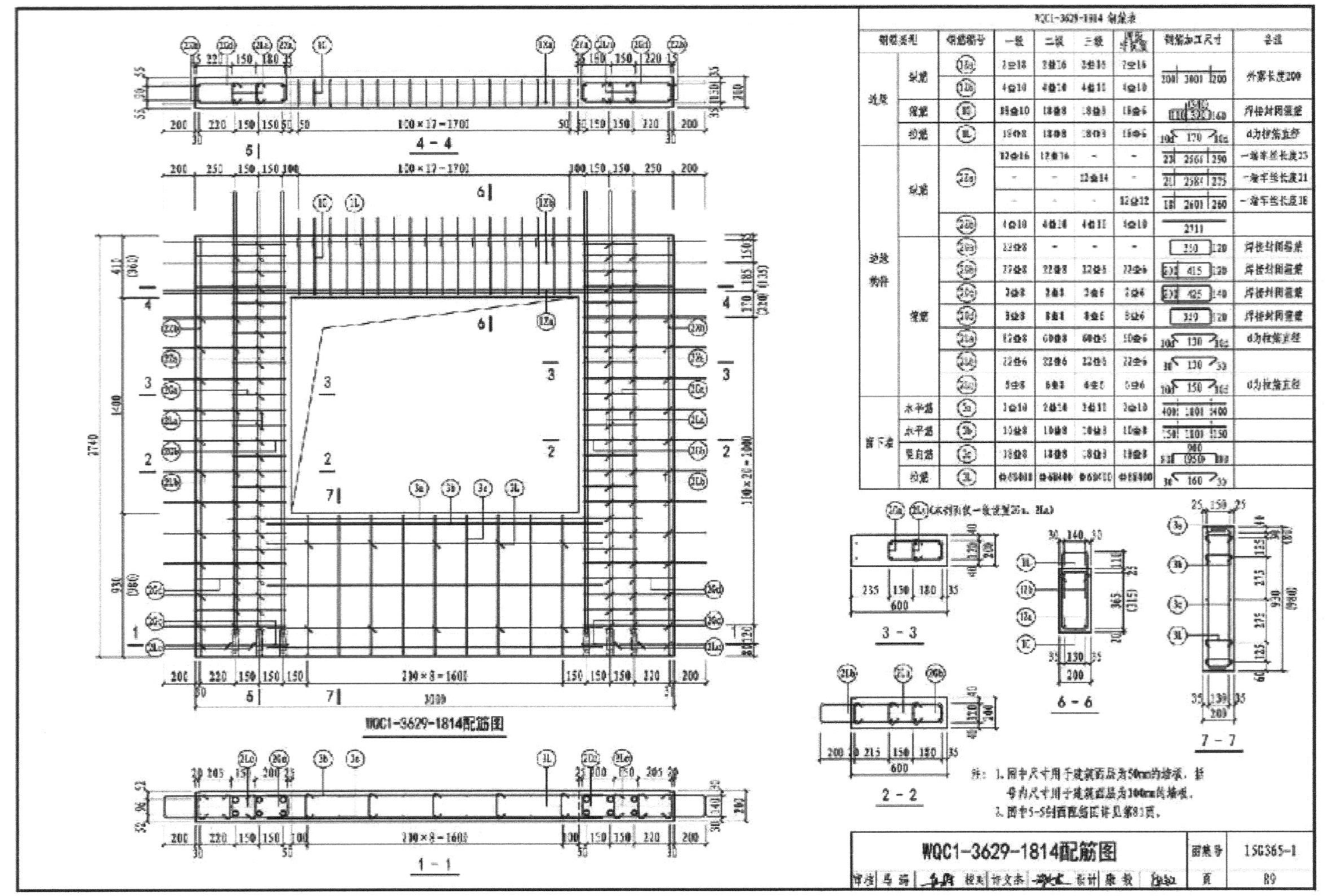
WQC1-3629-1814配筋图
4 - 4
1 - 1
2 - 2
3 - 3
6 - 6
7 - 7
注：1. 图中尺寸用于建筑面层为50mm的墙板，括号内尺寸用于建筑面层为100mm的墙板。
3. 图中5-5剖面配筋详见第81页。
WQC1-3629-1814配筋图
图集号 15G365-1
页 89

图 3-10 外墙配筋图

**表 3-19　有洞口预制外墙的识读**

| 识读步骤 | 识读要点 | 图纸示例 | 识读说明 |
| --- | --- | --- | --- |
| 1 | 模板图基本信息 | 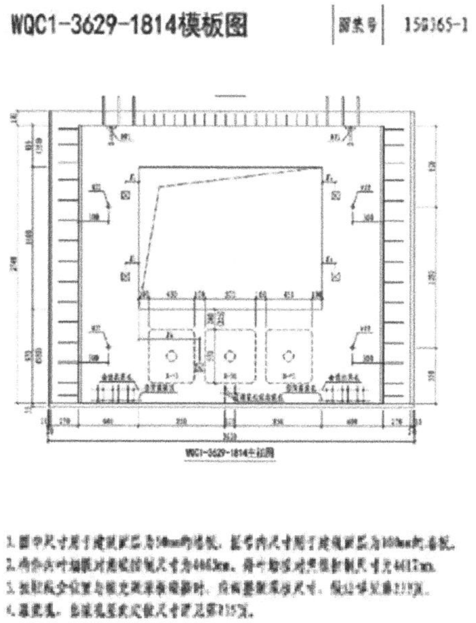 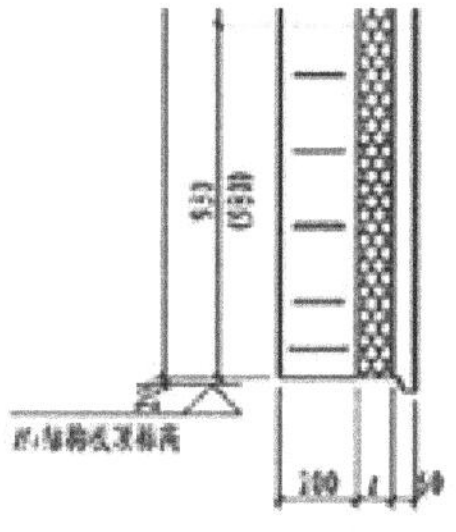 WQC1-3629-1814模板图　图集号　15G365-1<br>右视图 | （1）预制外墙识读步骤与方法同无洞口预制外墙识读方法基本一致；拿到预制外墙模板图后，首先看图右下角标题栏，掌握图名、图号等基本信息，通过识读左侧图纸，可得该预制外墙编号为WQC1-3629-1814，属于预制外墙体系中的一个高窗台预制外墙；<br>（2）由编号可知，该预制外墙尺寸为3600mm×2900mm，窗洞口尺寸为1800mm×1400mm；并识读模板图观察预制外墙模板图所标尺寸是否与图名编号相一致；<br>（3）预制剪力墙洞口宜局中布置，洞口两侧的墙肢不应小于200mm，洞口上方连梁高度不宜小于250mm；左侧图示剪力墙墙洞口局中布置，距外叶墙870mm，符合技术规程规定；<br>（4）建筑预制墙门窗洞口宜上下对齐、成列布置；<br>（5）有文字说明，需仔细阅读，不可忽略；通过识读右下角文字说明，可知图中尺寸用于建筑面层为50mm墙板，括号内尺寸用于建筑面层位100mm墙板；譬如左侧右视图中所标准窗洞口离预制墙底部距离，尺寸标注有930及980，分别对应面层位50mm及100mm预制墙体 |

续表

<table>
<tr><th>识读步骤</th><th>识读要点</th><th>图纸示例</th><th>识读说明</th></tr>
<tr><td>2</td><td>预埋配件</td><td>
<table>
<tr><td colspan="4">预埋配件明细表</td></tr>
<tr><td>编号</td><td>名称</td><td>数量</td><td>备注</td></tr>
<tr><td>MJ1</td><td>吊件</td><td>2</td><td rowspan="2">可选件<br>详见234页</td></tr>
<tr><td>MJ2</td><td>临时支撑预埋螺母</td><td>4</td></tr>
<tr><td>B-45/B-50</td><td>填充用聚苯板</td><td>2/1</td><td>详见235页</td></tr>
<tr><td>TT1/TT2</td><td>套筒组件</td><td>6/6</td><td>详见235页</td></tr>
<tr><td>TG</td><td>套管组件</td><td>2</td><td>详见234页</td></tr>
<tr><td colspan="4">预埋线盒位置选用</td></tr>
<tr><td>位置</td><td colspan="3">中心洞边距 $X_L$、$X_R$、$X_H$ (mm)</td></tr>
<tr><td>高区</td><td colspan="3" rowspan="2">$X_L$、$X_R$=130、280、430</td></tr>
<tr><td>中区</td></tr>
<tr><td>低区</td><td colspan="3">$X_H$=600、1200</td></tr>
</table>
</td><td>（1）图右上角有预埋配件表，配合模板图掌握预埋配件相关信息；<br>（2）预制外墙与无洞口预制外墙预埋配件基本类似，均有 2 个吊件用以扶直吊运墙体，4 个预埋螺母用以安装固定临时支撑；预埋线盒分高中低三区，可按实际需求设置；<br>（3）图示模板图窗洞口下方有三个虚线框，代表聚苯板填充区域；聚苯板全称聚苯乙烯泡沫板，又名泡沫板或 EPS 板，因其优异的保温隔热、抗压、防水、耐腐蚀等性能，被广泛用于建筑墙体、屋面中作为保温材料使用；在预制墙体中一般将聚苯板作为窗洞口下轻质填充材料应用；<br>（4）图中聚苯板用字母 B 表示，后跟数字为该区域所填充聚苯板长度尺寸，需注意该尺寸以厘米（cm）为单位；譬如 B45，表示该区域聚苯板长度尺寸为 450mm，如下图所示：</td></tr>
</table>

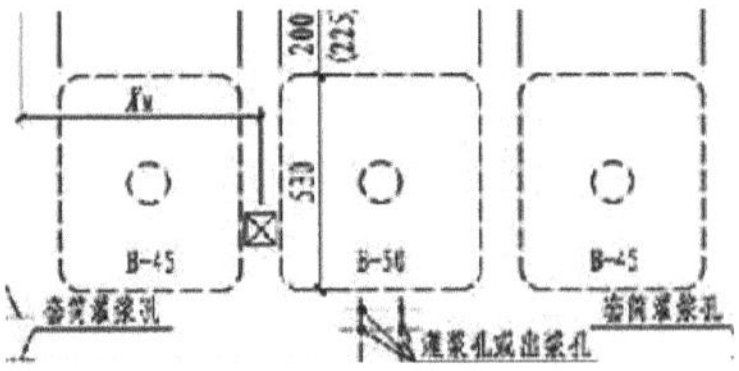

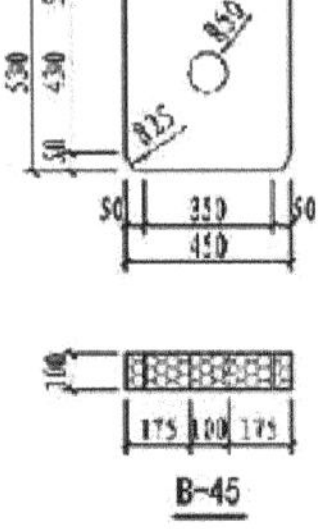

续表

| 识读步骤 | 识读要点 | 图纸示例 | 识读说明 |
| --- | --- | --- | --- |
| 2 | 预埋配件 | 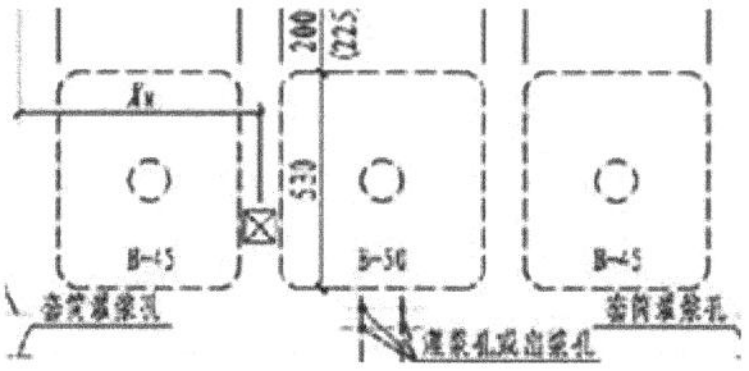 | （5）线盒与填充聚苯板发生碰撞时，应调整聚苯板尺寸；<br>（6）《15G365-1》中所采用聚苯板，容重不低于$125kg/m^2$，且需满足国家现有相关标准要求；在实际应用中，可根据工程具体情况特点，选用其他轻质填充材料 |
| 3 | 套筒灌浆 | 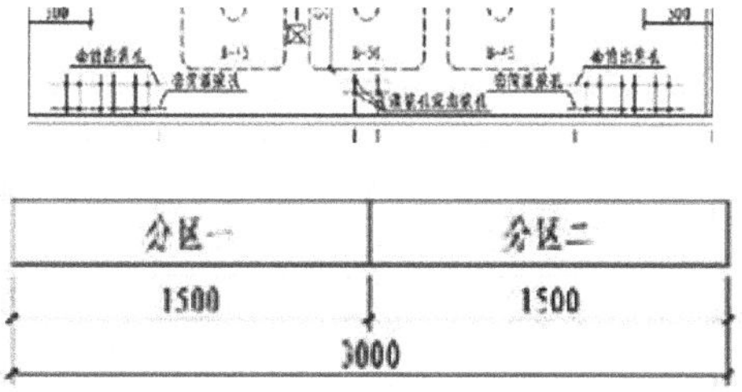 分区一　分区二<br>1500　1500<br>3000 | （1）预制外墙同样采用套筒灌浆作为连接墙体连接方式；为保证灌浆质量沿墙体长度方向将墙体分为两个灌浆分区，均设有灌浆孔及出浆孔；填充墙无灌浆处采用座浆法密封； 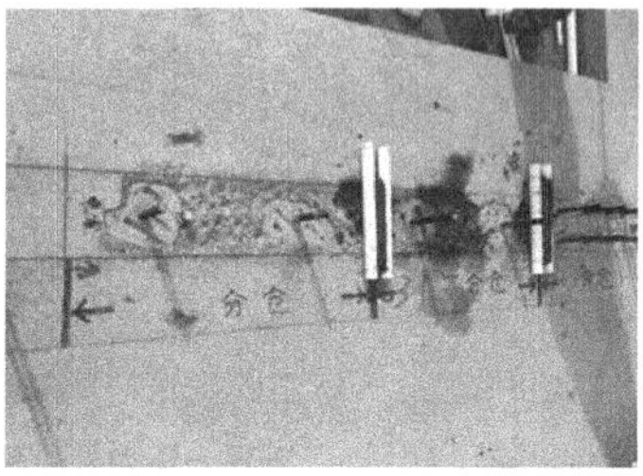<br>（2）需逐个检查各接头的灌浆孔和出浆孔，确保孔路畅通及仓体密封检查；灌浆泵接头插入灌浆孔后，封堵其他灌浆孔及灌浆泵上的出浆口，待出浆孔连续流出浆体后，暂停灌浆机启动，立即用专用橡胶塞封堵；至所有排浆孔出浆并封堵牢固后，拔出插入的灌浆孔，立刻用专用的橡胶塞封堵，然后插入排浆孔，继续灌浆，待其满浆后立刻拔出封堵 |
| 4 | 配筋基本信息 | 详情可参考图 3-10 | （1）预制墙体配筋图主要有标题栏、配筋表、配筋图、详图四部分组成；<br>（2）配筋表按连梁、边缘构件及窗下墙可分为三部分 |

续表

| 识读步骤 | 识读要点 | 图纸示例 | 识读说明 |
| --- | --- | --- | --- |
| 5 | 连梁配筋 | 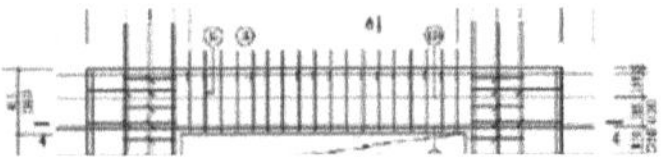  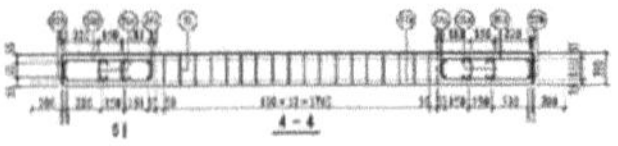 | （1）连梁指在剪力墙结构和框架—剪力墙结构中，连接两墙肢，在墙肢平面内相连的梁，在实例预制外墙中，即为窗洞口上部区域；<br>（2）剪力墙的连梁不宜开洞；当需开洞时，洞口宜预埋套管，洞口上、下截面的有效高度不宜小于梁高的 1/3，且不宜小于 200mm；被洞口消弱的连梁截面应进行承载力验算，洞口处应配置补强纵向钢筋和箍筋，补强纵向钢筋的直径不应小于 12mm；<br>（3）有纵筋、箍筋及拉筋三类钢筋；纵筋两端外露长度应大于 200mm，箍筋通过焊接处理形成封闭型箍筋；箍筋从梁端 50mm 处，按 100mm 间距进行布置，不设置加密区 |
| 6 | 边缘构件配筋 | 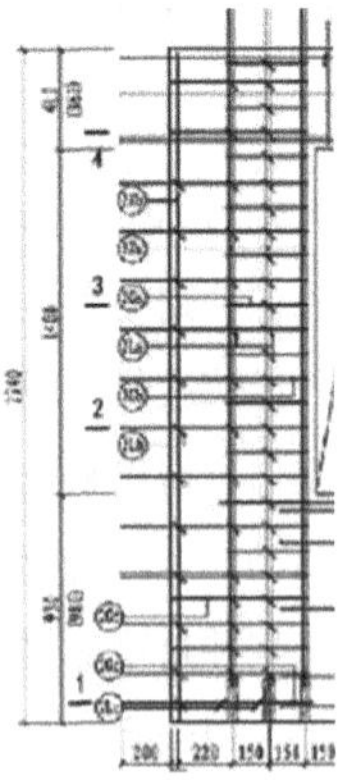 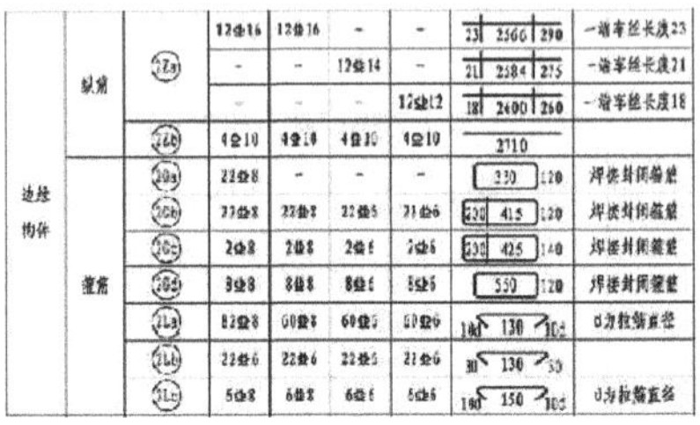 | （1）边缘构件件设置在剪力墙的边缘，起到改善受力性能的作用，在实例中即预制墙体窗洞口左右两侧区域；<br>（2）边缘构件中配有纵筋及箍筋两类钢筋，具体可见配筋表；预制剪力墙边缘构件内的配筋及构造要求应符合现行国家标准《建筑抗震设计规范》（GB50011）的有关规定；<br>（3）剪力墙开有边长小于 800mm 的洞口且在结构整体计算中不考虑其影响时，应沿洞口周边配置补强钢筋；补强钢筋的直径不应小于 12mm，钢筋截面面积不应小于同方向被洞口截断的钢筋面积；该钢筋自孔洞边角算起伸入墙内的长度，非抗震设计时不应小于 $l_a$，抗震设计时不应小于 $l_{aE}$，如下图所示： 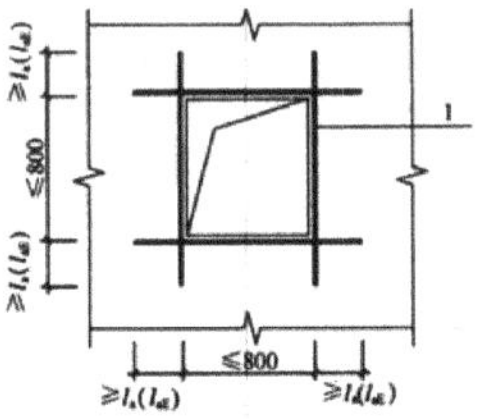 |

续表

| 识读步骤 | 识读要点 | 图纸示例 | 识读说明 |
|---|---|---|---|
| 7 | 窗下墙配筋 |  | （1）指窗户的宽度内墙下至楼板位置的墙为窗下墙，一般为 900 高；在示例墙体中，对于外叶墙为 50mm 厚墙体，窗下墙高 930mm；对于外叶墙为 100mm 厚墙体，窗下墙高 980mm；<br>（2）部分设有水平筋、竖向筋及拉筋三类钢筋；水平筋的锚固、连接应符合现行国家标准《混凝土结构设计规范》GB50010 的有关规定 |

带洞口夹心保温墙体 AR 模型如图 3-11 所示。

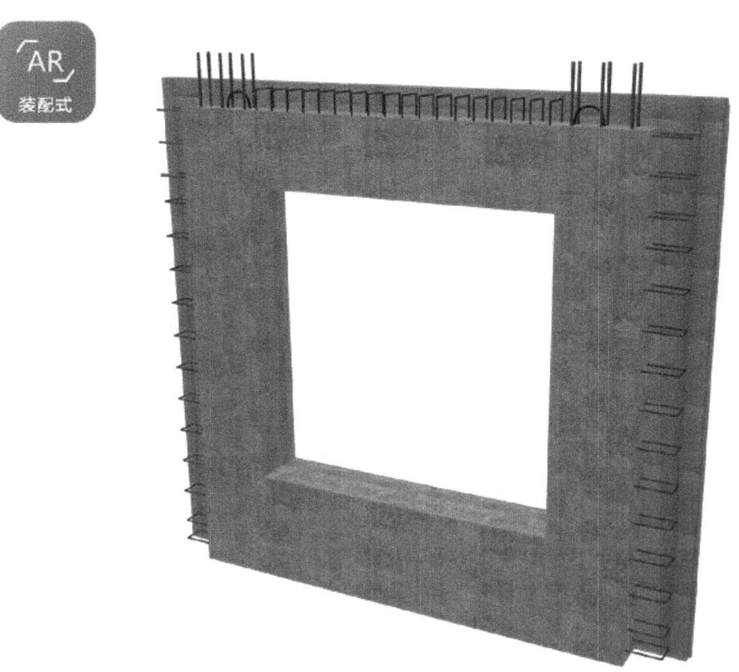

图 3-11　带一洞口夹心保温墙体 AR 模型

### 3.2.2 双面叠合墙体的识读

#### 1. 双面叠合预制墙板

双面叠合预制墙板结构最初起源于德国，20 世纪 90 年代日本引入该技术并加以改进后大量用于楼面及维护中，目前日本已拥有数十家预制叠合墙板生产厂家。双面叠合剪力墙是由两层预制混凝土墙板与格构钢筋制作而成，在两层预制墙板中浇注混凝土，并采取规定的构造措施，同时预制叠合剪力墙与边缘构件通过现浇连接，提高整体性，共同承受竖向荷载与水平力作用。图 3-12 为双面叠合外墙施工图。

图 3-12 双面叠合外墙施工

与夹心混凝土预制墙板相比，双面叠合预制墙板具有如下特点：

（1）省工序。双面叠合式墙板的内外预制墙板可在现场浇筑中间层混凝土时充当模板，省去了现场支模拆模的繁琐工序。

（2）省费用。由于在工厂制作时中间层未浇筑，双面叠合墙体的质量比全预制剪力墙减轻一半，相应地减少了施工中制作、运输、吊装等过程中的措施费用。

（3）提高效率。与全预制剪力墙相比，双面叠合剪力墙侧面不出钢筋，这样能最大限度地避免现场放置钢筋时产生碰撞，极大地提高了施工效率。

（4）分布筋合理。非边缘构件的叠合剪力墙体水平分布筋、竖向分布筋皆预制在叠合剪力墙内，边缘构件区域由箍筋代替墙体分布筋，边缘构件与剪力墙身采用现场工人放设附加钢筋做法的方式连接。

（5）结构整体性提高。剪力墙在边缘构件区域采用现浇，其余非边缘构件区域采用双面叠合剪力墙。双面叠合预制墙板体系在上海虽然尚无相应的设计规范及相应的验收标准，但是在国外及一些省份已有相应的试验研究、设计规程和已实施的项目。宝业集团有限公司是国内装配式建筑领军企业之一，已有多个双面叠合预制墙板体系应用实例，如上海宝业万话城、爱多邦、合肥天门湖公租房、滨胡桂园等项目，图 3-13 和图 3-14 为宝业集团有限公司双面叠合预制墙体模板图及配筋图。

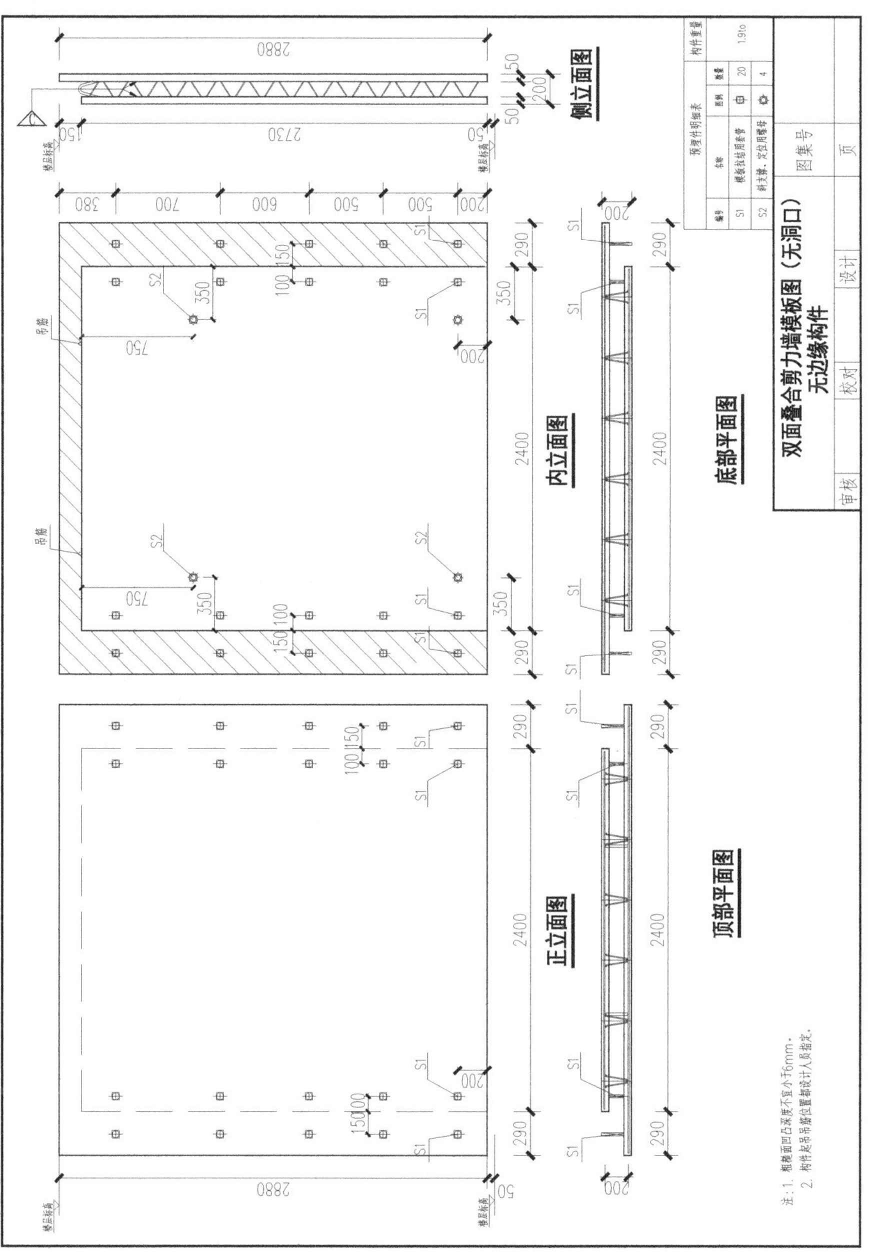


图 3-13　双面叠合预制墙体模板图

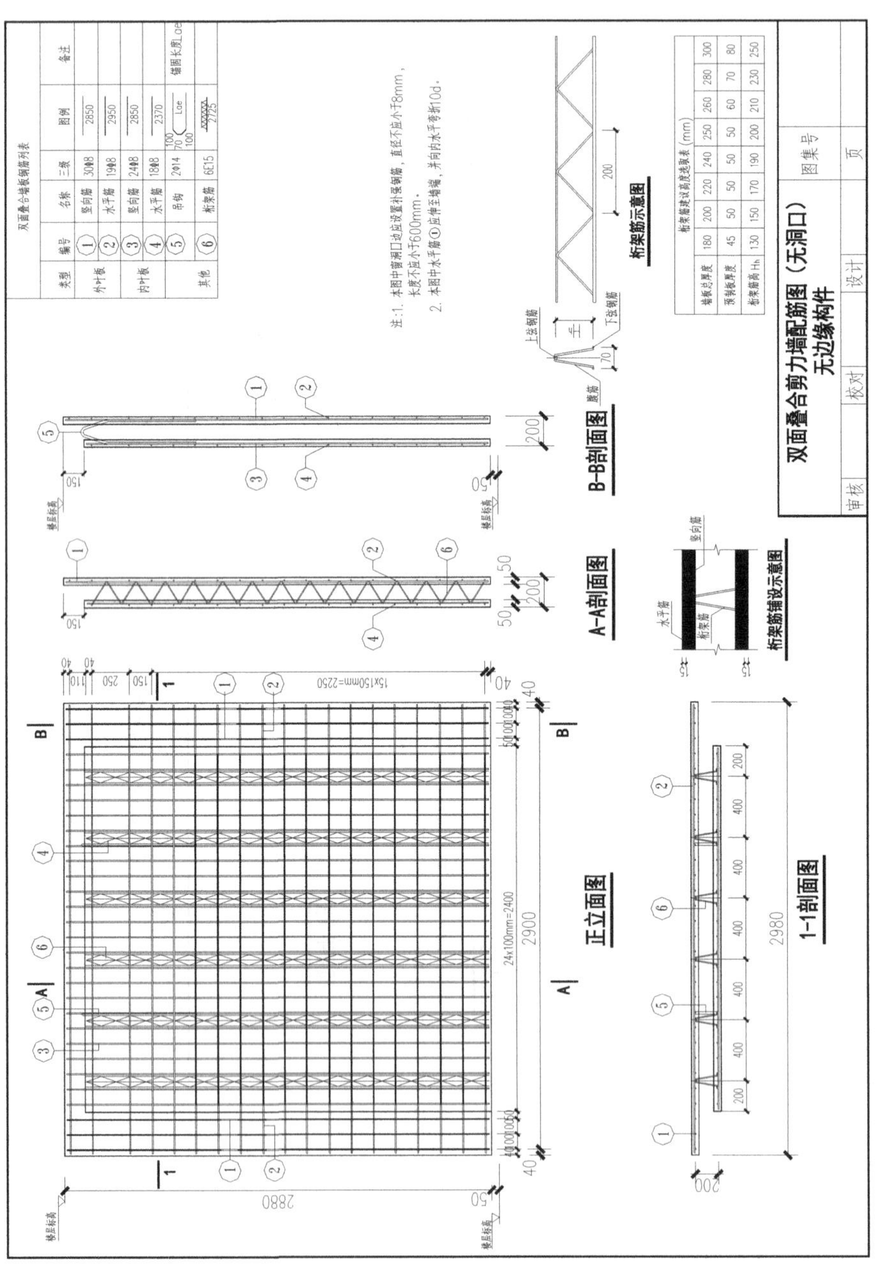


图 3-14 双面叠合预制墙体配筋图

## 2. 无洞口无边缘构件叠合墙板识读

无洞口无边缘后浇叠合墙板的识读如表 3-20 所示。

表 3-20　双面叠合预制墙板的识读

| 识读步骤 | 识读要点 | 图纸示例 | 识读说明 |
| --- | --- | --- | --- |
| 1 | 构件类型 | 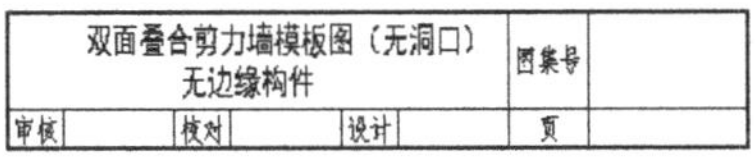 双面叠合剪力墙模板图（无洞口）无边缘构件　图集号<br>审核　校对　设计　页 | 识读双面叠合预制墙板模板图中的标题栏，明确该墙体类型为无洞口无边缘构件叠合预制墙体 |
| 2 | 构件尺寸 | 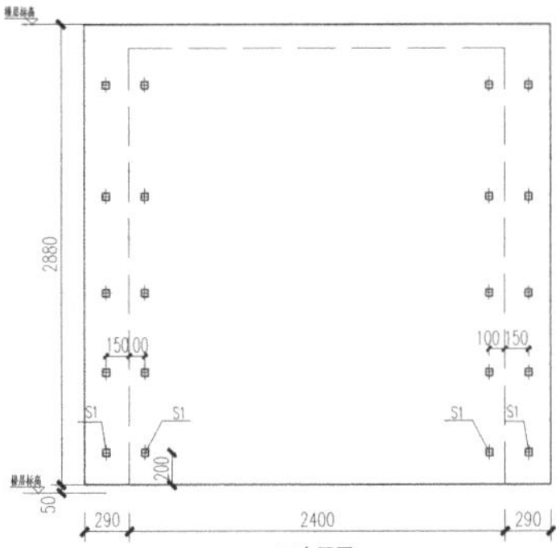 正立面图 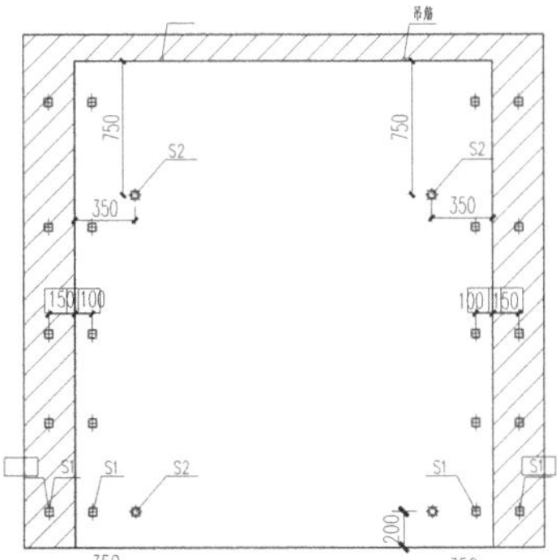<br>内立面图 | （1）识读构件模板图中正立面图，内立面图及侧立面图，明确构件形式、尺寸；<br>（2）左侧图示双面叠合预制墙体由厚度为 50mm 内外两预制混凝土墙板构成，中间设有桁架筋连接两预制墙板，整体墙板厚度为 200mm；<br>（3）内叶墙板尺寸为 2400mm × 2730mm，外叶墙板宽2980mm × 2880，所应用楼层高度为 2930mm，比外叶墙板高 50mm；双面叠合墙体构件在现场安装过程中应确保墙体垂直度避免由于误差过大对整体结构抗震不利；因此在双面叠合墙体下方预留 50mm 的空隙，通过在空隙处安置专用垫块对剪力墙结构进行标高和找平，如下图所示：  |

续表

<table>
<tr><th>识读步骤</th><th>识读要点</th><th>图纸示例</th><th>识读说明</th></tr>
<tr><td>2</td><td>构件尺寸</td><td>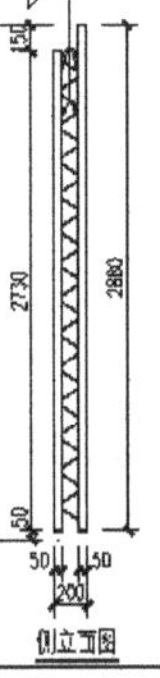</td><td>（4）双面叠合预制墙板尺寸可随实际工程项目进行调整设计，一般情况下为降低运输和吊装难度，使建筑预制板块划分和塔吊选择更为自由，双面叠合墙板一般墙高≤3.3m，墙宽≤8m，墙厚≤300mm，重量≤3.5t</td></tr>
<tr><td>3</td><td>粗糙面处理</td><td>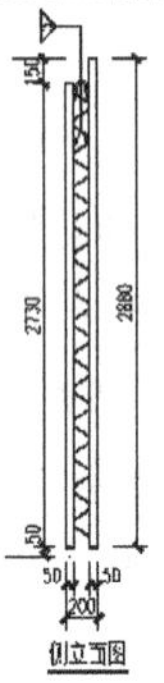<br>注：1. 粗糙面凹凸深度不宜小于6mm。<br>2. 构件起吊吊筋位置都设计人员指定。</td><td>（1）识读双面叠合墙体侧立面图明确构件粗糙面设置位置，并配合模板图文字说明明确粗糙面设置要求；<br>（2）双面叠合墙体在工厂预制时，墙体内部为中空，需在现场浇筑混凝土完成墙体的整体制作及安装，故预制内外墙身与现浇混凝土接触面处需进行粗糙面处理，以加墙预制与现浇混凝土间粘结力；根据设计要求，粗糙面凹凸深度不宜小于6mm</td></tr>
<tr><td>4</td><td>预埋件</td><td>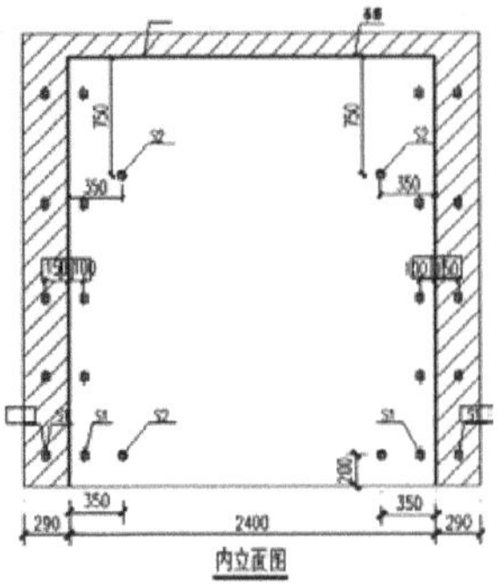
<table>
<tr><th colspan="4">预埋件明细表</th><th>构件重量</th></tr>
<tr><td>编号</td><td>名称</td><td>图例</td><td>数量</td><td rowspan="3">1.91t</td></tr>
<tr><td>S1</td><td>模板拉结用套管</td><td>⊞</td><td>20</td></tr>
<tr><td>S2</td><td>斜支撑、定位用螺母</td><td>✲</td><td>4</td></tr>
</table></td><td>（1）识读模板图内立面图及预埋件明细表，明确构件所用预埋件种类及位置；<br>（2）双面叠合墙体所用预埋件主要有模板拉结用套管及斜支撑定位用螺母；模板拉结用套管用于现浇混凝土模板安装时所用；在墙体安装时需设置临时支撑，防止板在荷载作用下挠度过大引起板面挠度不相同造成不美观，如下图所示：<br></td></tr>
</table>

续表

| 识读步骤 | 识读要点 | 图纸示例 | 识读说明 |
|---|---|---|---|
| 5 | 配筋表 | 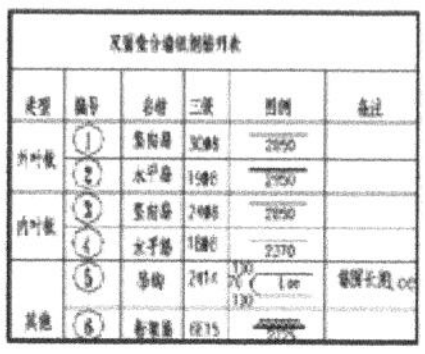 | 识读双面叠合预制墙体配筋图上配筋表，明确墙体所用钢筋种类 |
| 6 | 内外叶板配筋 | 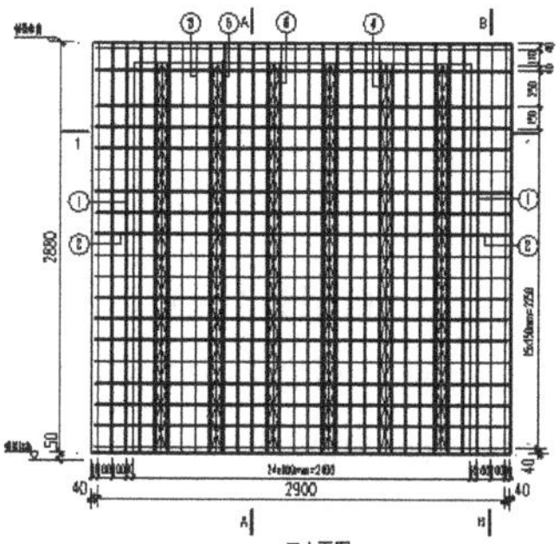 正立面图 | （1）识读配筋表及构件配筋正立面图，明确墙体内外叶板配筋情况；<br>（2）内外叶板均设有竖向筋及水平筋，分布筋采用现浇剪力墙计算量配置，设计采用和等同厚度现浇剪力墙的计算结果；配置的水平钢筋的直径均不大于 10mm；竖向筋与水平筋数量及尺寸可根据构件抗震强度等级确定，具体可见下表： 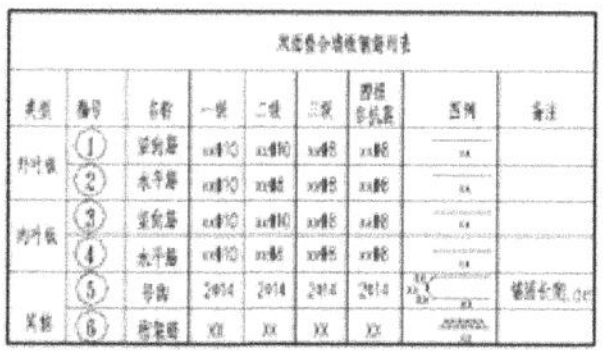<br>（3）双面叠合剪力墙侧面不出钢筋，这样能最大限度地避免现场放置钢筋时产生碰撞，极大地提高了施工效率；<br>（4）非边缘构件的叠合剪力墙体水平分布筋、竖向分布筋皆预制在叠合剪力墙内，边缘构件区域由箍筋代替墙体分布筋，如下图所示： 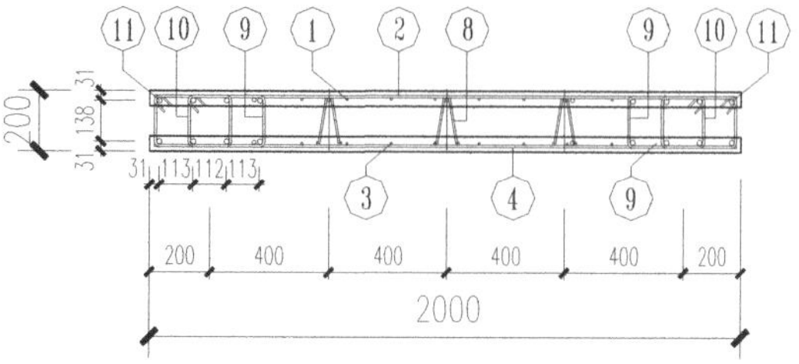 |

续表

<table>
<tr><th>识读步骤</th><th>识读要点</th><th>图纸示例</th><th>识读说明</th></tr>
<tr><td>7</td><td>吊钩</td><td>150</td><td>识读配筋表及配件侧立面图，明确吊钩位置及尺寸；构件起吊位置一般由设计人员进行确定</td></tr>
<tr><td>8</td><td>桁架筋</td><td> 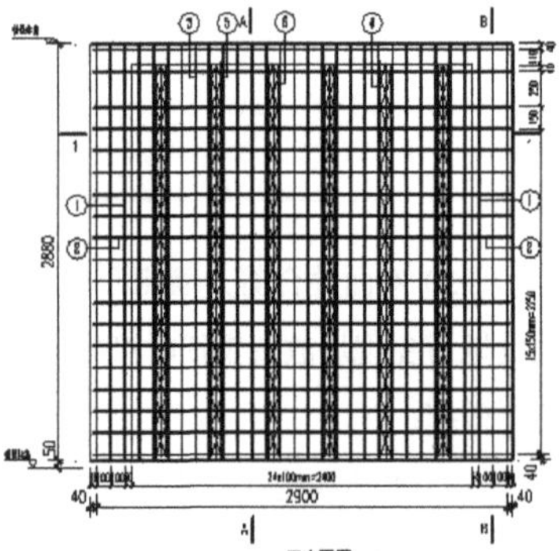2880<br>2900<br>24x100mm=2400<br>正立面图<br><table><tr><td rowspan="2">其他</td><td>5</td><td>吊钩</td><td>2Φ14 100 70 100 Lae</td><td>锚固长度Lae</td></tr><tr><td>6</td><td>桁架筋</td><td>6E15 2725</td><td></td></tr></table></td><td>（1）识读配筋图相应图纸，明确桁架筋位置及尺寸；<br>（2）桁架筋为斜向格构钢筋，将一根上弦钢筋，两根下弦钢筋所形成的等腰三角形焊接而成，如下图所示：<br> 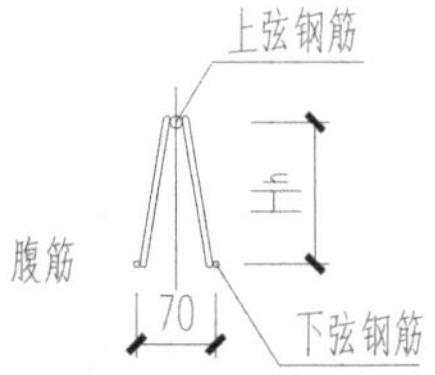上弦钢筋<br>腹筋<br>70<br>下弦钢筋<br>（3）桁架筋不仅可以作为吊装时的吊点，增加平面外刚度而且将预制部分和现浇部分连接成整体提高整个构件的抗剪能力；<br>（4）配筋表中桁架筋尺寸表示为数字加大写字母 E 加数字，首位数字表示该墙体所配置桁架筋数量，末尾数字表示桁架筋高度，单位为 cm；如图所示桁架筋配筋情况为 6E15，表示左侧图示墙体内外两叶板间共放置了 6 组桁架筋，桁架筋高度为 150mm；<br>（5）桁架筋高度选择与墙体厚度与预制墙板厚度有关，如下表所示：<br><table><tr><th colspan="9">桁架筋建议高度选取表（mm）</th></tr><tr><td>墙板总厚度</td><td>180</td><td>200</td><td>220</td><td>240</td><td>250</td><td>260</td><td>280</td><td>300</td></tr><tr><td>预制板厚度</td><td>45</td><td>50</td><td>50</td><td>50</td><td>50</td><td>60</td><td>70</td><td>80</td></tr><tr><td>桁架筋高 Hh</td><td>130</td><td>150</td><td>170</td><td>190</td><td>200</td><td>210</td><td>230</td><td>250</td></tr></table></td></tr>
</table>

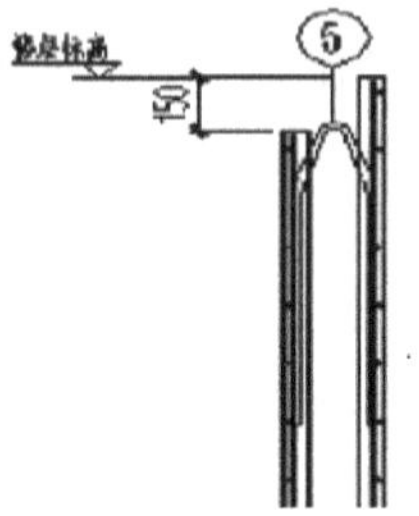

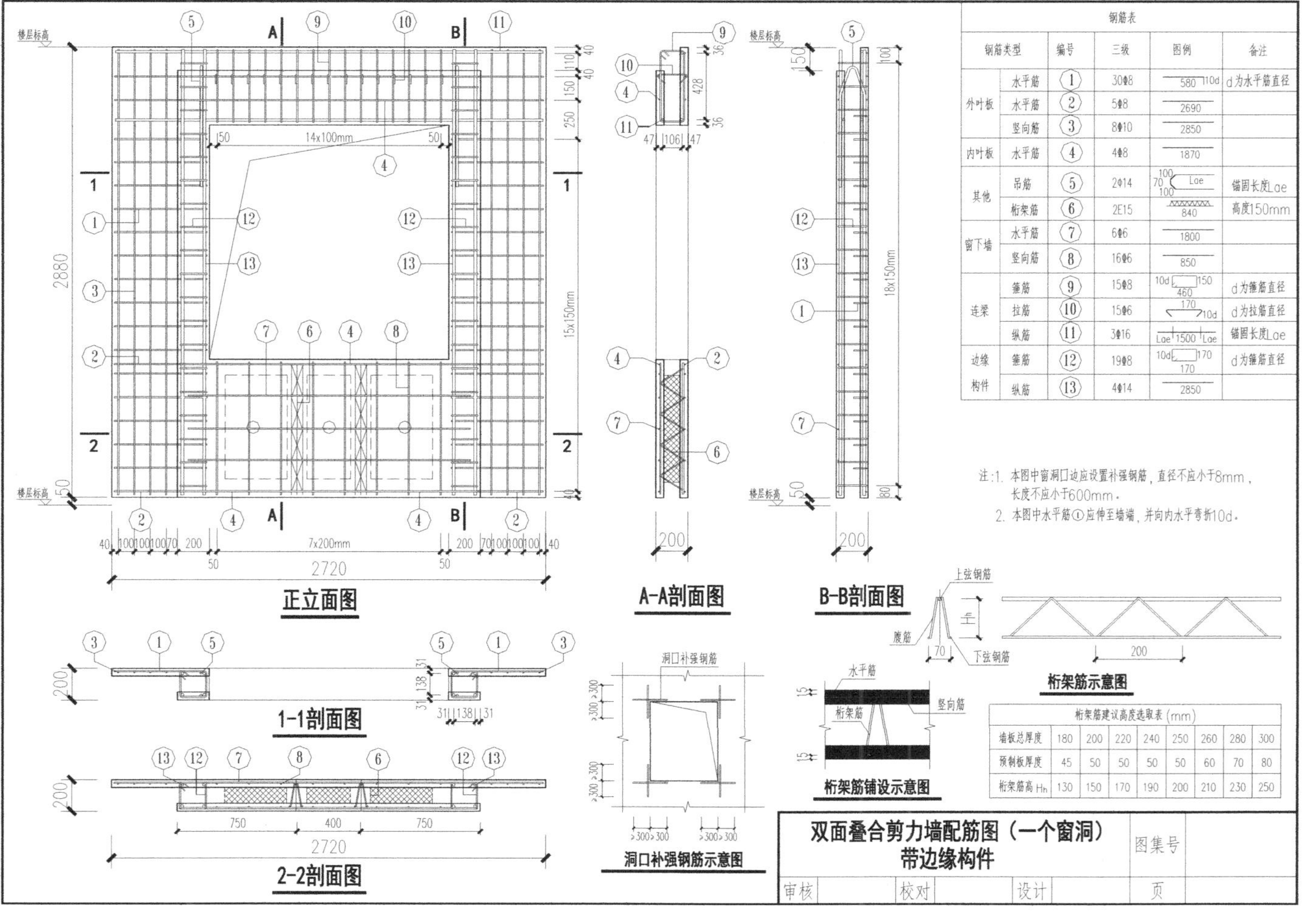


钢筋表

| 钢筋类型 | | 编号 | 三级 | 图例 | 备注 |
|---|---|---|---|---|---|
| 外叶板 | 水平筋 | 1 | 30Φ8 | 580 10d | d为水平筋直径 |
| | 水平筋 | 2 | 5Φ8 | 2690 | |
| | 竖向筋 | 3 | 8Φ10 | 2850 | |
| 内叶板 | 水平筋 | 4 | 4Φ8 | 1870 | |
| 其他 | 吊筋 | 5 | 2Φ14 | 100 70 100 Lae | 锚固长度Lae |
| | 桁架筋 | 6 | 2E15 | 840 | 高度150mm |
| 窗下墙 | 水平筋 | 7 | 6Φ6 | 1800 | |
| | 竖向筋 | 8 | 16Φ6 | 850 | |
| 连梁 | 箍筋 | 9 | 15Φ8 | 10d 150 460 | d为箍筋直径 |
| | 拉筋 | 10 | 15Φ6 | 170 10d | d为拉筋直径 |
| | 纵筋 | 11 | 3Φ16 | Lae 1500 Lae | 锚固长度Lae |
| 边缘构件 | 箍筋 | 12 | 19Φ8 | 10d 170 170 | d为箍筋直径 |
| | 纵筋 | 13 | 4Φ14 | 2850 | |

注：1. 本图中窗洞口边应设置补强钢筋，直径不应小于8mm，长度不应小于600mm。
2. 本图中水平筋①应伸至墙端，并向内水平弯折10d。

桁架筋建议高度选取表（mm）

| 墙板总厚度 | 180 | 200 | 220 | 240 | 250 | 260 | 280 | 300 |
|---|---|---|---|---|---|---|---|---|
| 预制板厚度 | 45 | 50 | 50 | 50 | 50 | 60 | 70 | 80 |
| 桁架筋高 $H_h$ | 130 | 150 | 170 | 190 | 200 | 210 | 230 | 250 |

图 3-15　有洞口及边缘构件叠合墙体配筋

### 3. 带洞口及边缘构件叠合墙体的识读

带洞口及边缘构件叠合墙体的识读与无洞口无边缘构件叠合墙体的识读方法类似，通过识读构件模板图，了解构件类型、尺寸等基本信息，再识读构件模板图明确各部分配筋情况。对于带洞口及边缘构件的叠合墙体而言，识读配筋图时需着重识读构件窗洞口、连梁、窗下墙及边缘构件配筋信息，图 3-15 为带一洞口有边缘构件叠合墙体，将以此为例讲解有洞口及边缘构件叠合墙体配筋图识读要点，如表 3-21 所示。

表 3-21　双面叠合预制墙体的识读（有洞口及边缘构件）

| 识读步骤 | 识读要点 | 图纸示例 | 识读说明 |
|---|---|---|---|
| 1 | 窗洞口补强钢筋 | 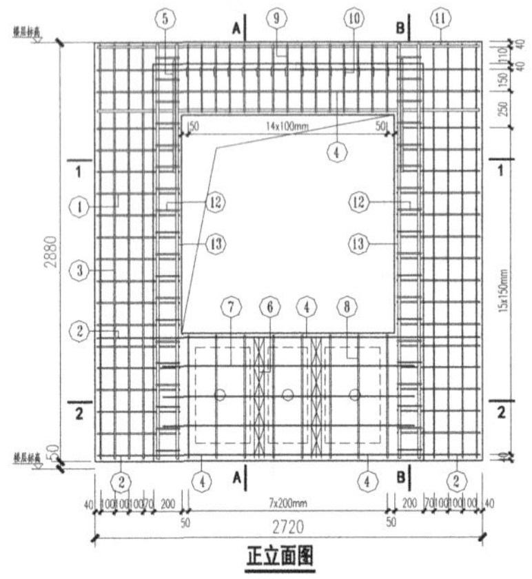 正立面图 | （1）识读叠合墙体配筋正立面图，明确构件类型及配筋基本情况；<br>（2）对于带洞口的叠合墙体，需在洞口四角周边增设相应补强钢筋，洞口补强钢筋的设置要求如下图所示： 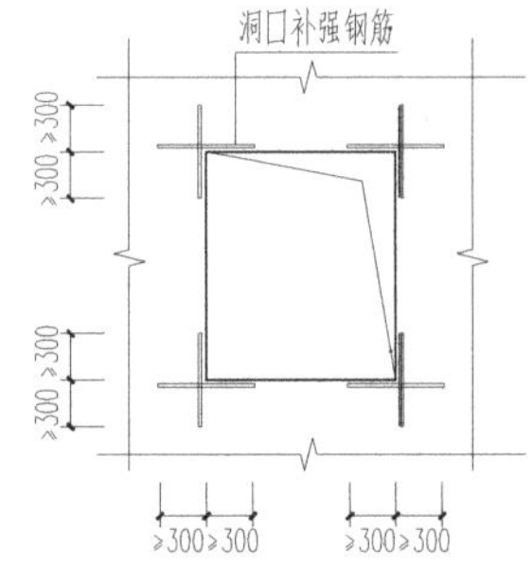<br>洞口补强钢筋<br>（3）洞口补强钢筋直径不应小于 8mm，且长度不应小于 600mm |
| 2 | 连梁配筋 | 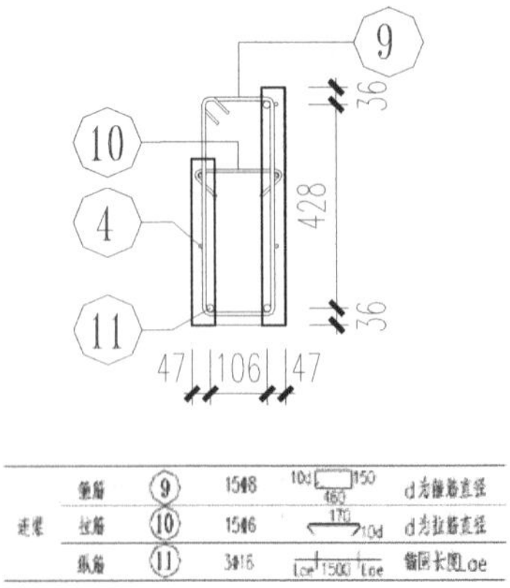  | （1）识读配筋图正立面图、剖面图及配筋表，明确连梁部分配筋情况；<br>（2）连梁部分共有箍筋、拉筋及纵筋三种钢筋；左图所示构件箍筋采用 8 号钢筋，双肢箍，在洞口范围内布置，如未顶层连梁，则箍筋在连梁纵筋水平长度范围内布置；拉筋采用 8 号钢筋，在箍筋与内叶板顶端首排水平筋交接处设置 |

续表

| 识读步骤 | 识读要点 | 图纸示例 | 识读说明 |
| --- | --- | --- | --- |
| 3 | 窗下墙配筋 | 其他 吊筋 ⑤ 2Φ14 100 70 Lae 100；桁架筋 ⑥ 2E15 840；窗下墙 水平筋 ⑦ 6Φ6 1800；竖向筋 ⑧ 16Φ6 850 | （1）识读配筋图正立面图、剖面图及配筋表，明确窗下墙部分配筋情况；<br>（2）窗下墙部分有水平筋、竖向筋两种钢筋；左图所示构件水平筋采用 6 号钢筋在内外叶板中各置 3 根，竖向筋采用 6 号钢筋在内外叶板中各置 8 根；<br>（3）在窗下墙现浇布置聚苯板等填充材料起到降低墙体重量及墙体刚度等作用；<br>（4）左侧图示构件桁架筋共 2 组，桁架筋高度为 150mm；<br>（5）聚苯板间放置桁架筋，如下图所示： |
| 4 | 边缘构件配筋 | 楼层标高 150 ⑤ 100 ⑫ ⑬ ① 18x150mm ⑦ 楼层标高 50 80 200；边缘构件 箍筋 ⑫ 19Φ8 10d 170 170 d为箍筋直径；纵筋 ⑬ 4Φ14 2850 | （1）识读配筋图正立面图、剖面图及配筋表，明确边缘部分配筋情况；<br>（2）边缘构件中有纵筋及箍筋两类钢筋；箍筋在边缘构件中可代替水平筋，左侧构件采用 8 号钢筋，双肢箍，自墙板底部 80mm 向上按间距 150mm 进行布置 |

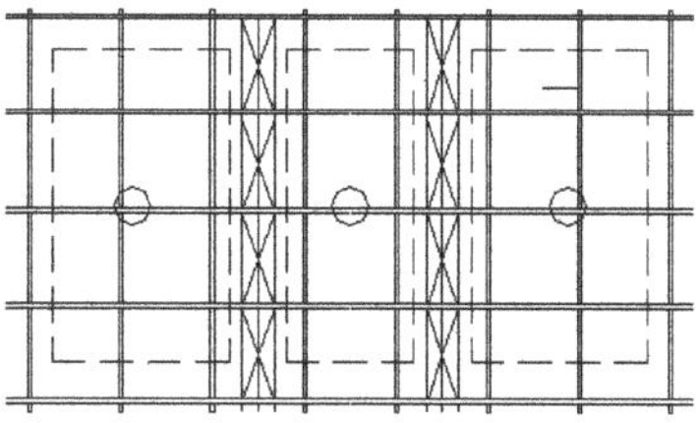

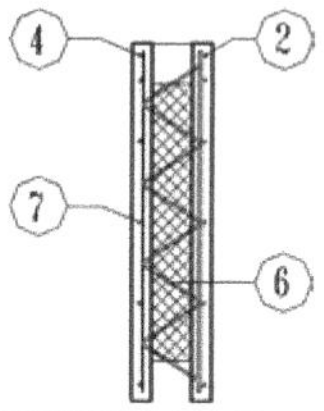

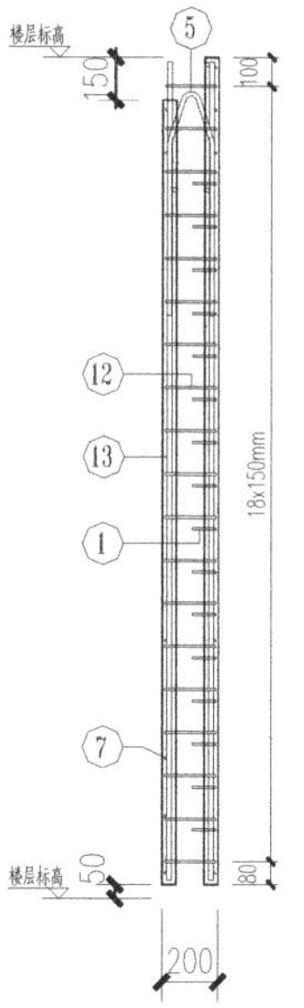

## 3.3 节点构造的识读

装配式剪力墙结构中存在着大量的水平接缝、竖向接缝以及节点，将预制构件连接成整体，使得整个结构具有足够的承载能力、刚度和延性，以及抗震、抗偶然荷载、抗风的能力。因此，这些节点和接缝的受力性能直接决定结构的整体性能，受力合理、方便施工的墙板节点和接缝设计是装配式剪力墙结构设计的关键技术，是决定该结构形式能否推广应用的重要影响因素。

装配式剪力墙结构中的节点除了有将各预制构件相互连接的作用外，还可以起到局部调整预制墙体尺寸的作用。当建筑物开间尺寸与预制墙板尺寸不协调，可改变单侧或两侧后浇段长度来进行局部调整，见图 3-16 所示。

在节点设计中，应考虑到整体建筑施工的经济性及方便性，可在设计时将节点标准化，以节约现浇模板的种类与数量，降低装配式建筑造价。在标准图集《预制混凝土剪力墙外墙板》（15G365-1）及《预制混凝土剪力墙内墙板》（15G365-2）中均在预制墙体类型后增加了节点部分，并推荐了适合预制剪力墙内外墙板的节点构造。图集《装配式混凝土接连节点构造》（15G310-2）则重点介绍了剪力墙结构中的节点与水平接缝，知识体系如表 3-22 所示。

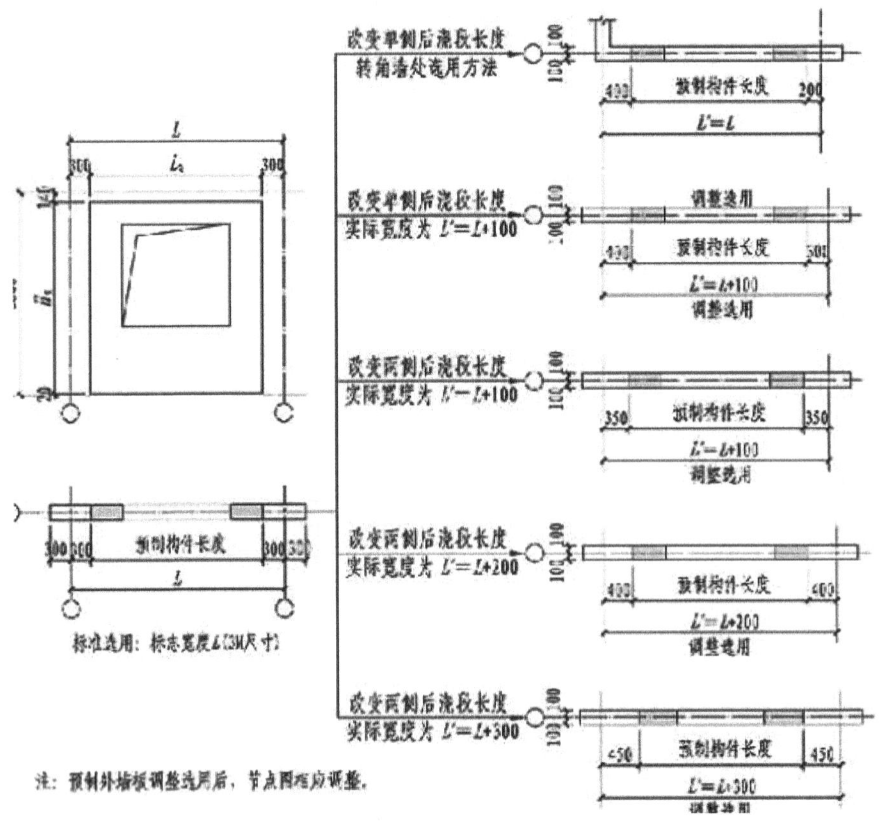


图 3-16　装配式剪力墙局部调整

表 3-22 《装配式混凝土连接节点构造》知识体系表

<table>
<tr><th colspan="3">装配式混凝土剪力墙节点知识体系</th><th>《15G310-2》页码</th></tr>
<tr><td colspan="3">编制说明</td><td>P3－P5</td></tr>
<tr><td colspan="3">节点构造索引</td><td>P6-P10</td></tr>
<tr><td colspan="3">节点基本构造要求</td><td>P11-P19</td></tr>
<tr><td rowspan="5">节点类型</td><td rowspan="3">竖向接缝</td><td>一字型</td><td>P20－P28</td></tr>
<tr><td>L 字型</td><td>P29－P36</td></tr>
<tr><td>T 字型</td><td>P37－P58</td></tr>
<tr><td colspan="2">水平接缝</td><td>P59－P63</td></tr>
<tr><td colspan="2">连梁与屋面梁与预制梁连接构造</td><td>P64－P69</td></tr>
</table>

装配式混凝土剪力墙结构墙体竖向接缝通常按其平面形式分为一字型、L 字形及 T 字形三种，见表 3-23 所示。建筑抗震设计时，要求建筑物两个方向的刚度接近。避免由于刚度差异过大从而造成刚度较大的方向抗震时承担较多的地震力破坏严重。实际工程应用时两个方向的单肢剪力墙应连接成整体使一个方向的单肢剪力墙作为翼缘部分增加剪力墙的刚度和整体结构的空间工作性能，并且在实际运用中由于建筑条件以及其他限制一字形单肢剪力墙运用较为狭窄，T 形和 L 形双肢剪力墙的应用较为广泛。

表 3-23　墙体竖向接缝分类

| 节点类型 | 一字型 | T 字型 | L 字型 |
|---|---|---|---|
| 平面布置 | 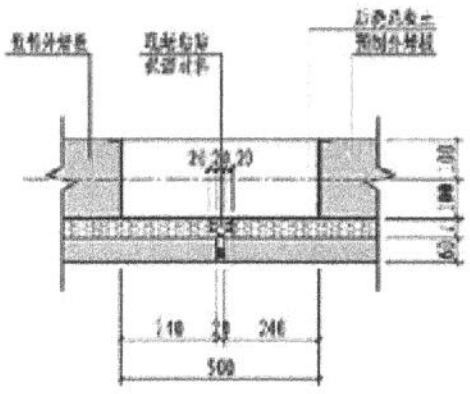 | 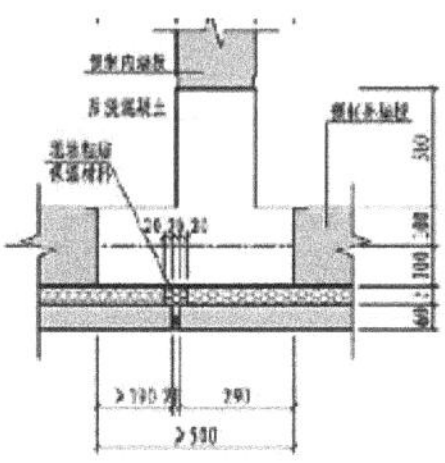 | 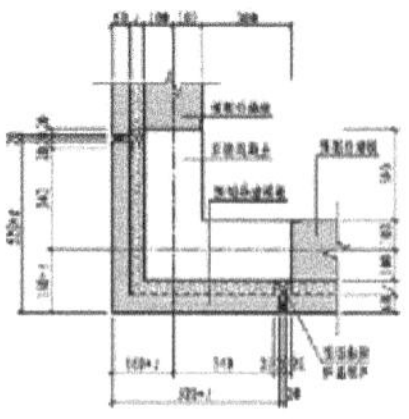 |

续表

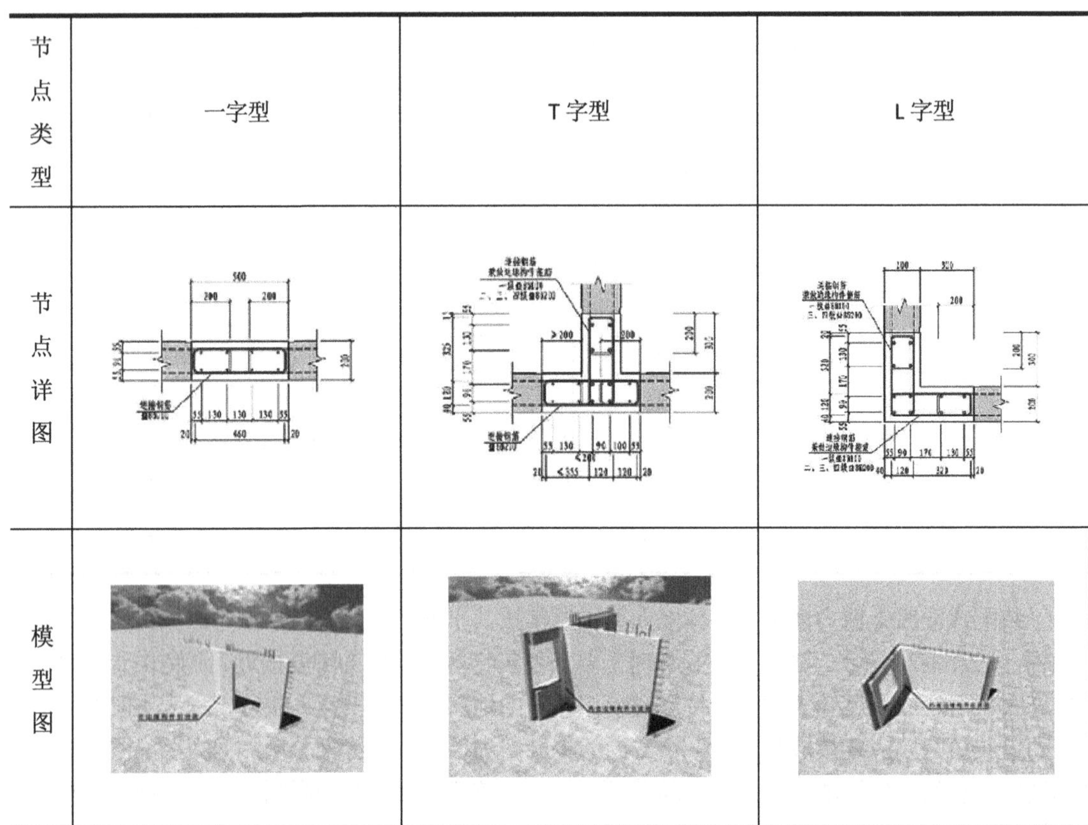

| 节点类型 | 一字型 | T 字型 | L 字型 |
|---|---|---|---|
| 节点详图 | | | |
| 模型图 | | | |

一字型节点一般出现在预制墙体与预制墙体、现浇墙体、后浇边缘暗柱及后浇端柱连接处，为结构非边缘性构件，本书将以一字型节点为例，介绍预制墙体间节点构造识读要点，如表 3-24 所示。

**表 3-24　一字型节点的识读**

| 识读步骤 | 识读要点 | 图纸示例 | 识读说明 |
|---|---|---|---|
| 1 | 一字型节点 | $L_g \geq b_w$<br>且≥200<br>≥10　≥0.6$l_{aE}$　≥10<br>(≥0.6$l_a$)<br>$b_w$<br>竖向分布钢筋$A_s$ | （1）一字型竖向接缝构造属于于剪力墙非边缘构件部分；<br>（2）结构抗震等级为一级时，后浇段的混凝土强度等级不低于 C35，结构抗震等级为二、三、四级时，后浇段的混凝土强度等级不低于 C30 |

续表

| 识读步骤 | 识读要点 | 图纸示例 | 识读说明 |
| --- | --- | --- | --- |
| 1 | 一字型节点 |  | （3）一字型后浇段宽度不应小于墙厚且不宜小于 200mm；后浇段内应设置不少于 4 根竖向钢筋，钢筋直径不应小于墙体竖向分布钢筋直径且不应小于 8mm；纵向钢筋连接推荐使用机械连接，设计人员也可采用搭接连接等形式，钢筋连接应符合相关规范要求；<br>（4）左图构件中预制剪力墙端部预留钢筋为 U 型钢筋，锚固长度应不小于 $0.6L_{aE}$；$L_{aE}$ 为受拉钢筋基本锚固长度，见表 3-25；<br>（5）预留钢筋除 U 型钢筋外，还可采用直线钢筋、弯钩钢筋及半圆形钢筋，如图 3-17 所示；<br>（6）当后浇段宽度较宽时，可设置附加钢筋，附加钢筋可采用封闭连接钢筋、弯钩连接钢筋及长圆环连接钢筋，如图 3-18 所示 |

**表 3-25　U 型钢筋基本锚固长度**

| 钢筋种类 | 抗震等级 | 混凝土强度等级 | | | | | | | |
| --- | --- | --- | --- | --- | --- | --- | --- | --- | --- |
| | | C25 | C30 | C35 | C40 | C45 | C50 | C55 | ≥C60 |
| HPB300 | 一、二级（$l_{abE}$） | 39d | 35d | 32d | 29d | 28d | 26d | 25d | 24d |
| | 三级（$l_{abE}$） | 36d | 32d | 29d | 26d | 25d | 24d | 23d | 22d |
| | 四级（$l_{abE}$）、非抗震（$l_{ab}$） | 34d | 30d | 28d | 25d | 24d | 23d | 22d | 21d |
| HRB335<br>HRBF335 | 一、二级（$l_{abE}$） | 38d | 33d | 31d | 29d | 26d | 25d | 24d | 24d |
| | 三级（$l_{abE}$） | 35d | 31d | 28d | 26d | 24d | 23d | 22d | 22d |
| | 四级（$l_{abE}$）、非抗震（$l_{ab}$） | 33d | 29d | 27d | 25d | 23d | 22d | 21d | 21d |
| HRB400<br>HRBF400<br>RRB400 | 一、二级（$l_{abE}$） | 46d | 40d | 37d | 33d | 32d | 31d | 30d | 29d |
| | 三级（$l_{abE}$） | 42d | 37d | 34d | 30d | 29d | 28d | 27d | 26d |
| | 四级（$l_{abE}$）、非抗震（$l_{ab}$） | 40d | 35d | 32d | 29d | 28d | 27d | 26d | 25d |
| HRB500<br>HRBF500 | 一、二级（$l_{abE}$） | 55d | 49d | 45d | 41d | 39d | 37d | 36d | 35d |
| | 三级（$l_{abE}$） | 50d | 45d | 41d | 38d | 36d | 34d | 33d | 32d |
| | 四级（$l_{abE}$）、非抗震（$l_{ab}$） | 48d | 43d | 39d | 36d | 34d | 32d | 31d | 30d |

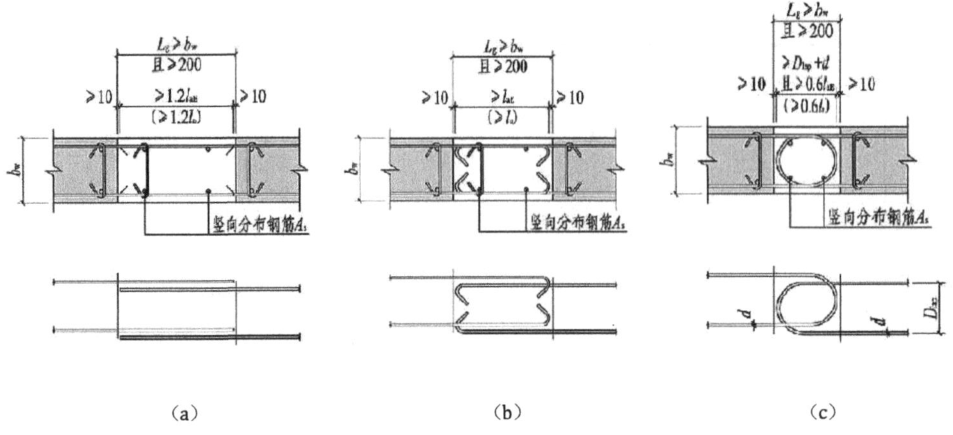


图 3-17　其他预留钢筋

（a）预留直线钢筋连接　（b）预留弯钩钢筋连接　（c）预留半圆形钢筋连接

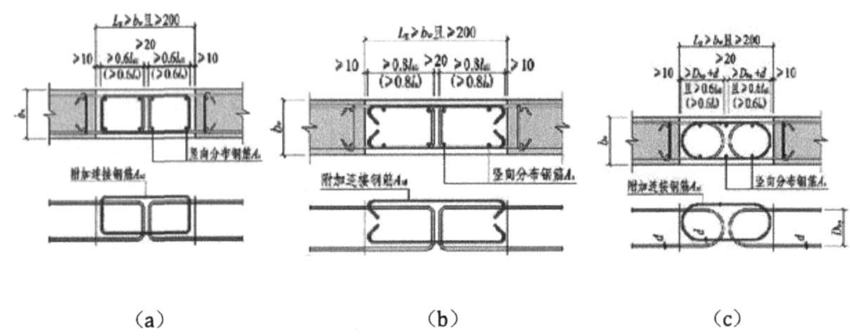


图 3-18　附加钢筋

（a）封闭连接钢筋　（b）弯钩连接钢筋　（c）长圆环连接钢筋

# 第 4 章　预制板施工图的识读

## 4.1　概述

### 4.1.1　叠合楼板定义

预制楼板是建筑最主要的预制水平结构构件，按照施工方式和结构性能的不同，可分为钢筋桁架模板、叠合楼板、双 T 板等。叠合板由于整体性能较好，被广泛地用于装配式建筑中，并有配套标准图集《桁架钢筋混凝土叠合板（60mm 厚底板）》（15G365-1）。

叠合楼板是一种模板、结构混合的楼板形式，属于半预制构件。预制部分既是楼板的组成成分，又是现浇混凝土层的天然模板。在工地安装到位后要进行二次浇注，从而成为整体实心楼板。二次浇注完成的混凝土楼板总厚度在 12cm 至 30cm 之间，实际厚度取决于跨度与荷载。伸出预制混凝土层的桁架钢筋和粗糙的混凝土表面保证了叠合楼板预制部分与现浇部分能有效结合成整体。

叠合板应按现行国家标准《混凝土结构设计规范》GB50010 进行设计，叠合板的预制板厚度不宜小于 60mm，后浇混凝土层厚度不应小于 60mm，以保证楼板整体性要求并考虑管线预埋、面筋铺设、施工误差等因素。自可靠的构造措施的情况下，如预设桁架钢筋增加其预制板刚度等，可以考虑将其厚度适当减少。

当板跨度较大时，为了增加预制板的整体刚度和水平界面抗剪性能，可在预制板内设置桁架钢筋。钢筋桁架可作为楼板下部的受力钢筋使用。图 4-1 及图 4-2 分别为叠合楼板的实体和结构。

图 4-1　叠合楼板实体

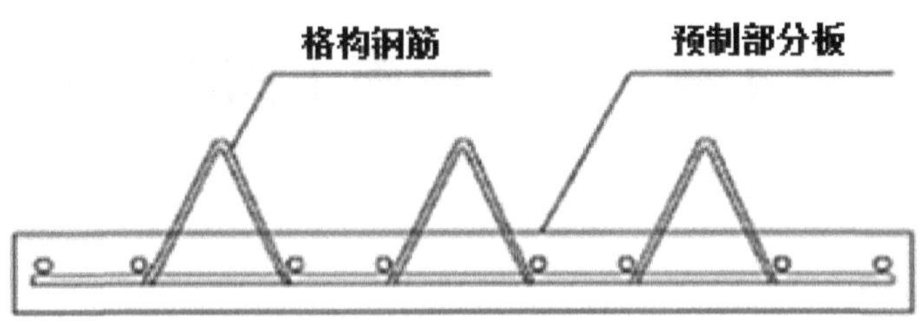


图 4-2　叠合楼板构成示例

### 4.1.2　叠合板的分类

在建筑结构中，通常按受力特点和支承情况，可将板分为单向板和双向板。单向板是指在荷载作用下，只在一个方向或主要在一个方向弯曲的板，如图 4-3（a）所示。而在荷载作用下，在两个方向都发生弯曲变形，且不能忽略任一方向弯曲的板则为双向板，如图 4-3（b）所示。

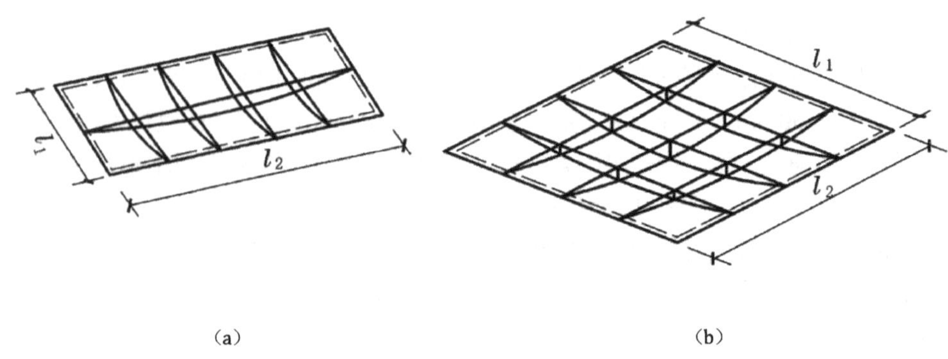


（a）　（b）

图 4-3　单向板和双向板

（a）单向板　（b）双向板

叠合单向板楼盖构造简单、施工方便，被广泛地应用于装配式建筑中；而叠合双向板虽然施工较单向板比复杂，但受力性能更为合理、板整体刚度也较高。《混凝土结构设计规范》（GB 50010-2011）规定：

（1）对两边支承的板，应按单向板计算。

（2）对于四边支承的板：① $l_2/l_1 \le 2$时，应按双向板计算；② $2 < l_2/l_1 < 3$时，宜按双向板计算；按沿短边方向受力的单向板计算时，应沿长边方向布置足够数量的构造钢筋；③ $l_2/l_1 \ge 3$时，可按沿短边方向受力的单向板计算；其中$l_2$为板长边长度；$l_1$为板短边长度。

### 4.1.3　图集《桁架钢筋混凝土叠合板（60mm）》15G366-1 知识体系

图集《桁架钢筋混凝土叠合板（60mm）》15G366-1 中混凝土叠合板底板厚度均为 60mm，后浇混凝土叠合层厚度为 70mm、80mm、90mm 三种，图集知识体系如表 4-1 所示。

表 4-1　图集《桁架钢筋混凝土叠合板（60mm）》15G366-1 知识体系

| 桁架钢筋混凝土叠合板 | | 《15G366-1》页码 |
| --- | --- | --- |
| 编制说明 | | P3－P6 |
| 底板类型 | 双向板 | P7－P56 |
| | 单向板 | P57－P66 |
| 吊点 | 双向板 | P67－P75 |
| | 单向板 | P76－P80 |
| 详图 | | P81－P83 |

单向板的 AR 模型如图 4-4 所示：

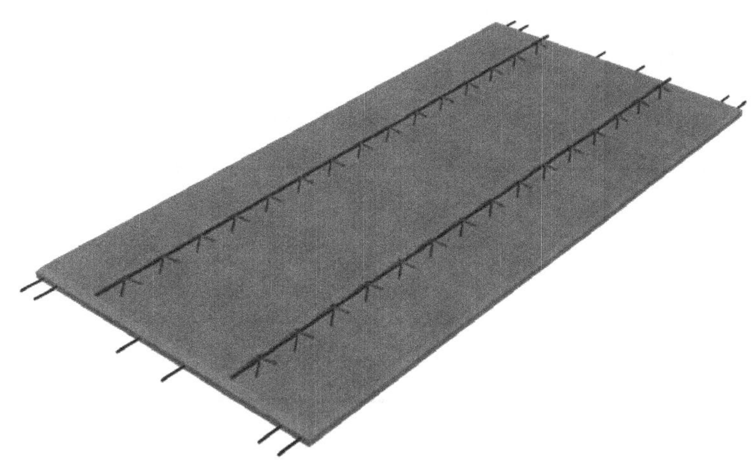

图 4-4　单向板 AR 模型

## 4.2　叠合楼板施工图的识读

叠合楼盖施工图主要包括预制底板平面布置图、现浇层配筋图、水平后浇带或圈梁布置图。图 4-5 为叠合楼板的平面布置，叠合楼板施工图的识读见表 4-2 所示。

表 4-2 叠合板底板编号规则表

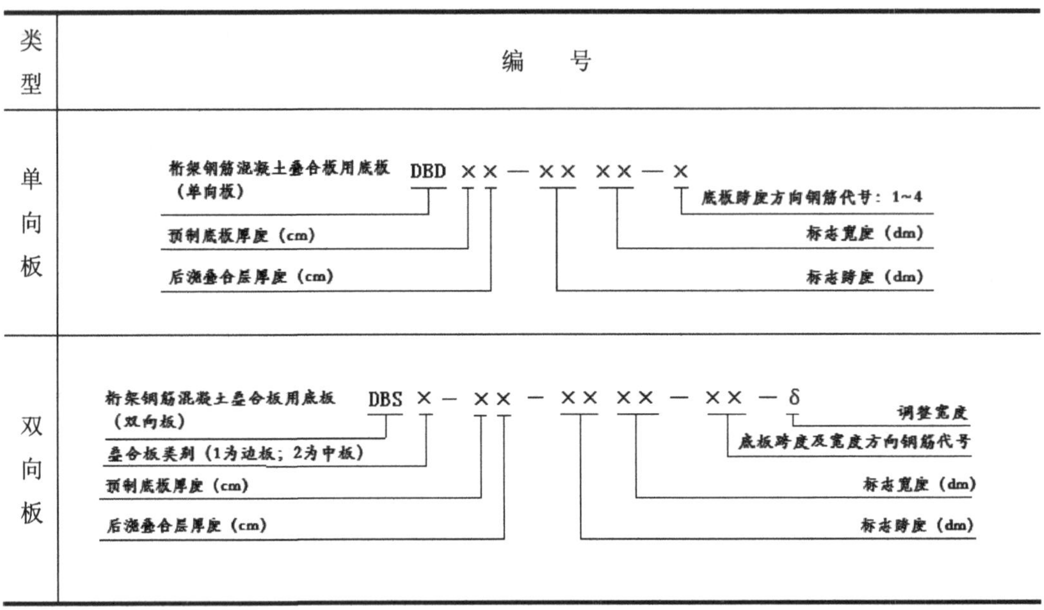

| 类型 | 编号 |
| --- | --- |
| 单向板 | DBD ×× — ×× ×× — ×<br>桁架钢筋混凝土叠合板用底板（单向板）<br>预制底板厚度（cm）<br>后浇叠合层厚度（cm）<br>底板跨度方向钢筋代号：1~4<br>标志宽度（dm）<br>标志跨度（dm） |
| 双向板 | DBS × — ×× — ×× ×× — ×× — δ<br>桁架钢筋混凝土叠合板用底板（双向板）<br>叠合板类别（1为边板；2为中板）<br>预制底板厚度（cm）<br>后浇叠合层厚度（cm）<br>调整宽度<br>底板跨度及宽度方向钢筋代号<br>标志宽度（dm）<br>标志跨度（dm） |

单向板及双向板编号中包含有底板配筋代号，通过识读代号即可了解叠合底板配筋情况，如表 4-3 和表 4-4 所示。也可按工程实际需求，由设计院自行设计底板配筋，但需在施工图中标明相应底板大样图。

表 4-3 叠合单向板钢筋代号表

| 代　号 | 1 | 2 | 3 | 4 |
| --- | --- | --- | --- | --- |
| 受力钢筋规格及间距 | Φ 8@200 | Φ 8@150 | Φ 10@200 | Φ 10@150 |
| 分布钢筋规格及间距 | Φ 6@200 | Φ 6@200 | Φ 6@200 | Φ 6@200 |

表 4-4 叠合双向板钢筋代号表

| 跨度方向钢筋 / 宽度方向钢筋 | Φ 8@200 | Φ 8@150 | Φ 10@200 | Φ 10@150 |
| --- | --- | --- | --- | --- |
| Φ 8@200 | 11 | 21 | 31 | 41 |
| Φ 8@150 |  | 22 | 32 | 42 |
| Φ 8@100 |  |  |  | 43 |

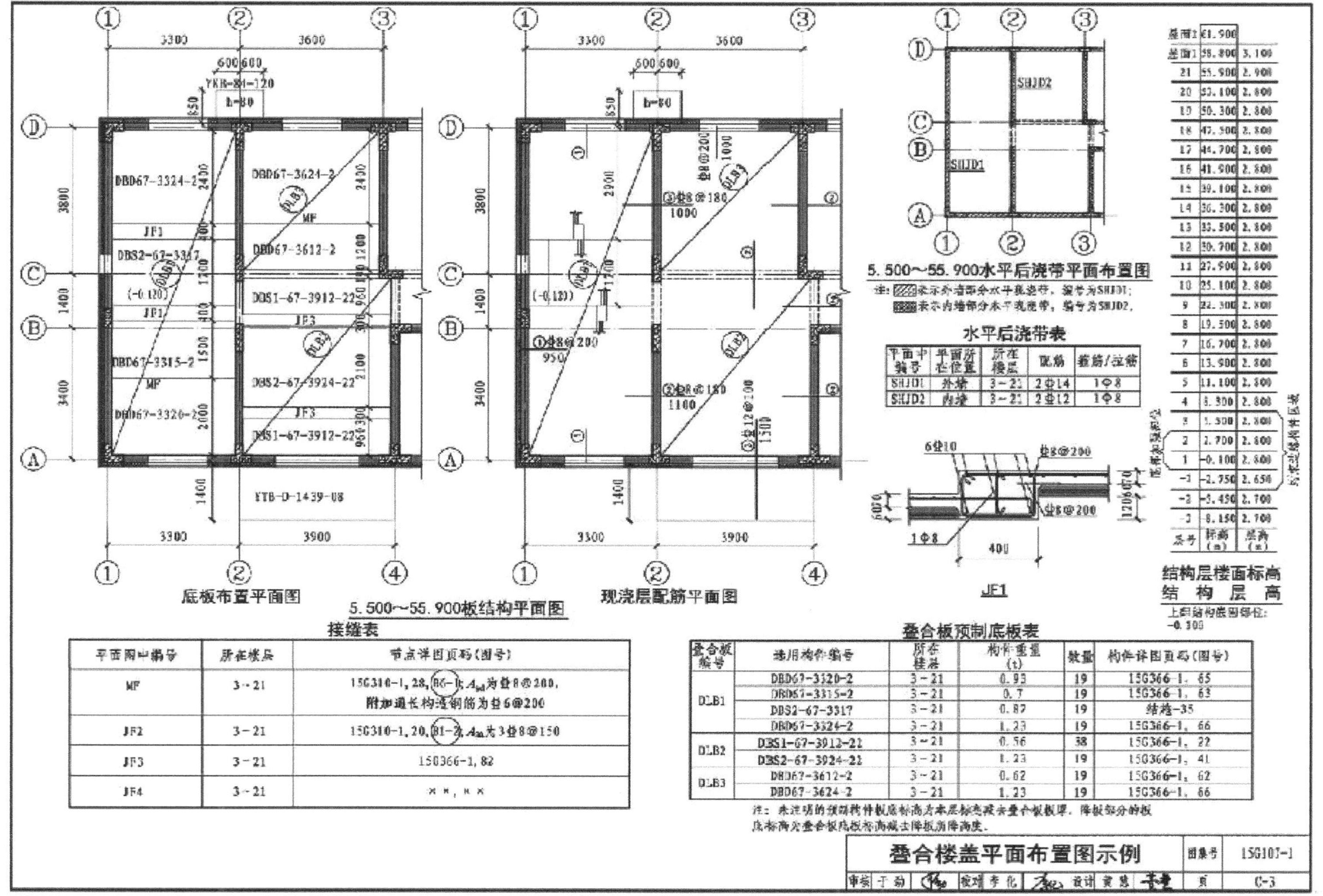


接缝表

| 平面图中编号 | 所在楼层 | 节点详图页码（图号） |
|---|---|---|
| MF | 3～21 | 15G310-1，28，B6-1，$A_{sd}$为⌀8@200，附加通长构造钢筋为⌀6@200 |
| JF2 | 3～21 | 15G310-1，20，B1-2，$A_{sa}$为3⌀8@150 |
| JF3 | 3～21 | 15G366-1，82 |
| JF4 | 3～21 | ××，×× |

叠合板预制底板表

| 叠合板编号 | 选用构件编号 | 所在楼层 | 构件重量(t) | 数量 | 构件详图页码（图号） |
|---|---|---|---|---|---|
| DLB1 | DBD67-3320-2 | 3～21 | 0.93 | 19 | 15G366-1，65 |
| | DBD67-3315-2 | 3～21 | 0.7 | 19 | 15G366-1，63 |
| | DBS2-67-3317 | 3～21 | 0.87 | 19 | 结施-35 |
| | DBD67-3324-2 | 3～21 | 1.23 | 19 | 15G366-1，66 |
| DLB2 | DBS1-67-3912-22 | 3～21 | 0.56 | 38 | 15G366-1，22 |
| | DBS2-67-3924-22 | 3～21 | 1.23 | 19 | 15G366-1，41 |
| DLB3 | DBD67-3612-2 | 3～21 | 0.62 | 19 | 15G366-1，62 |
| | DBD67-3624-2 | 3～21 | 1.23 | 19 | 15G366-1，66 |

注：未注明的预制构件板底标高为本层标高减去叠合板板厚，降板部分的板底标高为叠合板底板标高减去降板的降高度。

水平后浇带表

| 平面中编号 | 平面所在位置 | 所在楼层 | 配筋 | 箍筋/拉筋 |
|---|---|---|---|---|
| SHJD1 | 外墙 | 3～21 | 2⌀14 | 1⌀8 |
| SHJD2 | 内墙 | 3～21 | 2⌀12 | 1⌀8 |

| 层号 | 标高(m) | 层高(m) |
|---|---|---|
| 屋面2 | 61.900 | |
| 屋面1 | 58.800 | 3.100 |
| 21 | 55.900 | 2.900 |
| 20 | 53.100 | 2.800 |
| 19 | 50.300 | 2.800 |
| 18 | 47.500 | 2.800 |
| 17 | 44.700 | 2.800 |
| 16 | 41.900 | 2.800 |
| 15 | 39.100 | 2.800 |
| 14 | 36.300 | 2.800 |
| 13 | 33.500 | 2.800 |
| 12 | 30.700 | 2.800 |
| 11 | 27.900 | 2.800 |
| 10 | 25.100 | 2.800 |
| 9 | 22.300 | 2.800 |
| 8 | 19.500 | 2.800 |
| 7 | 16.700 | 2.800 |
| 6 | 13.900 | 2.800 |
| 5 | 11.100 | 2.800 |
| 4 | 8.300 | 2.800 |
| 3 | 5.500 | 2.800 |
| 2 | 2.700 | 2.800 |
| 1 | -0.100 | 2.800 |
| -1 | -2.750 | 2.650 |
| -2 | -5.450 | 2.700 |
| -3 | -8.150 | 2.700 |

图 4-5　叠合楼板的平面布置图

双向板的 AR 模型如图 4-6 所示：

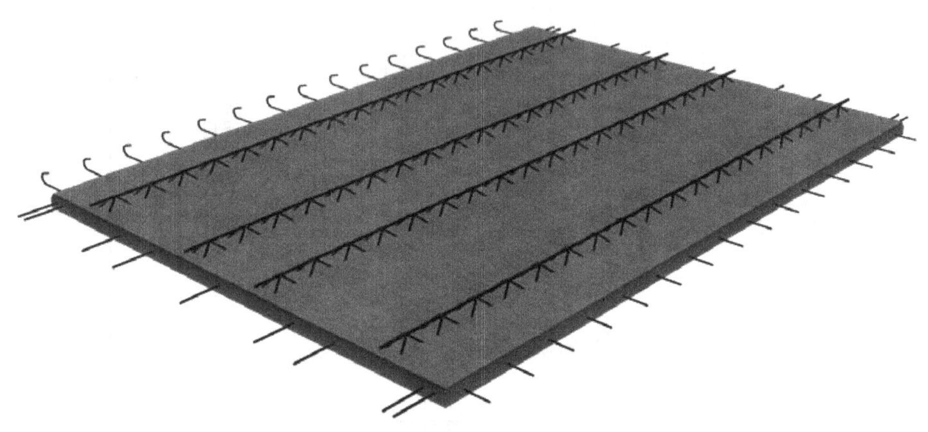

图 4-6 双向板 AR 模型

叠合楼板平面布置图如图 4-5 所示，叠合楼板施工图的识读要点如表 4-5 所示。

**表 4-5 叠合楼板平面布置图的识读**

| 识读步骤 | 识读要点 | 图纸示例 | 识读说明 |
| --- | --- | --- | --- |
| 1 | 图名 | 5.500~55.900板结构平面图<br>3 \| 5.500 \| 2.800<br>2 \| 2.700 \| 2.800<br>1 \| -0.100 \| 2.800<br>-1 \| -2.750 \| 2.650<br>-2 \| -5.450 \| 2.700<br>-3 \| -8.150 \| 2.700<br>层号 \| 标高(m) \| 层高(m)<br>结构层楼面标高<br>结 构 层 高 | （1）叠合楼板平面布置图图名与剪力墙平面布置图图名类似，一般标注在相应图纸下方或图纸标题栏内；<br>（2）叠合楼板平面布置图图名按叠合板所在楼层标高命名；需结合对应结构层高表；<br>（3）结合结构层高表可知，该叠合楼板平面图适用范围为建筑 5.5m 至 55.9m，即建筑 3 层至 21 层 |

续表

<table>
<tr><th>识读步骤</th><th>识读要点</th><th>图纸示例</th><th>识读说明</th></tr>
<tr><td>2</td><td>叠合楼板构件编号</td><td></td><td>
（1）叠合楼板也称为半预制板，共有两层，底层为预制板，上层在施工现场现浇，为现浇层，故在叠合楼板布置图中可将两个平面布置图，底板布置图及现浇层配筋布置图；叠合楼板的编号一般标注在底板布置图上；
（2）在底板布置图上楼板编号可分为两类，一为对整体建筑而言楼板编号；二为预制叠合板编号；建筑板块划分按跨进行，两向（x 和 y 两个方向）均以一跨为一个板块；从左侧图示可见，建筑楼板可分为 3 个板块，记为 DLB1、DLB2 和 DLB3，楼板板块编号写于圆圈中，并用对角线表明对应楼板区域；
（3）叠合楼板编号由叠合板代号和序号组成，表达表达形式应符合下表的规定：
<table>
<tr><th>叠合板类型</th><th>代号</th><th>序号</th></tr>
<tr><td>叠合楼面板</td><td>DLB</td><td>××</td></tr>
<tr><td>叠合屋面板</td><td>DWB</td><td>××</td></tr>
<tr><td>叠合悬挑板</td><td>DXB</td><td>××</td></tr>
</table>
注：序号可为数字，或数字加字母
（4）标准图集中预制叠合板底板命名规则如表 4-2 所示；如编号为 DBD67-3324-2，表示该叠合板为单向板，预制叠合板底板厚度为 60mm，后浇叠合层厚度为 70mm，预制底板的标志跨度为 3300mm，预制底板的标志跨度为 2400mm，底板跨度方向配筋 ⌀8@150；编号为 DBS1-67-3924-22，表示该叠合板为双向板，拼装位置为边板，预制底板厚度为 60mm，后浇叠合层厚度为 70mm，预制底板的标志跨度为 3900mm，预制底板的标志宽度为 2000mm，底板跨度方向配筋为 ⌀8@150，底板宽度方向配筋为 ⌀8@150；
（5）所有叠合板板块应逐一编号，相同编号的板块可择其一做集中标注，其他仅注写置于圆圈内的板编号，当板面标高不同时，在板编号的斜线下标注标高高差，下降为负（–）
</td></tr>
</table>

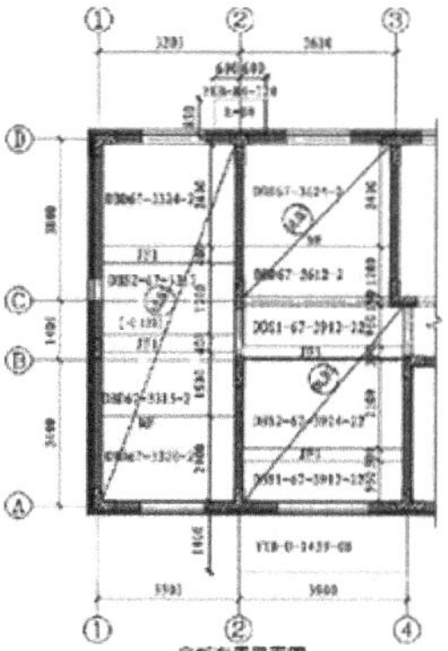

续表

| 识读步骤 | 识读要点 | 图纸示例 | 识读说明 |
| --- | --- | --- | --- |
| 3 | 预制底板表 |  | （1）在准确识读叠合板构件的基础上，结合底板平面布置图，识读叠合板预制底板表，明确各叠合预制底板在底板平面布置图所在位置，明确各叠合预制板所应用楼层、构件重量、数量；<br>（2）叠合预制底板可选用标准图集中已有底板类型，需在叠合预制底板表中注明底板选用图集编号、页码等；底板也可自行设计，但需给出底板所在图纸编号，如左侧图示编号为 DBS2-67-3317 的预制底板；<br>（3）叠合预制底板在选用时，应尽量选择标准图集中已有版型，且按图集要求要求进行制作及施工时，可不进行脱膜、吊装、运输、堆放、安装环节施工验算；当预制底板自行设计时，应对叠合楼板进行承载能力极限状态和正常使用极限状态设计，根据板厚和配筋进行底板的选型，绘制底板平面图 |
| 4 | 现浇层平面配筋图 | 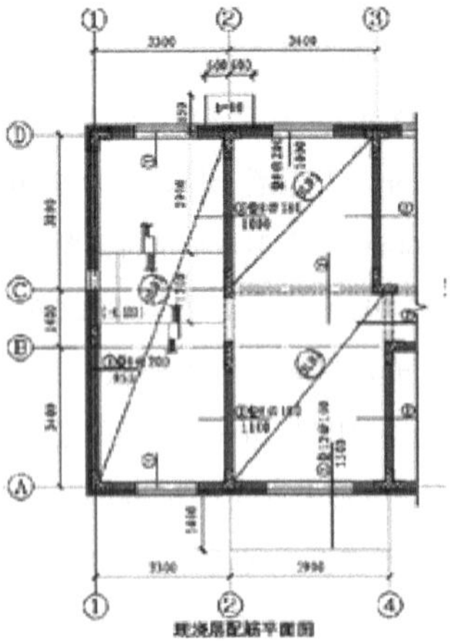 现浇层配筋平面图 | （1）下图为双侧非贯通钢筋布置实例，实线自支座中心分别向两侧延伸，实线上方标注 2⌀8@180，右侧下方标注 1100，左侧下方没有任何标注；该原位标注表示，此次非贯通钢筋编号为2，采用 ⌀8 按间距 180mm 进行单跨配置，该非贯通钢筋自支座中线向右侧跨内的延伸长度为 1100mm，且因左侧下方未标注，表明该非贯通钢筋向支座两端对称延伸，即向左侧跨内的延伸长度也为 1100mm；双侧非贯通钢筋水平段长度计算公式为：双侧非贯通钢筋水平段长度=左侧延伸长度+右侧延伸长度；若双侧非贯通钢筋水平段为非对称钢筋，则在实线左侧下方也需标注延伸长度； <br>②⌀8@180<br>1100<br>（2）下贯通全悬挑长度的非贯通钢筋原位标注如下图所示： 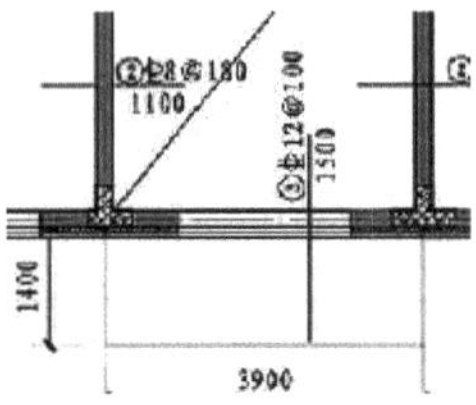<br>②⌀8@180<br>1100<br>②⌀12@100<br>1500<br>1400<br>3900 |

续表

<table>
<tr><th>识读步骤</th><th>识读要点</th><th>图纸示例</th><th>识读说明</th></tr>
<tr><td>4</td><td>现浇层平面配筋图</td><td>现浇层配筋平面图</td><td>（3）实线自支座中心开始，向左侧延伸并覆盖整个延伸悬挑板；上方标注 Φ12@100，实线下方向跨内的延伸长度标注为 1500，覆盖延伸悬挑板一侧的延伸长度不作标注；因非贯通钢筋所标注的向跨内延伸长度是从支座中心线算起，故该类型非贯通钢筋水平段长度计算公式为：贯通全悬挑钢筋水平度长度=跨内延伸长度+梁宽/2+悬挑板的挑出长度-保护层厚度</td></tr>
<tr><td>5</td><td>水平后浇带</td><td> 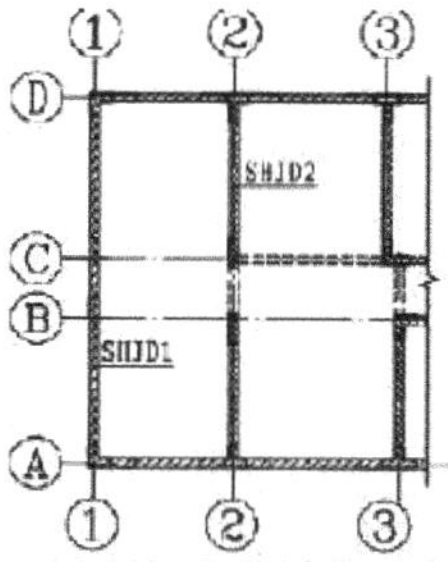5.500～55.900水平后浇带平面布置图<br>注：▨表示外墙部分水平现浇带，编号为SHJD1；<br>▩表示内墙部分水平现浇带，编号为SHJD2。<br><br>水平后浇带表<br><table><tr><th>平面中编号</th><th>平面所在位置</th><th>所在楼层</th><th>配筋</th><th>箍筋/拉筋</th></tr><tr><td>SHJD1</td><td>外墙</td><td>3～21</td><td>2Φ14</td><td>1Φ8</td></tr><tr><td>SHJD2</td><td>内墙</td><td>3～21</td><td>2Φ12</td><td>1Φ8</td></tr></table></td><td>（1）需在平面布置图上标注水平后浇带或圈梁的分布位置；<br>（2）配合水平后浇带表识读水平后浇带平面布置图，明确各水平后浇带编号，位置，配筋情况；<br>（3）水平后浇带宽度应取剪力墙的厚度，高度不应小于楼板厚度，水平后浇带应与现浇或者叠合楼盖浇筑成整体；<br>（4）水平后浇带编号由代号和序号组成，表达形式应符合下表的规定：<br><table><tr><th>类型</th><th>代号</th><th>序号</th></tr><tr><td>水平后浇带</td><td>SHJD</td><td>××</td></tr></table>（5）装配式建筑各层楼面位置，预制剪力墙顶部无后浇圈梁时，应设置连续的水平后浇带，如下图所示：<br><br>1-后浇混凝土叠合层；2-预制板；<br>3-水平后浇带；4-预制墙板；5-纵向钢筋<br><br>（6）水平后浇带内应配置不少于 2 根连续纵向钢筋，其直径不宜小于 12mm；如左侧图示中编号为 SHJD1 的水平后浇带，通过识读相应水平后浇带表可知其纵向钢筋采用 2 根 Φ14，箍筋和拉筋采用 Φ8</td></tr>
</table>

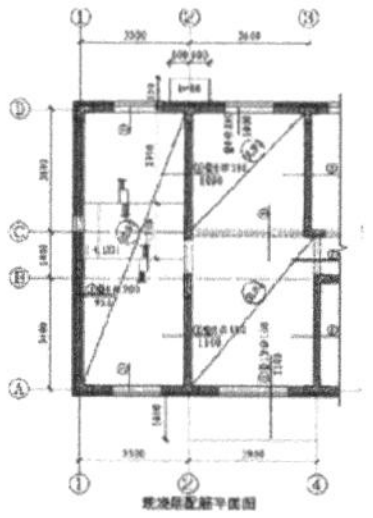

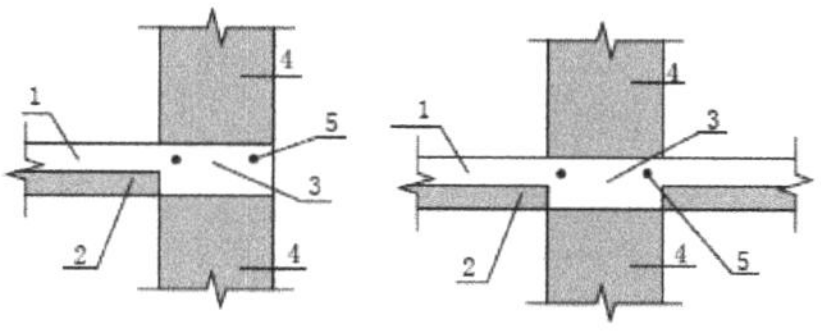

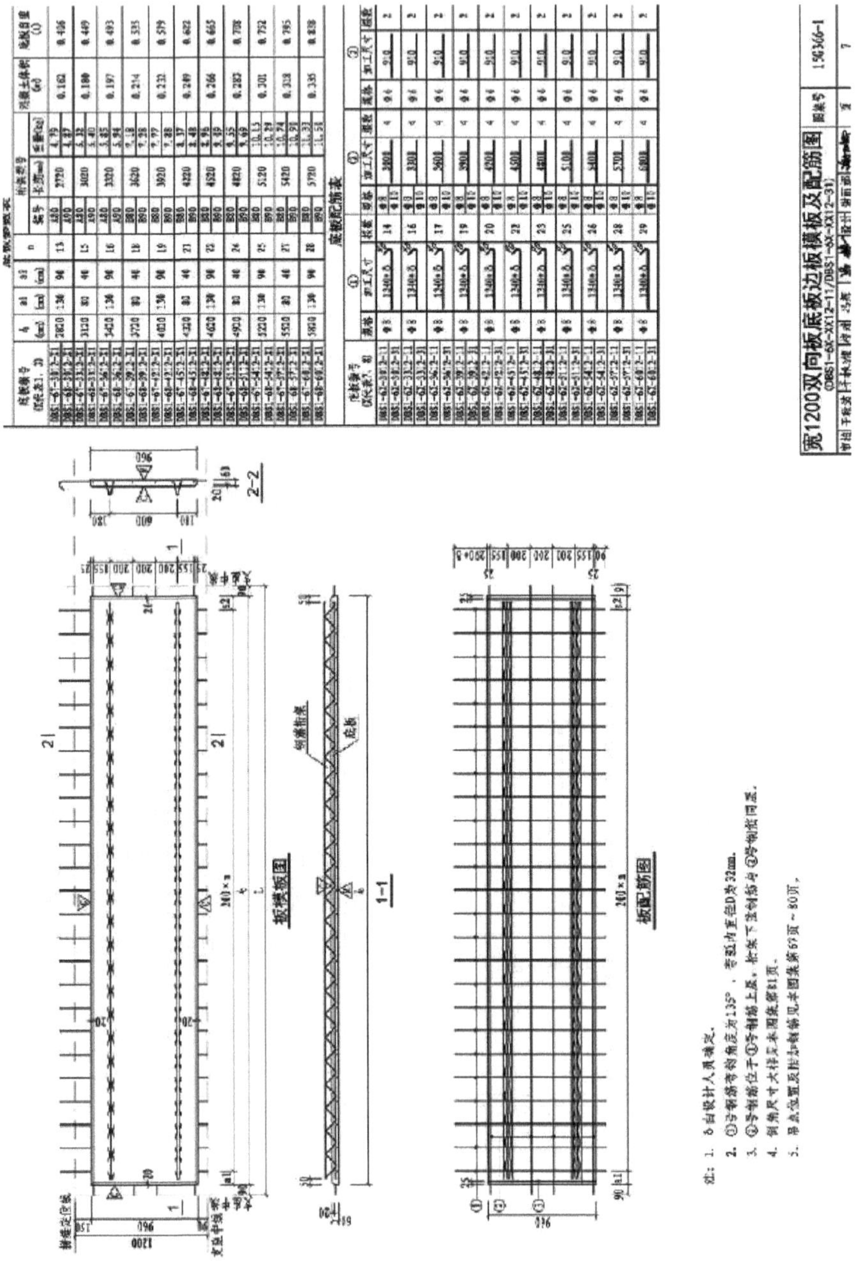

板模板图

1-1

2-2

板配筋图

底板参数表

| 底板编号(X代表1、3) | $l_0$ (mm) | a1 (mm) | a2 (mm) | n | 桁架型号 编号 | 桁架型号 长度(mm) | 桁架型号 重量(kg) | 混凝土体积(m³) | 底板自重(t) |
|---|---|---|---|---|---|---|---|---|---|
| DBS1-67-3012-X1 / DBS1-68-3012-X1 | 2820 | 130 | 90 | 13 | A80 / A90 | 2720 | 4.79 / 4.87 | 0.162 | 0.406 |
| DBS1-67-3312-X1 / DBS1-68-3312-X1 | 3120 | 80 | 40 | 15 | A80 / A90 | 3020 | 5.32 / 5.40 | 0.180 | 0.449 |
| DBS1-67-3612-X1 / DBS1-68-3612-X1 | 3420 | 130 | 90 | 16 | A80 / A90 | 3320 | 5.85 / 5.94 | 0.197 | 0.493 |
| DBS1-67-3912-X1 / DBS1-68-3912-X1 | 3720 | 80 | 40 | 18 | B80 / B90 | 3620 | 7.18 / 7.28 | 0.214 | 0.535 |
| DBS1-67-4212-X1 / DBS1-68-4212-X1 | 4020 | 130 | 90 | 19 | B80 / B90 | 3920 | 7.77 / 7.88 | 0.232 | 0.579 |
| DBS1-67-4512-X1 / DBS1-68-4512-X1 | 4320 | 80 | 40 | 21 | B80 / B90 | 4220 | 8.37 / 8.48 | 0.249 | 0.622 |
| DBS1-67-4812-X1 / DBS1-68-4812-X1 | 4620 | 130 | 90 | 22 | B80 / B90 | 4520 | 8.96 / 9.09 | 0.266 | 0.665 |
| DBS1-67-5112-X1 / DBS1-68-5112-X1 | 4920 | 80 | 40 | 24 | B80 / B90 | 4820 | 9.55 / 9.69 | 0.283 | 0.708 |
| DBS1-67-5412-X1 / DBS1-68-5412-X1 | 5220 | 130 | 90 | 25 | B80 / B90 | 5120 | 10.15 / 10.29 | 0.301 | 0.752 |
| DBS1-67-5712-X1 / DBS1-68-5712-X1 | 5520 | 80 | 40 | 27 | B80 / B90 | 5420 | 10.74 / 10.90 | 0.318 | 0.795 |
| DBS1-67-6012-X1 / DBS1-68-6012-X1 | 5820 | 130 | 90 | 28 | B80 / B90 | 5720 | 11.33 / 11.51 | 0.335 | 0.838 |

底板配筋表

| 底板编号(X代表7、8) | ① 规格 | ① 加工尺寸 | ① 根数 | ② 规格 | ② 加工尺寸 | ② 根数 | ③ 规格 | ③ 加工尺寸 | ③ 根数 |
|---|---|---|---|---|---|---|---|---|---|
| DBS1-6X-3012-11 / DBS1-6X-3012-31 | Φ8 | 1340+δ | 14 | Φ8 / Φ10 | 3000 | 4 | Φ6 | 910 | 2 |
| DBS1-6X-3312-11 / DBS1-6X-3312-31 | Φ8 | 1340+δ | 16 | Φ8 / Φ10 | 3300 | 4 | Φ6 | 910 | 2 |
| DBS1-6X-3612-11 / DBS1-6X-3612-31 | Φ8 | 1340+δ | 17 | Φ8 / Φ10 | 3600 | 4 | Φ6 | 910 | 2 |
| DBS1-6X-3912-11 / DBS1-6X-3912-31 | Φ8 | 1340+δ | 19 | Φ8 / Φ10 | 3900 | 4 | Φ6 | 910 | 2 |
| DBS1-6X-4212-11 / DBS1-6X-4212-31 | Φ8 | 1340+δ | 20 | Φ8 / Φ10 | 4200 | 4 | Φ6 | 910 | 2 |
| DBS1-6X-4512-11 / DBS1-6X-4512-31 | Φ8 | 1340+δ | 22 | Φ8 / Φ10 | 4500 | 4 | Φ6 | 910 | 2 |
| DBS1-6X-4812-11 / DBS1-6X-4812-31 | Φ8 | 1340+δ | 23 | Φ8 / Φ10 | 4800 | 4 | Φ6 | 910 | 2 |
| DBS1-6X-5112-11 / DBS1-6X-5112-31 | Φ8 | 1340+δ | 25 | Φ8 / Φ10 | 5100 | 4 | Φ6 | 910 | 2 |
| DBS1-6X-5412-11 / DBS1-6X-5412-31 | Φ8 | 1340+δ | 26 | Φ8 / Φ10 | 5400 | 4 | Φ6 | 910 | 2 |
| DBS1-6X-5712-11 / DBS1-6X-5712-31 | Φ8 | 1340+δ | 28 | Φ8 / Φ10 | 5700 | 4 | Φ6 | 910 | 2 |
| DBS1-6X-6012-11 / DBS1-6X-6012-31 | Φ8 | 1340+δ | 29 | Φ8 / Φ10 | 6000 | 4 | Φ6 | 910 | 2 |

注：1. δ由设计人员确定。
2. ①号钢筋弯钩角度为135°，弯弧内直径D为32mm。
3. ②号钢筋位于①号钢筋上层，桁架下弦钢筋与②号钢筋同层。
4. 倒角尺寸大样见本图集第81页。
5. 吊点位置及附加钢筋见本图集第69页～80页。

宽1200双向板底板边板模板及配筋图 (DBS1-6X-XX12-11/DBS1-6X-XX12-31) 图集号 15G366-1 页 7

图 4-7 预制叠合双向板底板

## 4.3　预制叠合底板施工图的识读

### 4.3.1　双向板施工图的识读

图 4-7 为预制叠合双向板底板的模板图及配筋图，本节以双向板底板施工图为例讲解预制叠合底板施工图的识读。标准图集《桁架钢筋混凝土叠合板（60mm 厚底板）》15G366-1 中所包含预制底板模板图及配筋图均按照板宽进行绘制，如图 4-7 即为标志宽度为 1200mm 双向板底板边板模板及配筋图，长度方向可为 3000mm、3600mm、3900mm、4200mm、4500mm、4800mm、5100mm、5400mm、5700mm 及 6000mm。根据实际底板宽度、长度及现浇层厚度在左侧底板参数表及底板配筋表中查找对应信息。双向板施工图的识读如表 4-6 所示。

表 4-6　双向板施工图的识读

| 识读步骤 | 识读要点 | 图纸示例 | 识读说明 |
| --- | --- | --- | --- |
| 1 | 模板图 | 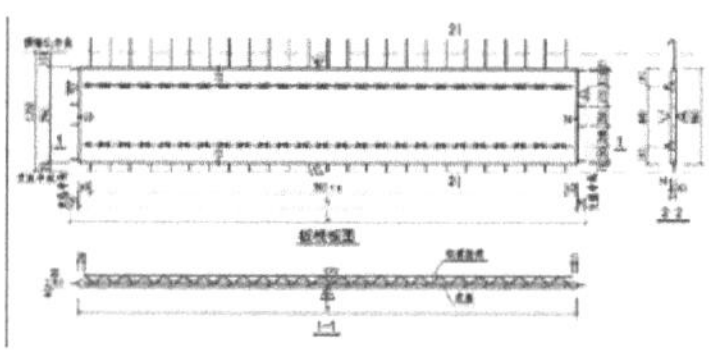 | （1）结合底板参数表识读板模板图及对应剖面图，明确底板类型、尺寸、桁架数量、桁架位置、混凝土体积、底板自重等信息，以方便后续编制施工组织等；<br>（2）明确叠合底板需进行粗糙面处理位置；底板与后浇混凝土叠合层之间的结合面应做成凹凸深度不小于 4mm 的人工粗糙面，粗糙面的面积不小于结合面的 80%；粗糙面设计位置与底板接缝设计有关，下图为双向板非密拼粗糙面示意： 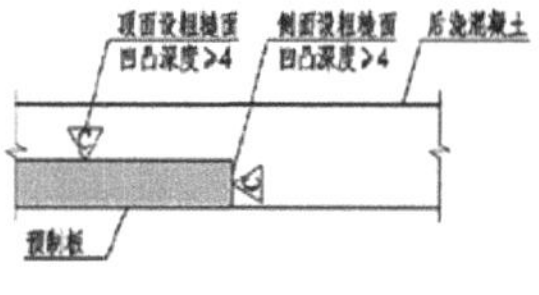<br>（3）下图为双向板密拼粗糙面示意： 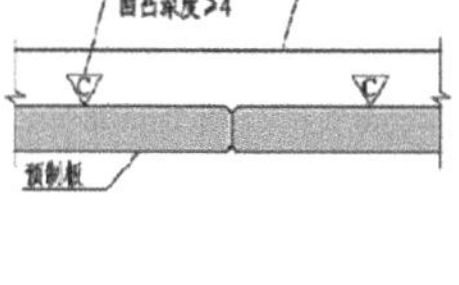 |

续表

| 识读步骤 | 识读要点 | 图纸示例 | 识读说明 |
| --- | --- | --- | --- |
| 2 | 配筋图 | 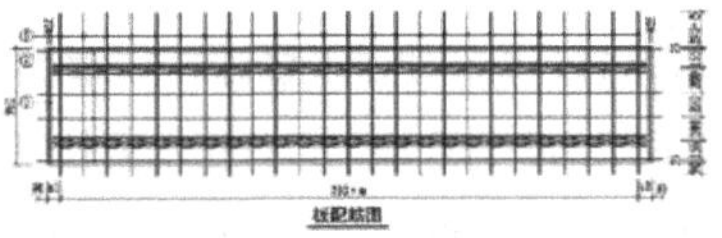 板配筋图 | （1）结合底板配筋表，识读叠合双向板底板配筋图，明确纵向受力钢筋、水平分布钢筋、钢筋桁架位置和尺寸；<br>（2）底板分布钢筋即为配筋图中编号为 1 的钢筋，按间距 200mm 进行分布；分布钢筋距板两端位置 a1 和 a2 具体数值由底板标准长度相关，可查底板参数表得；分布钢筋向跨内延伸方向延伸长度为230 + δ，δ由设计人员确定；弯钩角度为 135°，弯弧内直径 D 为 32mm；<br>（3）底板纵向受力钢筋为配筋图中编号为 2 的钢筋，按间距 200mm 进行配置，纵向受力钢筋位于水平钢筋上层；预制板内的纵向受力钢筋宜从板端伸出并锚入支承梁或墙的后浇混凝土中，锚固长度不应小于 5*d*（*d* 为纵向受力钢筋直径），且宜伸过支座中心线；底板内最外侧纵向钢筋距底板边缘距离应不大于 50mm，底板外纵向钢筋距底板边缘距离应不大于 1/2 板筋间距，如下所示： 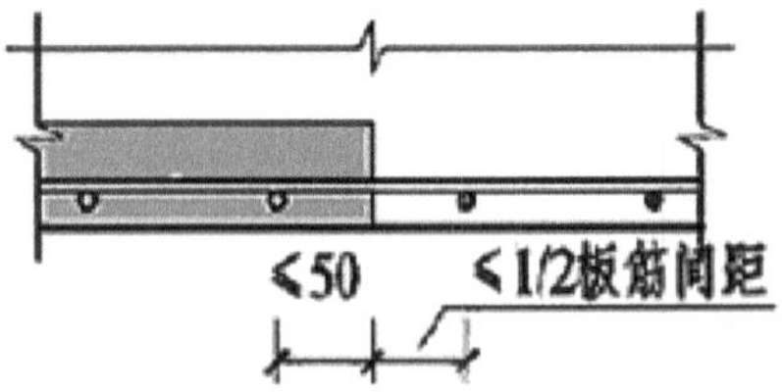<br>≤50　≤1/2板筋间距<br>（4）叠合板桁架钢筋放置于底板钢筋上层，下弦钢筋与底板钢筋绑扎连接，桁架钢筋配置应根据计算确定，主要有以下作用：①增加叠合板刚度，防止板开裂；②增加预制层与现浇层的黏结；③可在叠合板吊装中作为吊点使用；<br>（5）钢筋桁架应由专用焊接机械制造，腹杆钢筋与上、下钢筋的焊接采用电阻点焊；上弦杆直径应不小于 8mm，下弦杆直径不小于 6mm，腹杆直径不小于 4mm，如下图所示： |

续表

| 识读步骤 | 识读要点 | 图纸示例 | 识读说明 |
| --- | --- | --- | --- |
| 2 | 配筋图 | 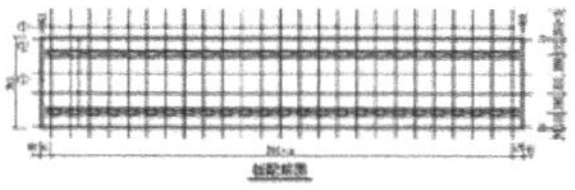 | 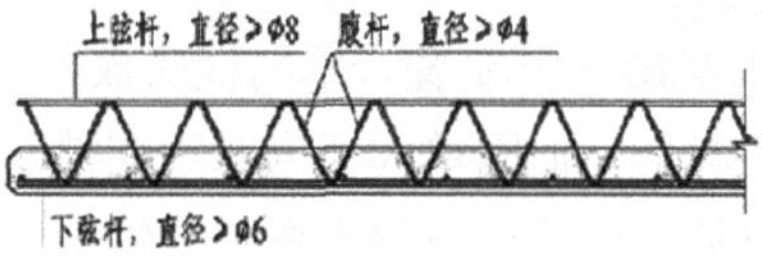 上弦杆，直径≥Φ8　腹杆，直径≥Φ4　下弦杆，直径≥Φ6<br>（1）桁架钢筋应沿主要受力方向布置，间距应不大于 600mm，距底板边缘应不大于 300mm，如下图所示： 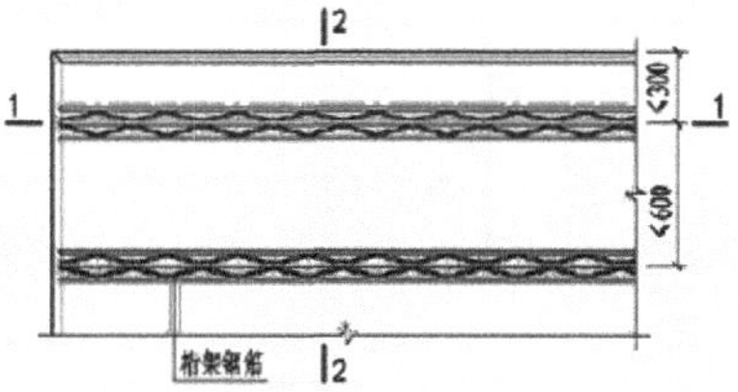<br>桁架钢筋<br>（2）桁架钢筋焊点的抗剪力应不小于腹杆钢筋规定屈服力值的 0.6 倍，钢筋桁架的尺寸、重量和允许偏差应符合表 4-7 的规定；<br>（3）开洞位置应避开桁架钢筋的位置，当无法避开时，设计人员应另行设计；当洞口直径（或边长）小于 300mm 时，受力钢筋绕过洞口，不得切断，如下图所示： 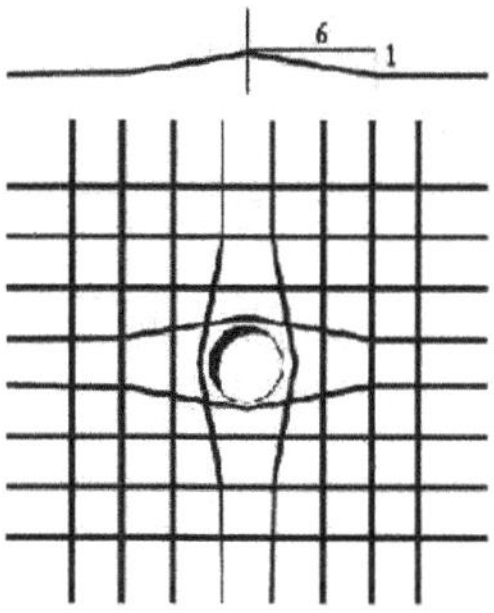<br>矩形洞边长和圆形洞直径不大于300时钢筋构造<br>（受力钢筋绕过洞口，不另设补强钢筋）<br>（4）当洞口直径（或边长）大于等于 300mm 时，由设计人员另行设计 |

表 4-7 桁架偏差允许值

| 检查项目 | 设计长度 | 设计高度 | 设计宽度 | 上弦焊点间距 | 伸出长度 | 理论质量 |
|---|---|---|---|---|---|---|
| 允许偏差 | ±5mm | ±3mm | ±5mm | ±2.5mm | 0~2mm | ±4.0% |

### 4.3.2 单向板施工图的识读

图 4-10 为预制叠合单向板底板模板图及配筋图，单向板底板模板图与配筋图与双向板底板较为类似。但因单向板为双边支撑，仅在纵向受力变形，故可见单向板仅在两短边方向延伸出钢筋，两长边方向不再延伸钢筋，如图 4-8 所示。

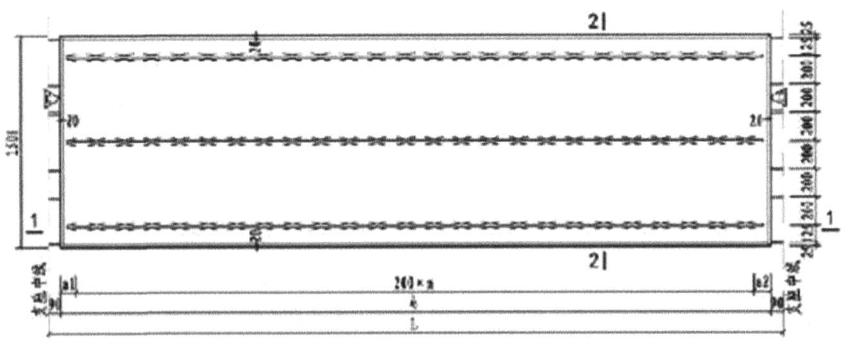

图 4-8 单向板模板图

除长边不再有延伸钢筋以外，单向板底板截面与双向边截面也略有不同，图 4-9（a）、（b）分别为单向板断面图和双向板断面图。从图中可见双向板底板底部为 90° 设计，并无剖口，而单向板底板两底角带有一边长为 10mm 的剖口。

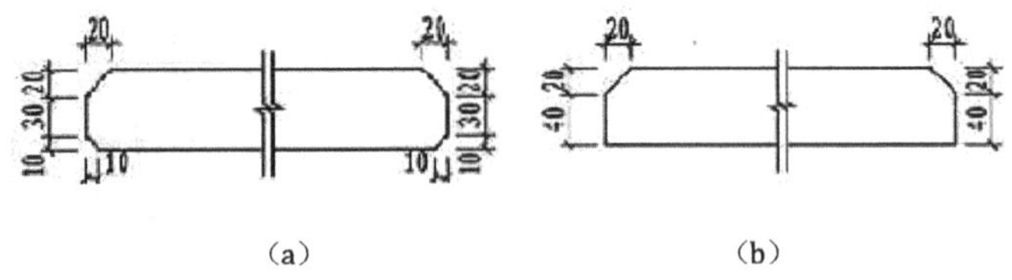

（a）　　（b）

图 4-9 预制板底断面图

（a）单向板断面图 （b） 双向板断面图

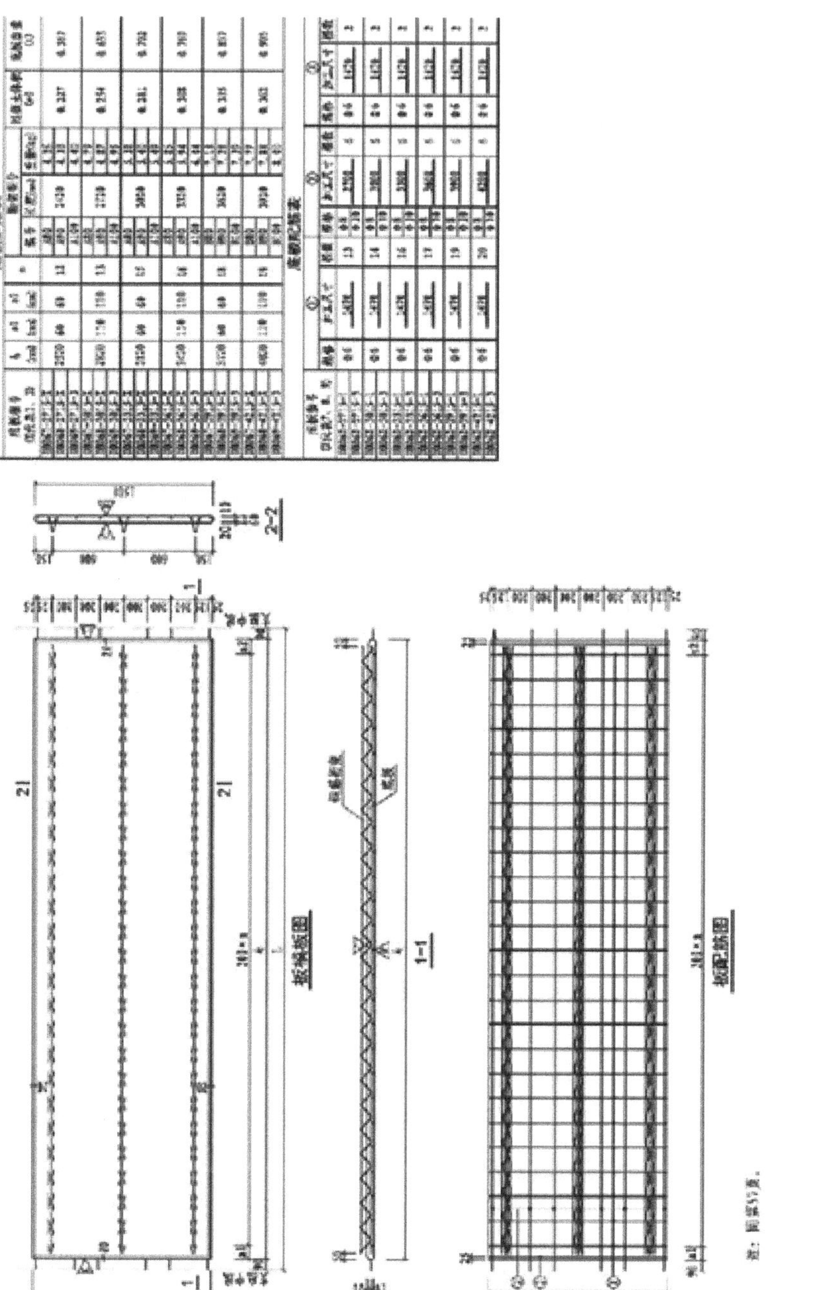


图 4-10 单向板底板模板及配筋图

## 4.4 叠合板连接节点构造的识读

叠合板连接节点构造的识读如表 4-8 所示。

表 4-8 叠合板连接节点构造的识读

| 识读步骤 | 识读要点 | 图纸示例 | 识读说明 |
|---|---|---|---|
| 1 | 单向板接缝连接 | 密拼接缝如下图所示： 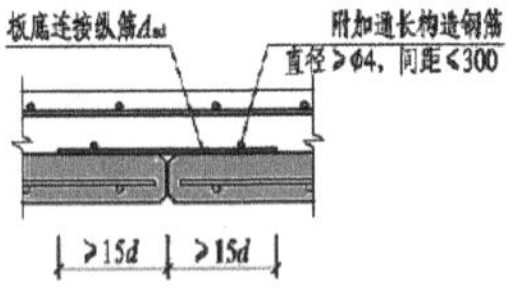<br>后浇小接缝如下图所示： 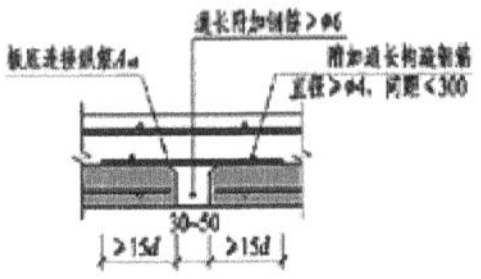 | （1）单向板接缝一般采用分离式接缝，如下图所示： 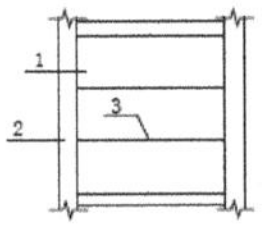<br>1-预制板；2-梁或墙；3-板侧分离式接缝<br>（2）单向板板侧接缝处可采用密拼接缝及后浇小接缝两种形式，如左侧示意图；<br>（3）单向板板侧不伸出构造钢筋，为保证楼面的整体性及连续性，宜在紧邻预制板顶面的后浇混凝土叠合层中设置附加钢筋，附加钢筋截面面积不宜小于预制板内的通向分布钢筋面积，钢筋直径不宜小于 4mm，间距不宜大于 300mm，在板的后浇混凝土叠合层内锚固长度不应小于 15*d*，*d* 为附加钢筋直径 |
| 2 | 双向板密拼接缝连接 | 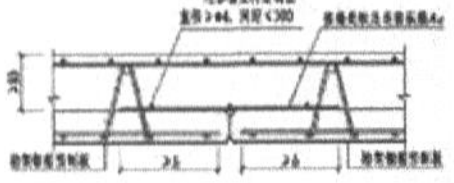 | （1）经试验研究表明，与整体板比较，预制板接缝处应变集中，裂缝宽度较大，导致构件的挠度比现浇整体板略大，因此双向板接缝宜设置在受力较小的部位；<br>（2）若双向板接缝连接采用密拼接缝的方式，需要在接缝处增加附加通长构造钢筋及板底连接纵筋；<br>（3）附加通长构造钢筋直径应不小于 4mm，间距应不大于 300mm；<br>（4）接缝处板底钢筋搭接长度应不小于 *lt*，*lt* 的取值见下表：<br>抗震：$l_{lE}=\zeta l_{aE}$；非抗震：$l_l=\zeta l_a$<br>注：①当直径不同的钢筋的搭接时，按直接小的钢筋计算；<br>②对梁的纵向钢筋，不小于 300mm |

续表

<table>
<tr><th>识读步骤</th><th>识读要点</th><th>图纸示例</th><th>识读说明</th></tr>
<tr><td>2</td><td>双向板密拼接缝连接</td><td>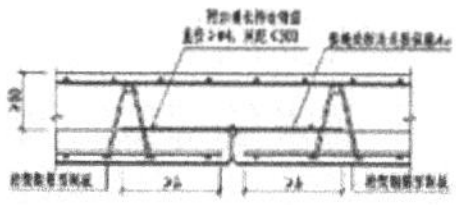</td><td>式中ζ为纵向钢筋受拉钢筋搭接长度修正系数，按下表取值：
<table>
<tr><td>纵向钢筋搭接接头面积百分率（%）</td><td>25</td><td>50</td><td>100</td></tr>
<tr><td>ζ</td><td>1.2</td><td>1.4</td><td>1.6</td></tr>
</table>
注：当纵向钢筋搭接接头面积百分率为表中的中间值时，可按线性内插取值</td></tr>
<tr><td>3</td><td>双向板非密拼接缝连接</td><td>板底纵筋直线搭接如下图所示：<br>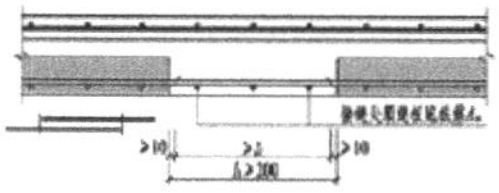<br>板底纵筋末端带 135° 弯钩连接如下图所示：<br>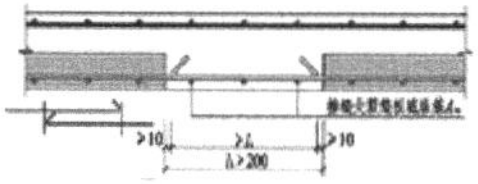<br>板底纵筋末端带 90° 弯钩连接如下图所示：<br>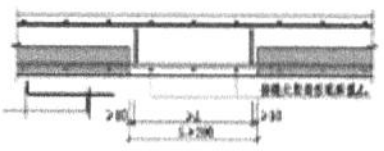<br>板底纵筋弯折锚固如下图所示：<br>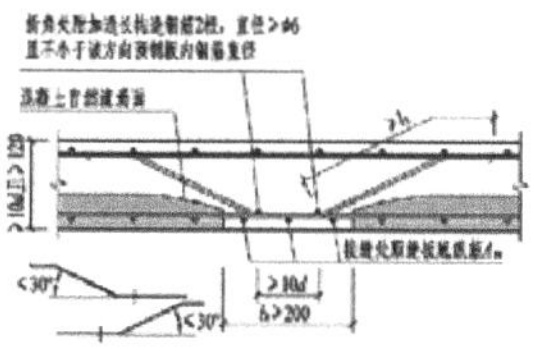</td><td>（1）双向叠合板非密拼接缝宜设置在叠合板的次要受力方向上且宜避开最大弯矩截面，若接缝位于主要受力位置，应按照弹性板计算的内力及配筋结果进行调整，适当增大两个方向的纵向受力钢筋；<br>（2）非密拼接缝一般采用后浇带形式，后浇带宽度不宜小于 200mm，以保证后浇混凝土语预制板的整体性；<br>（3）后浇带两侧板底纵向受力钢筋需要可靠连接，可采用焊接、搭接连接、弯折锚固等方式；<br>（4）当后浇带两侧板底纵向受力钢筋在后浇带中弯折锚固时应符合下列规定：①叠合板厚度不应小于 10d，且不应小于 120mm（d 为弯折钢筋直径的较大值）；②接缝处预制板侧伸出的纵向受力钢筋应在后浇混凝土层叠合内锚固，且锚固长度不应小于 la；两侧钢筋在接缝处重叠的长度不应小于 10d，钢筋弯折角度不应大于 30°，弯折处沿接缝方向应配置不少于 2 根通长构造钢筋，且直径不应小于该方向预制板内钢筋直径</td></tr>
</table>

# 第 5 章　预制阳台施工图的识读

## 5.1　概述

### 5.1.1　预制阳台的布置形式

阳台是住宅建筑设计的重要组成部分,阳台的结构设计,既要满足强度和稳定的要求，又要满足建筑设计的需要。随着装配技术的提升和对施工效率要求的提高，预制阳台板的应用逐渐得到普及。图 5-1 为几种常用的阳台结构类型。

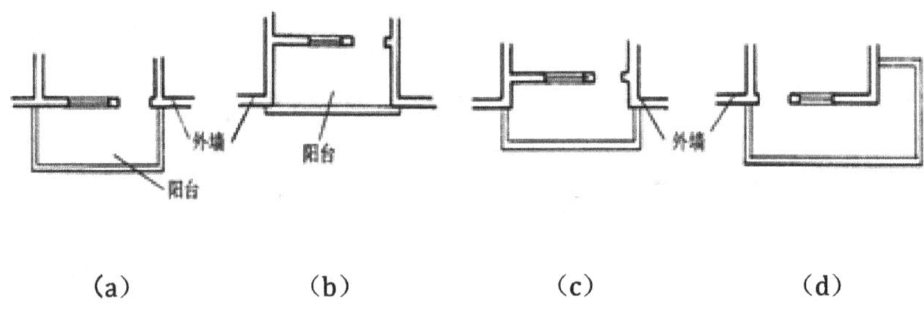


（a）　（b）　（c）　（d）

图 5-1 阳台的类型

（a） 挑阳台　（b） 凹阳台　（c） 半挑半凹阳台　（d） 转角阳台

预制阳台分叠合阳台（半预制）和全预制阳台。预制阳台可以节省工地制模和昂贵的支撑。阳台板一般在预制场制作，在叠合板体系中，可以将预制阳台和叠合楼板以及叠合墙板一次性浇筑成一个整体，或运输到现场安装。预制阳台板较适合在由多幢住宅组成的住宅小区中使用，在阳台板数量较多的情况下，更能显示出优越性。

预制阳台板的受力情况同挑梁式阳台板相同，即由悬挑横梁承担阳台的全部荷载，结构安全可靠；另一个显著优点是预制阳台板吊装就位后，板底设立柱支顶即可，没有很大的现场混凝土浇灌的工作量，因而极大地加快了施工速度。

图 5-2 为预制阳台可用的几种结构布置形式：

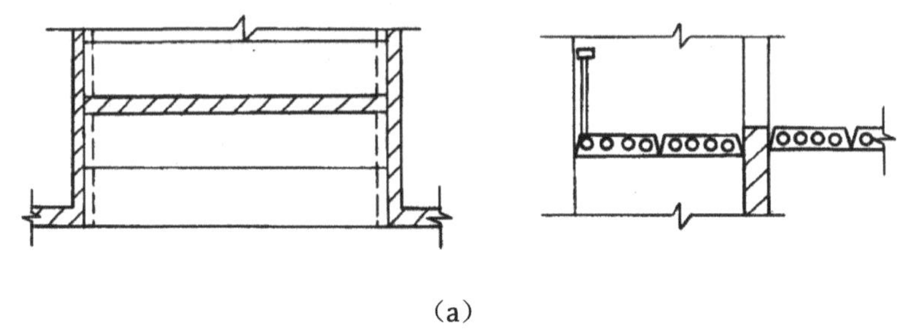

（a）

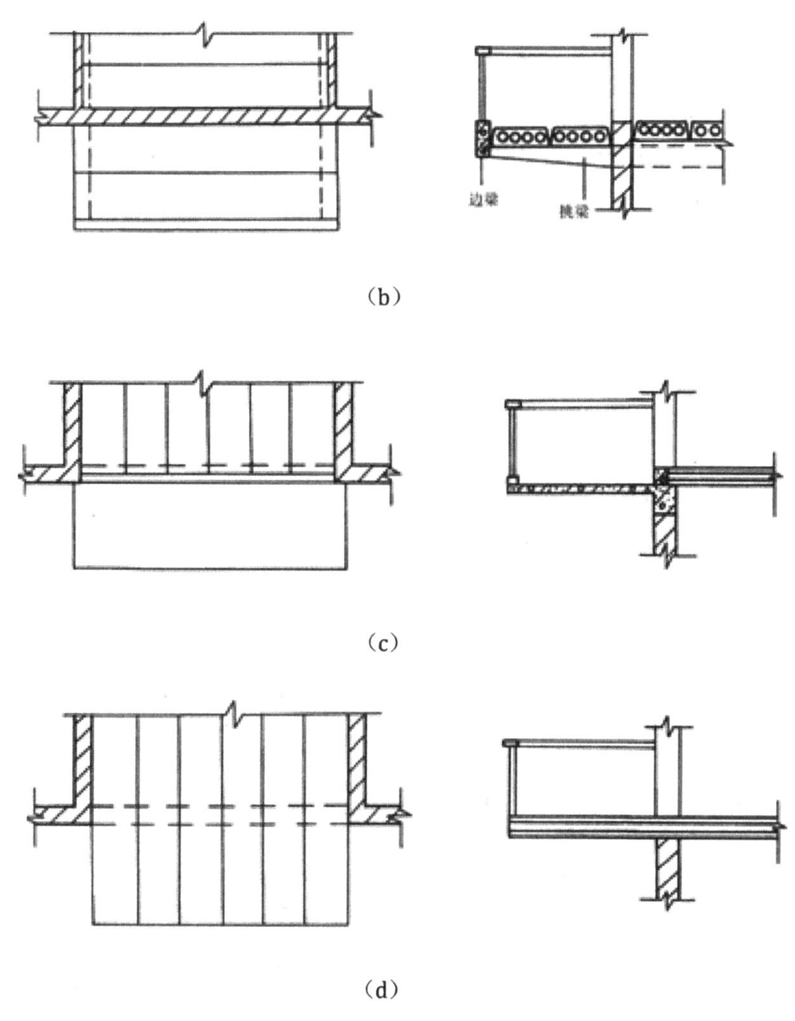


图 5-2 预制阳台可用的结构布置形式

（a） 墙承式 （b） 挑梁式 （c） 压梁式(墙梁挑板) （d）挑板式(楼板悬挑)

### 5.1.2 预制阳台板的技术要求

根据国家建筑标准设计图集《预制钢筋混凝土阳台板、空调板及女儿墙》（15G368-1），对预制钢筋混凝土阳台板、空调板选用原则提出以下技术要求：

（1）预制钢筋混凝土阳台板、空调板，宜选用图集《预制钢筋混凝土阳台板、空调板及女儿墙（15G368-1）》的做法。选用标准图集，可简化设计过程，便于形成规模化生产，降低工程成本。

（2）同一建筑单体，预制阳台板、预制空调板规格均不宜超过 2 种。限制预制阳台板和预制空调板规格数量，有利于预制构件的规模化生产，降低构件成本。

（3）预制阳台板长度，宜选用阳台长度 1010mm 的规格。

（4）预制阳台板宽度，宜采用 3M（即 300mm）的整数倍数。

（5）预制阳台板封边高度，宜选用封边高度 400mm 的规格。实际工程中，如需要较高的阳台栏板，可另做阳台栏板构件。

### 5.1.3 预制阳台板识图基础

根据装配式建筑常见阳台板构造类型以及图集《15G368-1》预制钢筋混凝土阳台板、空调板及女儿墙编排，这里主要介绍叠合板式阳台板构造详图和全预制阳台版构造详图两种类型的施工图识读方法和注意事项。

**1. 预制钢筋混凝土阳台板的规格和编号方法**

根据国家标准图集《15G368-1》有关规定，预制钢筋混凝土阳台板的规格代号由“预制阳台名称汉语拼音+阳台类型+阳台悬挑长度+预制阳台板宽度对应的房间开间的轴线尺寸+封边高度”4 部分组成，如表 5-1 所示。

**表 5-1 预制钢筋混凝土阳台板的编号**

| 预制阳台类型 | 规格代号 |
|---|---|
| D、B 型 | YTB—×—× × × ×—× ×<br>预制阳台<br>类型D、B型<br>封边高度（dm）<br>预制阳台板宽度对应房间开间的轴线尺寸（dm）<br>阳台板悬挑长度（结构尺寸（dm）<br>（相对剪力墙外墙外表明挑出长度） |
| 梁式阳台 | YTB— L —× × × ×<br>预制阳台<br>梁式阳台<br>阳台板宽度对应房间开间的轴线尺寸（dm）<br>阳台板悬挑长度（结构尺寸dm）<br>（相对剪力墙外墙表明挑出长度） |

其中预制阳台名称用汉语拼音首写字母 Y 表示，预制阳台板类型：D 型代表叠合板式阳台，B 型代表全预制板式阳台，L 型代表全预制梁式阳台。

预制阳台板封边高度，04 代表阳台封边 400mm 高，08 代表阳台封边 800mm 高，12 代表阳台封边 1200mm 高。

**2. 预制钢筋混凝土阳台规格的选用**

预制钢筋混凝土阳台规格的选用应严格确定各参数与标准图集选用范围要求保持一致，可按照标准图集 15G368-1 钢筋混凝土阳台板规格表、配筋表，结合建筑平、立面图确定阳台尺寸后直接选用。

已知某装配式剪力墙住宅开敞式阳台平面如图 5-3 所示，阳台对应房间开间的轴线尺寸为 3300mm，阳台板相对于剪力墙外表面挑出长度为 1400mm，阳台封边高度为 400mm，根据计算得阳台板面均布荷载 3.2KN/m$^2$，封边处栏杆线荷载 1.2KN/m$^2$，板面均布活荷载 2.5KN/m$^2$。阳台建筑、结构各参数与图集《15G368-1》选用范围要求一致，见表 5-2，荷载不大于图集荷载取值，设计选用编号为 YTB-B-1433-04 的全预制板式阳台。

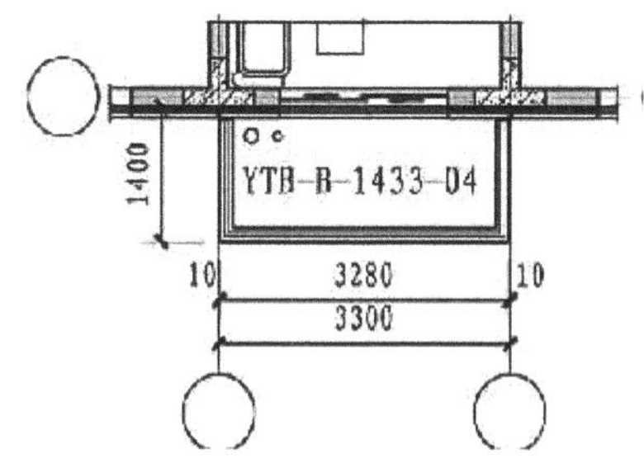


图 5-3 某装配式剪力墙住宅开敞式阳台平面图

**表 5-2 预制阳台荷载取值**

<table>
<tr><th rowspan="2">阳台形式</th><th colspan="2">恒荷载</th><th rowspan="2">活荷载</th></tr>
<tr><th>板上均布荷载</th><th>封边线荷载</th></tr>
<tr><td>叠合阳台<br>封边 400mm</td><td rowspan="6">3.2kN/m²</td><td rowspan="2">4.3kN/m²</td><td rowspan="6">（1）栏杆顶部的水平推力 1kN/m；<br>（2）验算承载能力极限状态和正常使用极限状态时均布可变面荷载取 2.5 kN/m²；<br>（3）施工安装时施工荷载 1.5 kN/m²</td></tr>
<tr><td>全预制板式<br>封边 400mm</td></tr>
<tr><td>叠合板式<br>封边 800mm</td><td rowspan="2">1.5kN/m²</td></tr>
<tr><td>全预制板式<br>封边 800mm</td></tr>
<tr><td>叠合板式<br>封边 1200mm</td><td rowspan="2">1.2kN/m²</td></tr>
<tr><td>全预制板式<br>封边 1200mm</td></tr>
</table>

### 3. 图例、符号及构件视点说明

1）详图索引方法（见图 5-4）

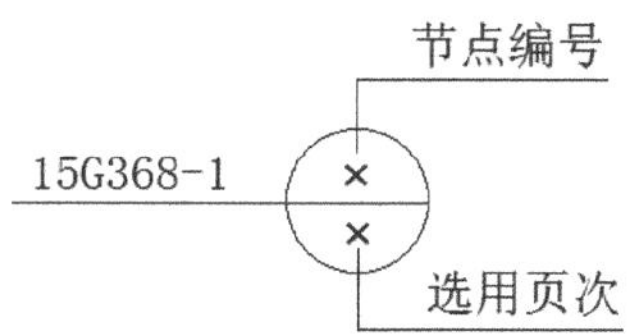


图 5-4 详图索引

2）图例

国家标准图集 15G368-1 对预制钢筋混凝土阳台板所用图例进行了如下规定，如表 5-3、表 5-4 所示。

**表 5-3　预制钢筋混凝土阳台板图例**

| 名称 | 图例 | 名称 | 图例 |
|---|---|---|---|
| 预制钢筋混凝土构件 |  | 后浇段、边缘构件 |  |
| 保温层 |  | 夹心保温外墙 |  |
| 钢筋混凝土现浇层 |  |  |  |

**表 5-4 符号说明**

| 名称 | 符号 | 名称 | 符号 |
|---|---|---|---|
| 压光面 | Y | 粗糙面 | C |
| 模板面 | M |  |  |

3）形成施工图的视点说明

标准图集 15G368-1 对预制阳台板的投影方式，从上至下为俯视图或平面图，从下至上为仰视图或底面图，自左向右形成右视图，自前向后为主前视图或正立面图，如图 5-5 所示。

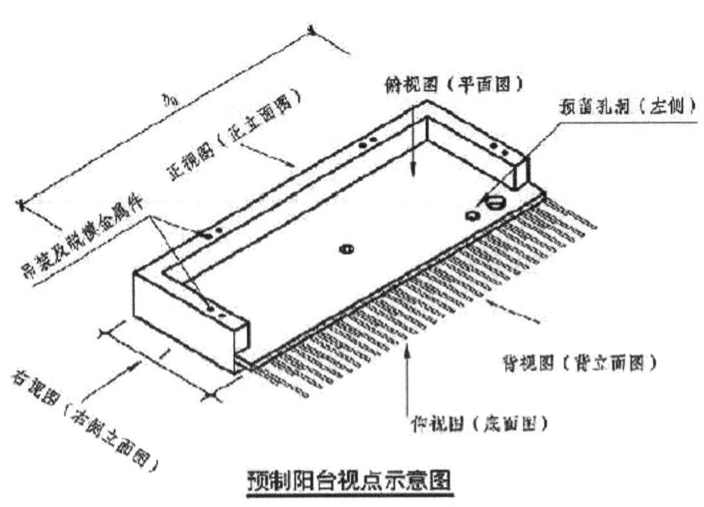


图 5-5　预制阳台视点

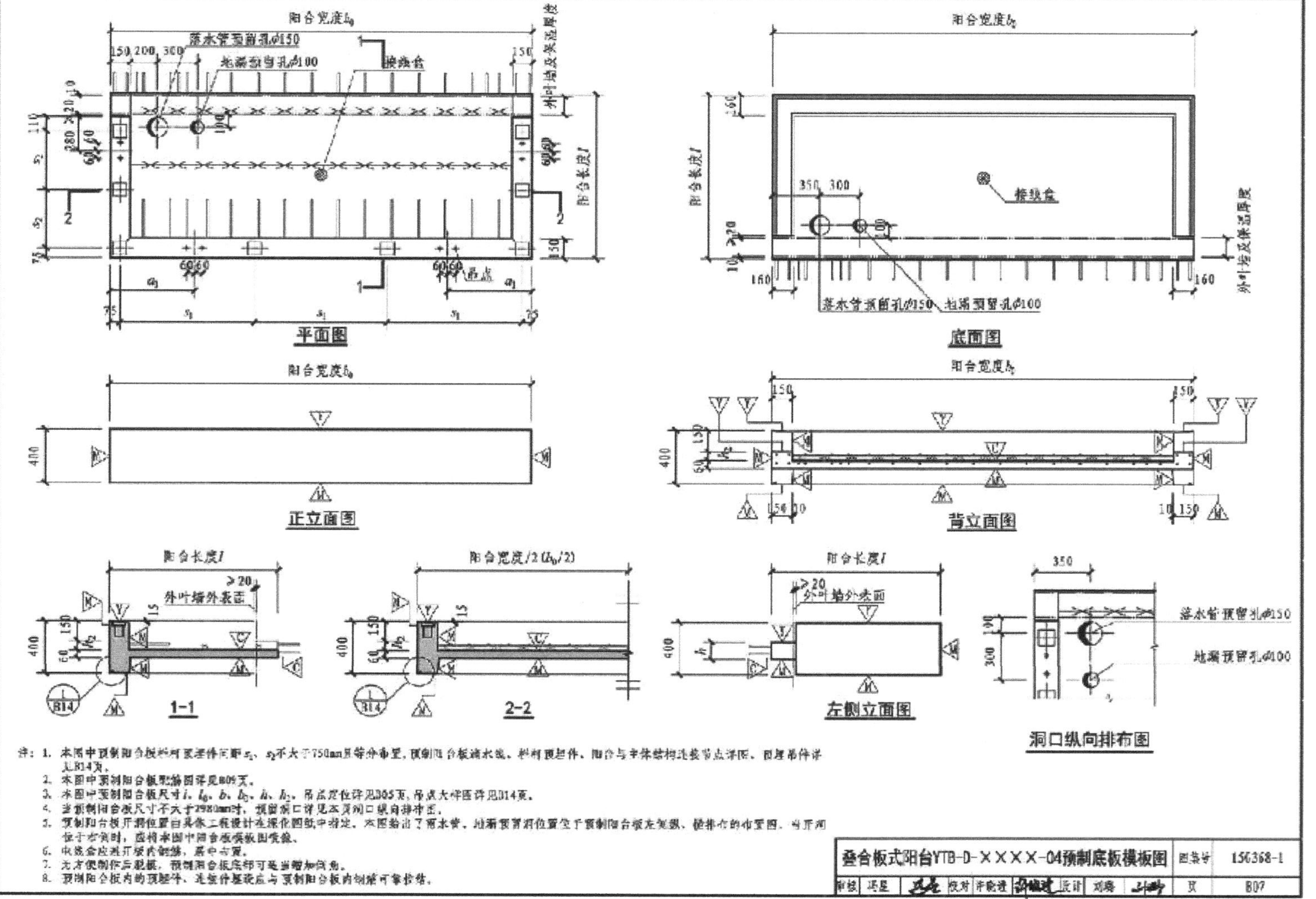


图 5-6 叠合板式阳台板模板图

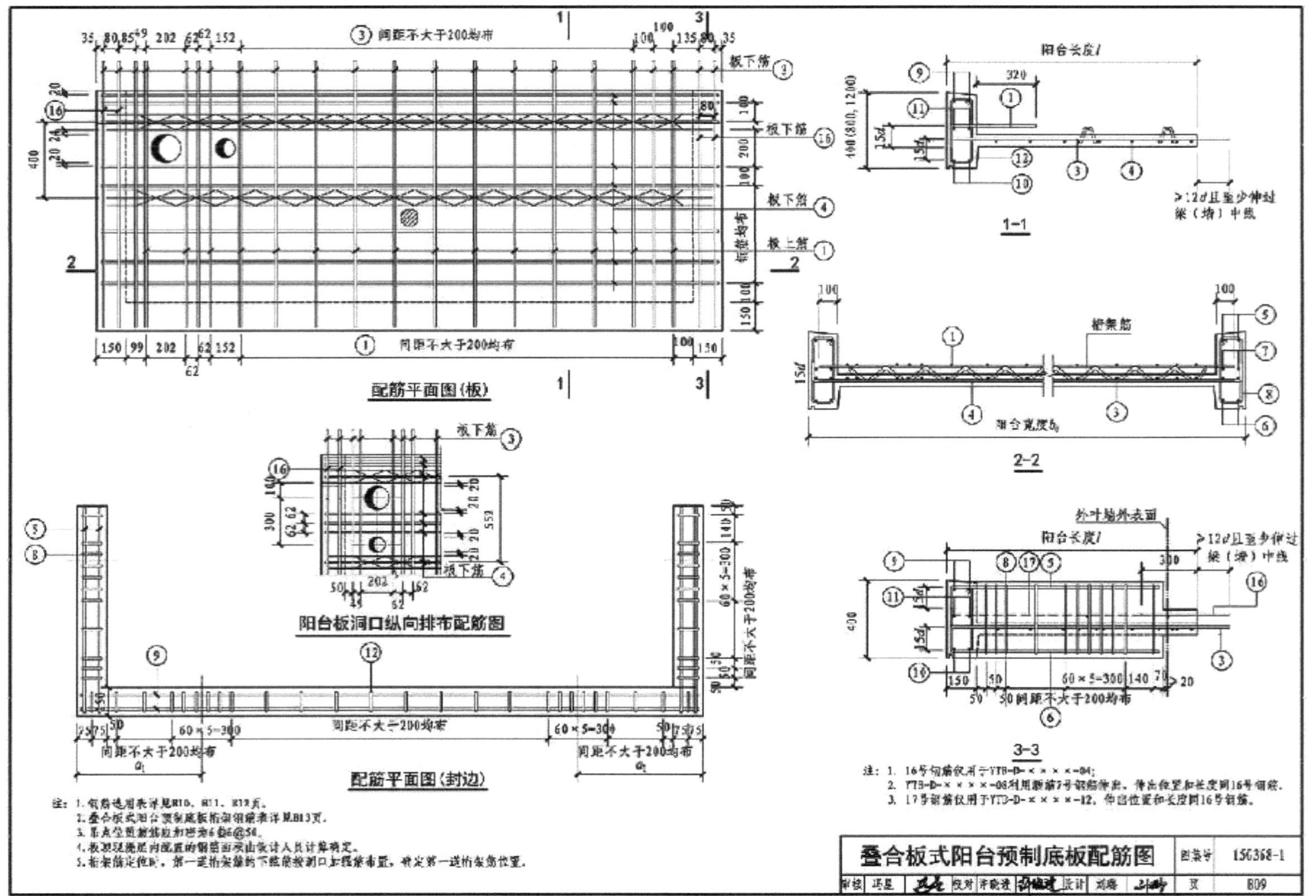


图 5-7　叠合板式阳台板配筋图

叠合板式阳台预制底板配筋表(一)

| 构件编号 | ①规格 | ①加工尺寸 | ①根数 | ③规格 | ③加工尺寸 | ③根数 | ④规格 | ④加工尺寸 | ④根数 | ⑤规格 | ⑤加工尺寸 | ⑤根数 | ⑥规格 | ⑥加工尺寸 | ⑥根数 | ⑧规格 | ⑧加工尺寸 | ⑧根数 | ⑨规格 | ⑨加工尺寸 | ⑨根数 | ⑩规格 | ⑩加工尺寸 | ⑩根数 | ⑫规格 | ⑫加工尺寸 | ⑫根数 | ⑯规格 | ⑯加工尺寸 | ⑯根数 |
|---|---|---|---|---|---|---|---|---|---|---|---|---|---|---|---|---|---|---|---|---|---|---|---|---|---|---|---|---|---|---|
| YTB-D-1024-04 | Φ8 | 120 445 | 11 | Φ8 | 120 1085 | 18 | Φ10 | 150 2330 150 | 7 | Φ12 | 180 ≈800 | 4 | Φ12 | 180 ≈800 | 4 | Φ6 | 350 / 100 | 22 | Φ12 | 180 2330 180 | 2 | Φ12 | 180 2330 180 | 2 | Φ6 | 350 / 100 | 21 | Φ8 | 400 | 4 |
| YTB-D-1027-04 | Φ8 | 120 445 | 13 | Φ8 | 120 1085 | 19 | Φ10 | 150 2630 150 | 7 | Φ12 | 180 ≈800 | 4 | Φ12 | 180 ≈800 | 4 | Φ6 | | 22 | Φ12 | 180 2630 180 | 2 | Φ12 | 180 2630 180 | 2 | Φ6 | | 23 | Φ8 | 400 | 4 |
| YTB-D-1030-04 | Φ8 | 120 445 | 14 | Φ8 | 120 1085 | 21 | Φ10 | 150 2930 150 | 7 | Φ12 | 180 ≈800 | 4 | Φ12 | 180 ≈800 | 4 | Φ6 | | 22 | Φ12 | 180 2930 180 | 2 | Φ12 | 180 2930 180 | 2 | Φ6 | | 25 | Φ8 | 400 | 4 |
| YTB-D-1033-04 | Φ8 | 120 445 | 16 | Φ8 | 120 1085 | 22 | Φ10 | 150 3230 150 | 7 | Φ12 | 180 ≈800 | 4 | Φ12 | 180 ≈800 | 4 | Φ6 | | 22 | Φ12 | 180 3230 180 | 2 | Φ12 | 180 3230 180 | 2 | Φ6 | | 26 | Φ8 | 400 | 4 |
| YTB-D-1036-04 | Φ8 | 120 445 | 17 | Φ8 | 120 1085 | 24 | Φ10 | 150 3530 150 | 7 | Φ12 | 180 ≈800 | 4 | Φ12 | 180 ≈800 | 4 | Φ6 | | 22 | Φ12 | 180 3530 180 | 2 | Φ12 | 180 3530 180 | 2 | Φ6 | | 28 | Φ8 | 400 | 4 |
| YTB-D-1039-04 | Φ8 | 120 445 | 19 | Φ8 | 120 1085 | 25 | Φ10 | 150 3830 150 | 7 | Φ12 | 180 ≈800 | 4 | Φ12 | 180 ≈800 | 4 | Φ6 | | 22 | Φ12 | 180 3830 180 | 2 | Φ12 | 180 3830 180 | 2 | Φ6 | | 29 | Φ8 | 400 | 4 |
| YTB-D-1042-04 | Φ8 | 120 445 | 20 | Φ8 | 120 1085 | 27 | Φ10 | 150 4130 150 | 7 | Φ12 | 180 ≈800 | 4 | Φ12 | 180 ≈800 | 4 | Φ6 | | 22 | Φ12 | 180 4130 180 | 2 | Φ12 | 180 4130 180 | 2 | Φ6 | | 31 | Φ8 | 400 | 4 |
| YTB-D-1045-04 | Φ8 | 120 445 | 22 | Φ8 | 120 1085 | 28 | Φ10 | 150 4430 150 | 7 | Φ12 | 180 ≈800 | 4 | Φ12 | 180 ≈800 | 4 | Φ6 | | 22 | Φ12 | 180 4430 180 | 2 | Φ12 | 180 4430 180 | 2 | Φ6 | | 32 | Φ8 | 400 | 4 |
| YTB-D-1224-04 | Φ8 | 120 445 | 11 | Φ8 | 120 1285 | 18 | Φ10 | 150 2330 150 | 8 | Φ12 | 180 ≈1000 | 4 | Φ12 | 180 ≈1000 | 4 | Φ6 | 350 / 100 | 24 | Φ12 | 180 2330 180 | 2 | Φ12 | 180 2330 180 | 2 | Φ6 | 350 / 100 | 21 | Φ8 | 400 | 4 |
| YTB-D-1227-04 | Φ8 | 120 445 | 13 | Φ8 | 120 1285 | 19 | Φ10 | 150 2630 150 | 8 | Φ12 | 180 ≈1000 | 4 | Φ12 | 180 ≈1000 | 4 | Φ6 | | 24 | Φ12 | 180 2630 180 | 2 | Φ12 | 180 2630 180 | 2 | Φ6 | | 23 | Φ8 | 400 | 4 |
| YTB-D-1230-04 | Φ8 | 120 445 | 14 | Φ8 | 120 1285 | 21 | Φ10 | 150 2930 150 | 8 | Φ12 | 180 ≈1000 | 4 | Φ12 | 180 ≈1000 | 4 | Φ6 | | 24 | Φ12 | 180 2930 180 | 2 | Φ12 | 180 2930 180 | 2 | Φ6 | | 25 | Φ8 | 400 | 4 |
| YTB-D-1233-04 | Φ8 | 120 445 | 16 | Φ8 | 120 1285 | 22 | Φ10 | 150 3230 150 | 8 | Φ12 | 180 ≈1000 | 4 | Φ12 | 180 ≈1000 | 4 | Φ6 | | 24 | Φ12 | 180 3230 180 | 2 | Φ12 | 180 3230 180 | 2 | Φ6 | | 26 | Φ8 | 400 | 4 |
| YTB-D-1236-04 | Φ8 | 120 445 | 17 | Φ8 | 120 1285 | 24 | Φ10 | 150 3530 150 | 8 | Φ12 | 180 ≈1000 | 4 | Φ12 | 180 ≈1000 | 4 | Φ6 | | 24 | Φ12 | 180 3530 180 | 2 | Φ12 | 180 3530 180 | 2 | Φ6 | | 28 | Φ8 | 400 | 4 |
| YTB-D-1239-04 | Φ8 | 120 445 | 19 | Φ8 | 120 1285 | 25 | Φ10 | 150 3830 150 | 8 | Φ12 | 180 ≈1000 | 4 | Φ12 | 180 ≈1000 | 4 | Φ6 | | 24 | Φ12 | 180 3830 180 | 2 | Φ12 | 180 3830 180 | 2 | Φ6 | | 29 | Φ8 | 400 | 4 |
| YTB-D-1242-04 | Φ8 | 120 445 | 20 | Φ8 | 120 1285 | 27 | Φ10 | 150 4130 150 | 8 | Φ12 | 180 ≈1000 | 4 | Φ12 | 180 ≈1000 | 4 | Φ6 | | 24 | Φ12 | 180 4130 180 | 2 | Φ12 | 180 4130 180 | 2 | Φ6 | | 31 | Φ8 | 400 | 4 |
| YTB-D-1245-04 | Φ8 | 120 445 | 22 | Φ8 | 120 1285 | 28 | Φ10 | 150 4430 150 | 8 | Φ12 | 180 ≈1000 | 4 | Φ12 | 180 ≈1000 | 4 | Φ6 | | 24 | Φ12 | 180 4430 180 | 2 | Φ12 | 180 4430 180 | 2 | Φ6 | | 32 | Φ8 | 400 | 4 |
| YTB-D-1424-04 | Φ8 | 120 445 | 11 | Φ8 | 120 1485 | 18 | Φ10 | 150 2330 150 | 9 | Φ12 | 180 ≈1200 | 4 | Φ12 | 180 ≈1200 | 4 | Φ6 | 350 / 100 | 26 | Φ12 | 180 2330 180 | 2 | Φ12 | 180 2330 180 | 2 | Φ6 | 350 / 100 | 21 | Φ8 | 400 | 4 |
| YTB-D-1427-04 | Φ8 | 120 445 | 13 | Φ8 | 120 1485 | 19 | Φ10 | 150 2630 150 | 9 | Φ12 | 180 ≈1200 | 4 | Φ12 | 180 ≈1200 | 4 | Φ6 | | 26 | Φ12 | 180 2630 180 | 2 | Φ12 | 180 2630 180 | 2 | Φ6 | | 23 | Φ8 | 400 | 4 |
| YTB-D-1430-04 | Φ8 | 120 445 | 14 | Φ8 | 120 1485 | 21 | Φ10 | 150 2930 150 | 9 | Φ12 | 180 ≈1200 | 4 | Φ12 | 180 ≈1200 | 4 | Φ6 | | 26 | Φ12 | 180 2930 180 | 2 | Φ12 | 180 2930 180 | 2 | Φ6 | | 25 | Φ8 | 400 | 4 |
| YTB-D-1433-04 | Φ8 | 120 445 | 16 | Φ8 | 120 1485 | 22 | Φ10 | 150 3230 150 | 9 | Φ12 | 180 ≈1200 | 4 | Φ12 | 180 ≈1200 | 4 | Φ6 | | 26 | Φ12 | 180 3230 180 | 2 | Φ12 | 180 3230 180 | 2 | Φ6 | | 26 | Φ8 | 400 | 4 |
| YTB-D-1436-04 | Φ8 | 120 445 | 17 | Φ8 | 120 1485 | 24 | Φ10 | 150 3530 150 | 9 | Φ12 | 180 ≈1200 | 4 | Φ12 | 180 ≈1200 | 4 | Φ6 | | 26 | Φ12 | 180 3530 180 | 2 | Φ12 | 180 3530 180 | 2 | Φ6 | | 28 | Φ8 | 400 | 4 |
| YTB-D-1439-04 | Φ8 | 120 445 | 19 | Φ8 | 120 1485 | 25 | Φ10 | 150 3830 150 | 9 | Φ12 | 180 ≈1200 | 4 | Φ12 | 180 ≈1200 | 4 | Φ6 | | 26 | Φ12 | 180 3830 180 | 2 | Φ12 | 180 3830 180 | 2 | Φ6 | | 29 | Φ8 | 400 | 4 |
| YTB-D-1442-04 | Φ8 | 120 445 | 20 | Φ8 | 120 1485 | 27 | Φ10 | 150 4130 150 | 9 | Φ12 | 180 ≈1200 | 4 | Φ12 | 180 ≈1200 | 4 | Φ6 | | 26 | Φ12 | 180 4130 180 | 2 | Φ12 | 180 4130 180 | 2 | Φ6 | | 31 | Φ8 | 400 | 4 |
| YTB-D-1445-04 | Φ8 | 120 445 | 22 | Φ8 | 120 1485 | 28 | Φ10 | 150 4430 150 | 9 | Φ12 | 180 ≈1200 | 4 | Φ12 | 180 ≈1200 | 4 | Φ6 | | 26 | Φ12 | 180 4430 180 | 2 | Φ12 | 180 4430 180 | 2 | Φ6 | | 32 | Φ8 | 400 | 4 |

注：1. YTB-D-××××-08与YTB-D-××××-12①~③钢筋与YTB-D-××××-04相同，参见本页叠合板式阳台配筋表。
2. 因保温层厚度不确定，影响长度方向封边纵筋长度，在本表中用≈表示约等于。
3. 封边封闭箍筋做法如图：

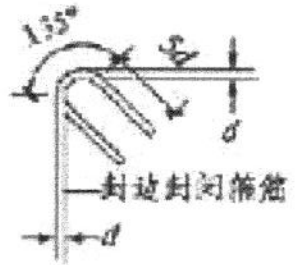

135°　5d　d　封边封闭箍筋　d

4. 本表不作为下料依据。

| 叠合板式阳台预制底板配筋表 | | | | | | 图集号 | 15G368-1 |
|---|---|---|---|---|---|---|---|
| 审核 | 迟星 | 校对 | 许航建 | 设计 | 刘鑫 | 页 | B10 |

图 5-8 叠合板式阳台板预制底板配筋表

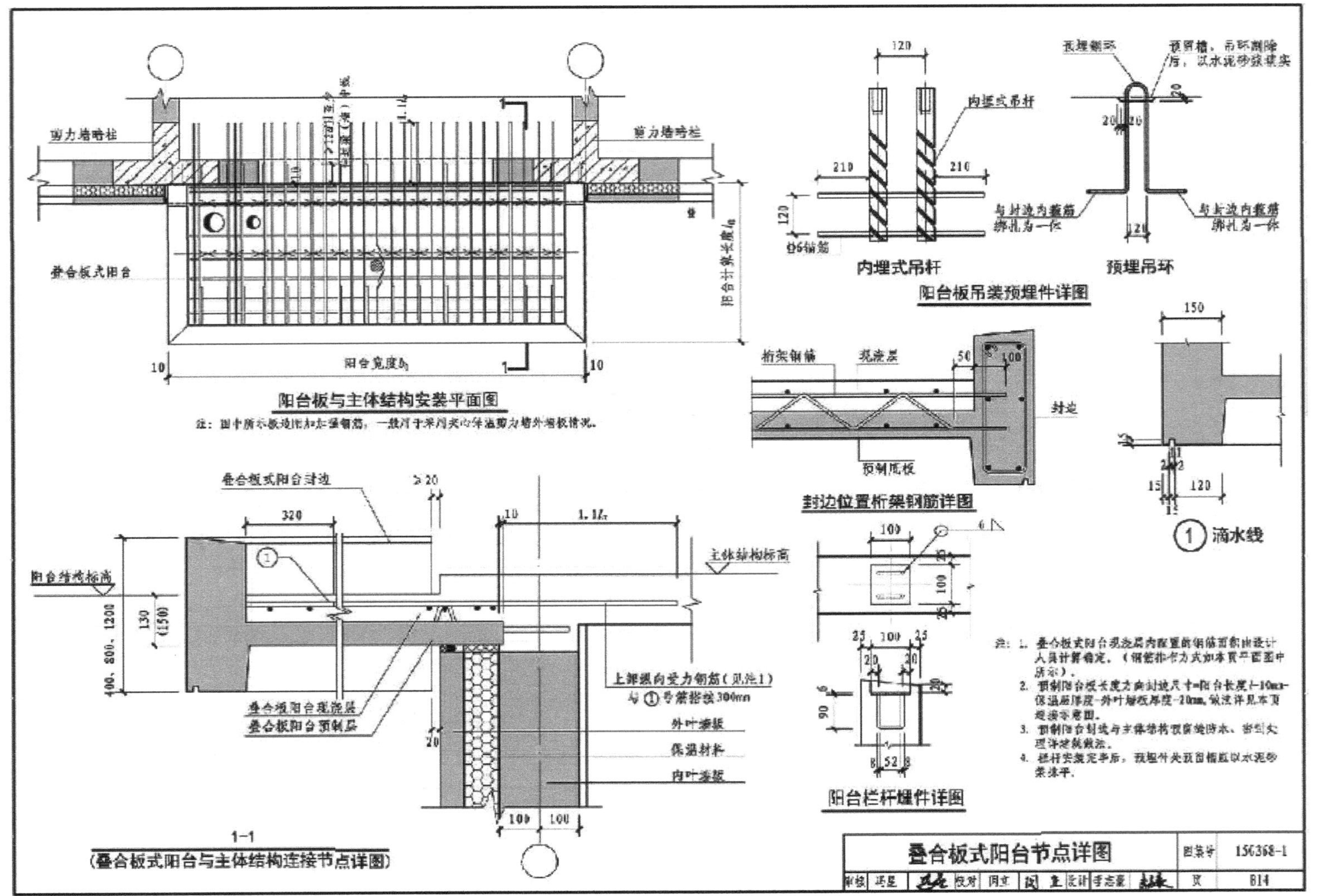


图 5-9　叠合板式阳台板节点详图

## 5.2 叠合板式阳台构件

叠合板式阳台指由预制混凝土阳台板和后浇混凝土阳台板叠加合成的、以两阶段成型的整体受力的结构构件。由于阳台部分构件为预制件，减少了工地现场浇筑混凝土的工作量，可以有效提高施工效率，如图 5-10 所示。

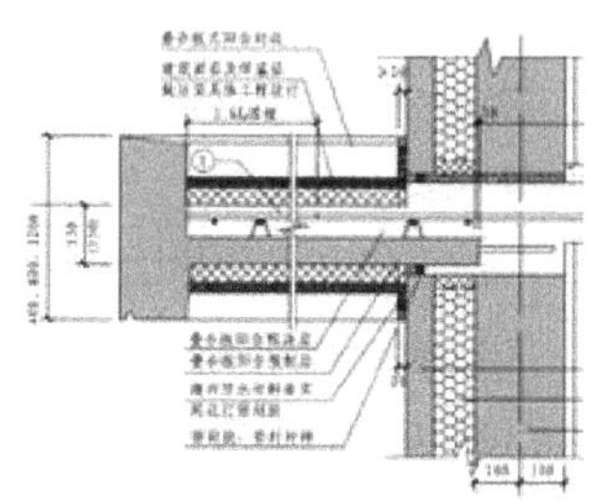

图 5-10 叠合板式阳台板

### 5.2.1 预制钢筋混凝土叠合板式阳台识读要点

根据表达需要，叠合板式阳台施工图主要分为：底板模板图、底板配筋图、底板钢筋表和节点详图。预制钢筋混凝土叠合板式阳台详图表达要点如表 5-5 所示：

表 5-5 预制钢筋混凝土叠合板式阳台的识读

| 识读步骤 | 识读要点 | 图纸示例 | 识读说明 |
| --- | --- | --- | --- |
| 1 | 图名 | 平面图 | （1）图名一般标注在相应图纸下方或图纸标题栏内；<br>（2）预制结构同一建筑类似构件种类不宜过多，设计时应严格按照建筑模数制要求 |
| 2 | 底板模板图 | 详情可见图 5-6 所示 | （1）阳台在建筑中所处的位置及所在房间开间；<br>（2）阳台的宽度和长度方向的尺寸；<br>（3）阳台排水预留孔、吊点等构造的水平位置及尺寸；<br>（4）叠合板现浇层厚度，预制板有关厚尺寸，现浇板与预制板的叠合处理及有关尺寸；<br>（5）外叶墙及保温层厚度，阳台板封边厚度 |
| 3 | 底板配筋图 | 详情可见图 5-7 所示 | （1 ）预制阳台板钢筋（包含加强筋）的编号、规格、数量、形状、尺寸等信息；<br>（2）预制阳台板钢筋的排布信息，包含加强筋；<br>（3）各节点钢筋的排布信息 |

续表

| 识读内容 | 识读要点 | 图纸示例 | 识读说明 |
|---|---|---|---|
| 4 | 钢筋表 | 详情可见图 5-8 所示 | 补充配筋图钢筋信息，包含预制阳台板钢筋（包含加强筋）的编号、名称、规格、数量、形状、尺寸、重量等信息 |
| 5 | 节点详图 | 详情可见图 5-9 所示 | （1）阳台板与主体结构安装平面图；<br>（2）叠合板式阳台与主体结构节点连接详图；<br>（3）封边钢结构桁架钢筋详图；<br>（4）阳台板封边预埋件详图；<br>（5）阳台栏杆预埋件详图；<br>（6）滴水线、预埋吊环等大样 |

### 5.2.2　预制钢筋混凝土叠合板式阳台识读

根据国家标准图集《15G368-1》预制钢筋混凝土阳台板、空调板及女儿墙相关知识体系和规定，结合图集所给图样，本节以叠合板式阳台 YTB-D-xxxx-08 和 YTB-D-xxxx-12 为范例进行识读学习。

#### 1. 叠合板式阳台预制底板模板图的识读

叠合板式阳台预制底板模板图的识读如表 5-6 所示。

表 5-6　叠合板式阳台预制底板模板图的识读

| 识读步骤 | 识读要点 | 图纸示例 | 识读说明 |
|---|---|---|---|
| 1 | 平面图 | 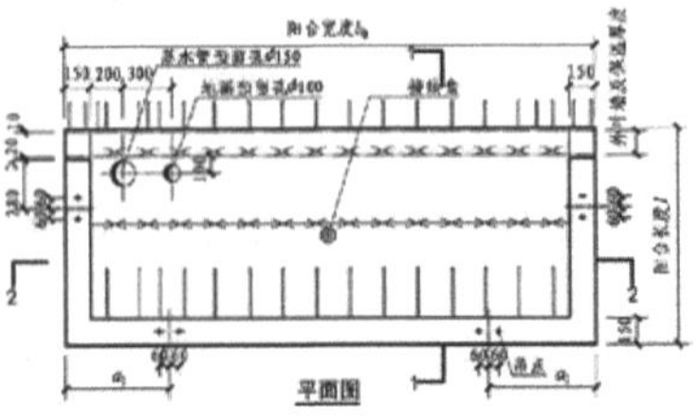 平面图 | （1）阳台所在房间开间；<br>（2）阳台的宽度为 $b_0$ 和长度为 $l$；阳台封边的厚度为 150mm；<br>（3）阳台落水管预留孔直径Ø150、地漏预留孔直径Ø100，以及二者的位置尺寸；<br>（4）阳台栏杆预埋件、接线盒、吊点的构造、位置尺寸；<br>（5）图示 1-1、2-2 剖面图的剖切符号；<br>（6）下图为阳台板钢筋桁架 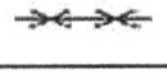 |

续表

| 识读步骤 | 识读要点 | 图纸示例 | 识读说明 |
| --- | --- | --- | --- |
| 2 | 背立面图 | 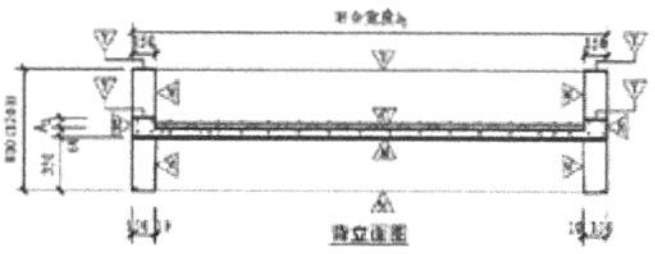 | （1）阳台的宽度 $b_0$；<br>（2）叠合板现浇层厚度，预制板有关厚尺寸，现浇板与预制板的叠合处理及有关尺寸；<br>（3）阳台板各位置表面特征（压光面、模板面和粗糙面） |
| 3 | 正立面图 | 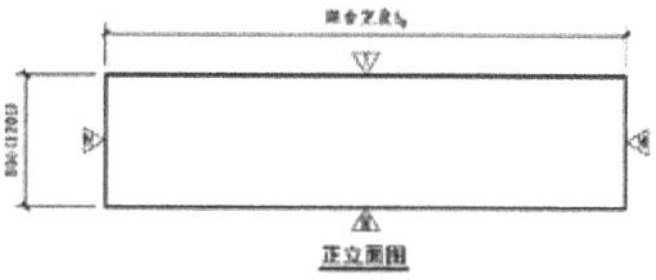 | （1）$b_0$ 是阳台的宽度，$h$ 是阳台板封边尺寸，表示 YTB-D-XXXX-08 和 YTB-D-XXXX-12 阳台封边分别为 800mm 和 1200mm；<br>（2）阳台封边上表面为亚光面，左、右侧和下底面为模板面 |
| 4 | 底面图 | 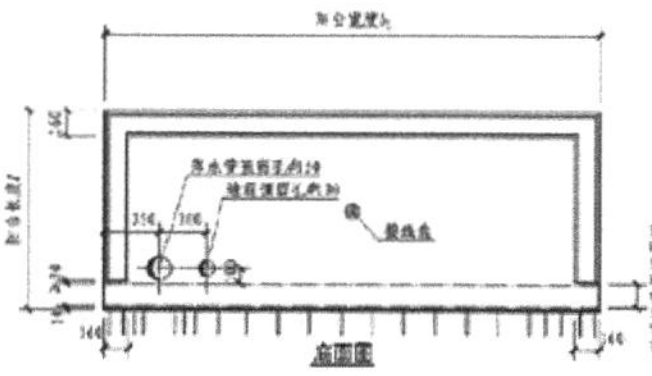 | （1）阳台的宽度和长度方向的尺寸 $l$、$b_0$；<br>（2）外叶墙及保温层厚度；<br>（3）阳台排水预留孔、地漏及接线盒等构造的水平位置和尺寸 |
| 5 | 左侧立面图 | 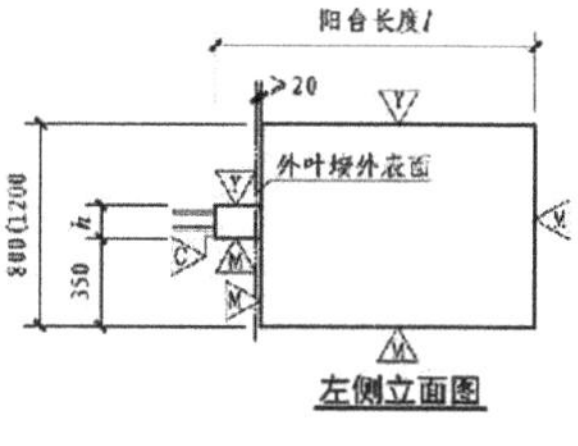 | （1）阳台板各位置表面特征（压光面、模板面和粗糙面）；<br>（2）阳台封边与外叶墙外表面间距不小于 20mm；<br>（3）预制板厚度为 $h$；封边下侧伸出尺寸 350mm |
| 6 | 1-1 剖面图 | 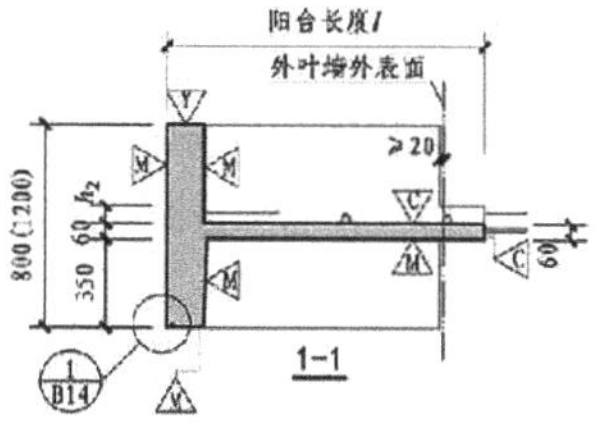 | （1）预制板厚度为 60mm；现浇板厚度 $h_2$；<br>（2） 下图为滴水线索引符号，表示详图在是编号为 B14 图纸上的①图； 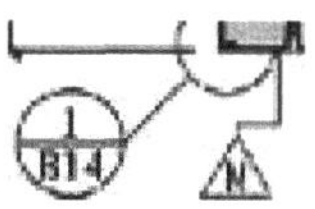<br>（3）其他信息参照前五条 |

续表

| 识读步骤 | 识读要点 | 图纸示例 | 识读说明 |
| --- | --- | --- | --- |
| 7 | 2-2剖面图 | 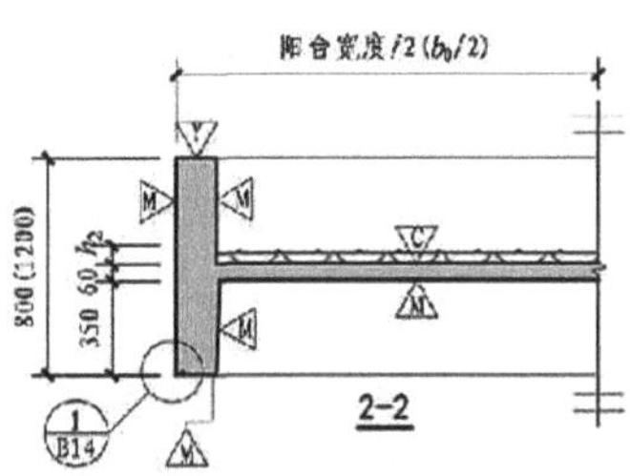 阳台宽度/2($b_0$/2)<br>800(1200)<br>350 60<br>2-2<br>J B14 | （1）下图栏杆预留孔，此处面层为压光面； <br>（2）下图省略符号，表示阳台2-2剖面图右侧省略未画  |
| 8 | 注意事项 | 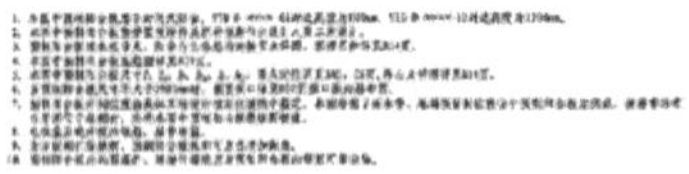  | （1）注意事项是不能忽略的重要信息，是图纸的补充；<br>（2）对一些技术指标和符号进行解释 |

## 2. 叠合板式阳台预制底板配筋图的识读

叠合板式阳台预制底板配筋图的识读如表5-7所示。

**表 5-7　叠合板式阳台预制底板配筋图的识读**

| 识读步骤 | 识读要点 | 图纸示例 | 识读说明 |
| --- | --- | --- | --- |
| 1 | 阳台底板配筋平面图 | 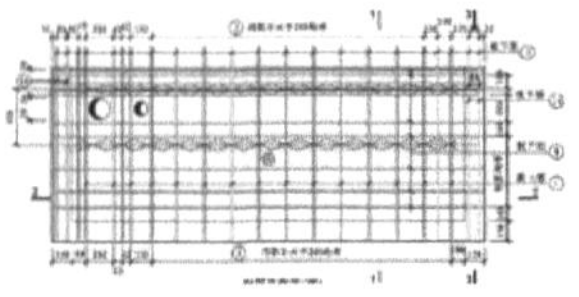  | （1）识读配筋图，应结合配筋表进行，本节主要以板YTB-D-1024-04配筋情况为例进行学习；<br>（2）底板配筋平面图图是内容：底板配筋情况，封边顶部配筋，阳台预留孔、埋线盒等构造的位置；<br>（3）如图示，板内配筋有10种钢筋类型；<br>（4）在板端和板中各对应有剖面图，编号为1-1，2-2和3-3 |

续表

| 识读步骤 | 识读要点 | 图纸示例 | 识读说明 |
|---|---|---|---|
| 1 | 阳台底板配筋平面图 | 型号：⌀8；形状：120⌐445；根数：11 | （1）上图为钢筋在构件中的位置图，下图为钢筋表中信息（下同）；<br>（2）1 号钢筋为纵向板上筋；型号 ⌀8，加工形状尺寸 120⌐445，在本构件中共有 11 根<br>（3）1 号钢筋在板端部节点处适当加密，具体排布尺寸可参照底板配筋图，在阳台排水预留孔、地漏处预留宽度 202mm 和 152mm；<br>（4）板跨中位置钢筋间距不大于 200mm |
| | | 型号：⌀8；形状：120⌐1085；根数：18 | （1）3 号钢筋为梯板下部纵向筋；型号 ⌀8，形状尺寸为 120⌐1085，在本构件中共有 18 根；<br>（2）3 号钢筋在板端部节点处适当加密，具体排布尺寸可参照底板配筋图；<br>（3）在阳台排水预留孔、地漏处预留宽度、板跨中位置钢筋排布具体可参照阳台板洞口纵向配筋图 |
| | | 型号：⌀10；形状：150⌊2330⌋150；根数：7 | （1）4 号钢筋为板下部横向筋；型号 ⌀10，形状为 150⌊2330⌋150，板中有 7 根；<br>（2）4 号钢筋在板端部节点处适当加密，具体排布尺寸可参照底板配筋图，在阳台排水预留孔、地漏处预留宽度 200mm，边缘加密，板跨中位置钢筋均布 |
| | | 型号：⌀8；形状：—400—；根数：4 | （1）16 号钢筋为板下部横向钢筋；型号 ⌀8，形状为 —400—，在本构件中共有 4 根；<br>（2）在板端部节点处，间距 80mm 排布，具体位可参照阳台板洞口纵向配筋图；<br>（3）16 号钢筋仅用于 YTB-D-XXXX-04 |

续表

| 识读步骤 | 识读要点 | 图纸示例 | 识读说明 |
|---|---|---|---|
| 1 | 阳台底板配筋平面图 | 2-2 | （1）5 号钢筋为板侧面封边顶部钢筋，型号 ⌀12，在本构件中共有 4 根，每侧各 2 根；<br>（2）6 号钢筋为板侧面封边底部钢筋，型号 ⌀12，形状 180 800 ，在本构件中共有 4 根，每侧各 2 根；<br>（3）7 号钢筋为板侧面封边腰部钢筋；型号 ⌀8、形状 1085 ，在本构件中共有 4 根，每侧各 2 根；<br>（4）8 号钢筋为侧面封边箍筋；型号 ⌀6，形状如下图所示，在本构件中共有 22 根 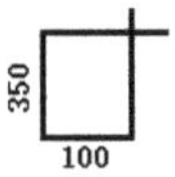<br>350 100 |
| | | 1-1 | （1）1-1 为阳台剖纵，图示前侧封边内钢筋 9、10、11、12 号钢筋以及底板内 1、2、3、4 号钢筋的位置；<br>（2）9 号钢筋为封边顶部钢筋；型号 ⌀12，形状为 180 2330 180，在本构件中共有 2 根；<br>（3）10 号钢筋为板侧面封边底部钢筋；型号 ⌀12，形状 180 2330 180，在本构件中共有 2 根；<br>（4）11 号钢筋为板侧面封边腰部钢筋；型号 ⌀8，形状 2330 ，在本构件中共有 5 根；<br>（5）14 号钢筋为梯侧面封边箍筋；型号 ⌀6，在 YTB-D-1024-08 中有 19 根 |
| | | | （1）16 号钢筋为板下部横向钢筋，仅适用于 YTB-D-XXXX-04；型号 ⌀8，形状 400 ，在本构件中共有 4 根；<br>（2）17 号钢筋是本内上部钢筋，仅适用于 YTB-D-1024-12 中，型号 ⌀8，形状 400 ，在本构件中共有 4 根 |

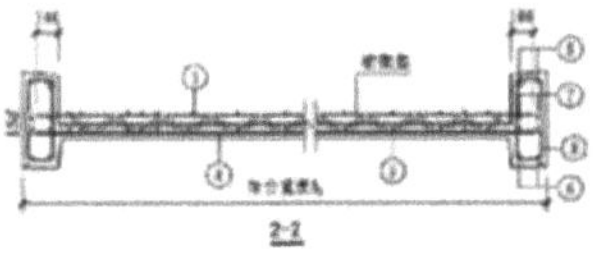

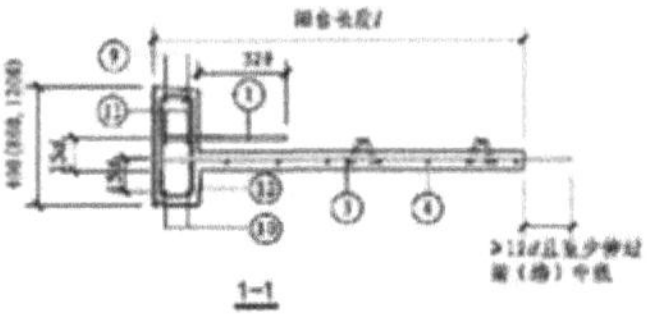

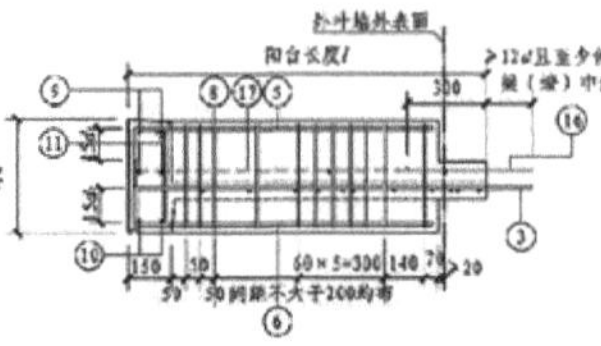

### 3. 叠合板式阳台节点详图的识读

叠合板式阳台节点详图的识读见表 5-8 所示，叠合板式阳台 AR 模型图见图 5-11 所示。

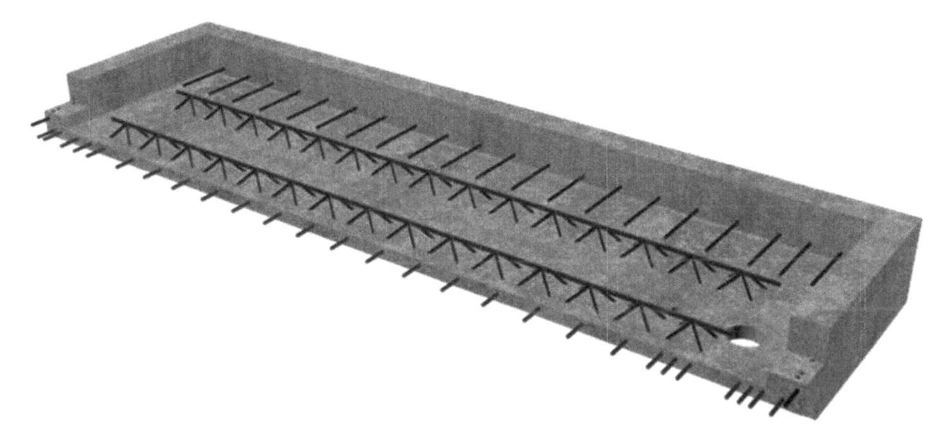

图 5-11 叠合阳台 AR 模型

**表 5-8 叠合板式阳台节点详图的识读**

| 识读步骤 | 识读要点 | 图纸示例 | 识读说明 |
|---|---|---|---|
| 1 | 与主体结构安装平面图 | | （1）阳台所在房间位置及轴线；<br>（2）阳台的宽度 $b_0$ 和阳台计算长度 $l_a$；<br>（3）如采用夹心保温剪力墙构造，则附加加强筋挑出长度不得小于 12*d* 且必须伸过墙或者梁中位线；<br>（4）图示面断面图的符号；<br>（5）图示剪力墙暗柱、保温层及阳台板钢筋桁架等各构造位置及相互关系 |

续表

| 识读步骤 | 识读要点 | 图纸示例 | 识读说明 |
|---|---|---|---|
| 2 | 1-1阳台与主体结构连接节点 | 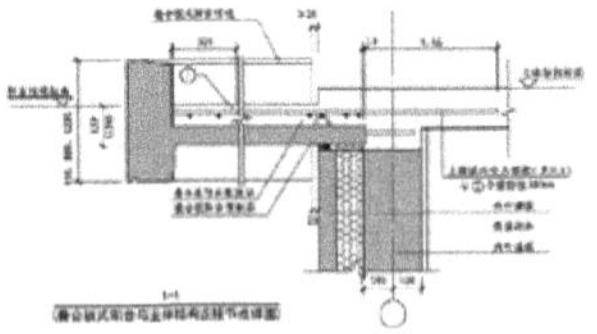 | （1）可根据轴线判断阳台所处位置；<br>（2）阳台现浇层、预制层、外叶墙、保温层及内叶墙位置、尺寸；<br>（3）130（150）为阳台板总厚度； <br>（4）阳台结构标高 为阳台结构架构标高； 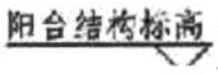<br>（5）主体结构标高 为主体结构标高； 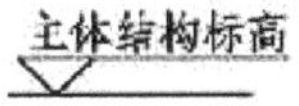<br>（6）1 号钢筋，板上部纵筋与 1 号钢筋衔接尺寸如下： 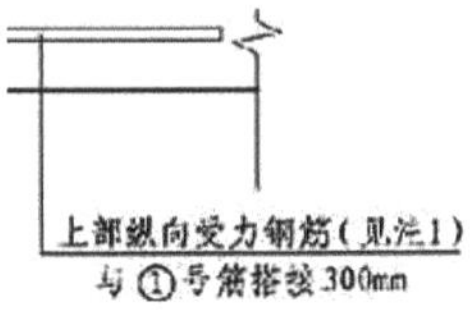<br>上部纵向受力钢筋（见注1）与①号筋搭接300mm |
| 3 | 吊环预埋件详图 | 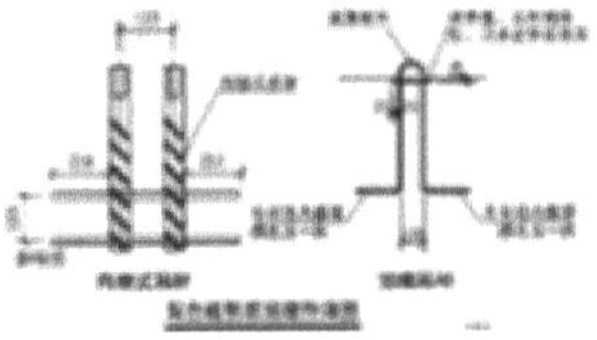 | （1）内埋式吊杆采用 ⌀6 钢锚，2 锚杆中心距 120mm 固定；<br>（2）预埋钢环与封边内箍筋帮扎为一体，并在伸出板面处留有凹槽，以施工吊装结束便吊环割除后用水泥砂浆填实 |
| 4 | 封边桁架钢筋 | 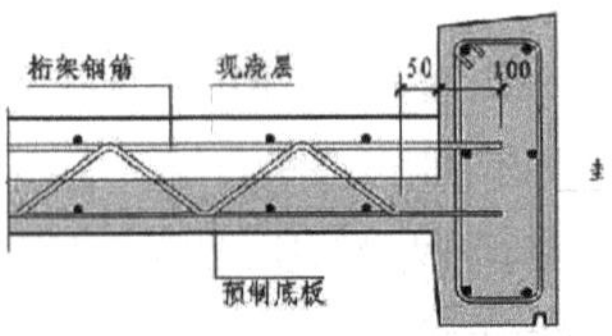 桁架钢筋 现浇层 50 100<br>预制底板<br>封边位置桁架钢筋详图 | 桁架钢筋的位置及其深入阳台封边的尺寸关系 |

续表

| 识读步骤 | 识读要点 | 图纸示例 | 识读说明 |
|---|---|---|---|
| 5 | 左侧立面图 | ① 滴水线 | 滴水线的形状、位置和详细尺寸做法；具体尺寸见图示 |
| 6 | 1-1 剖面图 | 阳台栏杆埋件详图 | （1）上图为俯视图，下图为剖视图；<br>（2）栏杆预埋件预留口上部100 × 100 mm，下部60 × 60mm，深 90mm；<br>（3）其他具体尺寸见左图 |

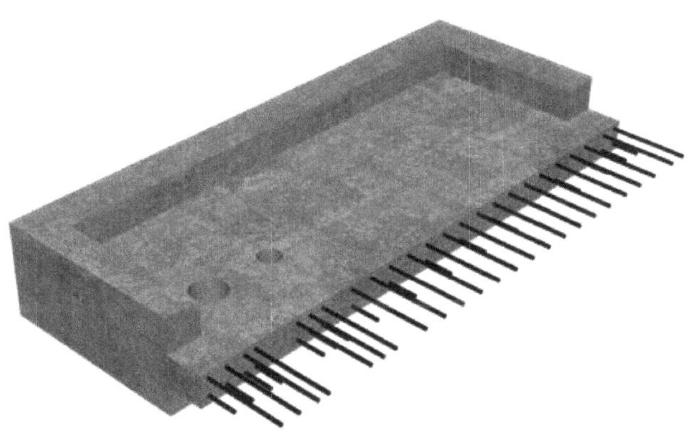

图 5-12 全预制板式阳台 AR 模型

## 5.3 全预制阳台构件

全预制阳台的表面的平整度可以和模具的表面一样平或者做成凹陷的效果，地面坡度和排水口也在工厂预制完成，可以节省工地制模和昂贵的支撑，更是能极大提高施工效率，如图 5-13 所示。全预制板式阳台 AR 模型如图 5-12。

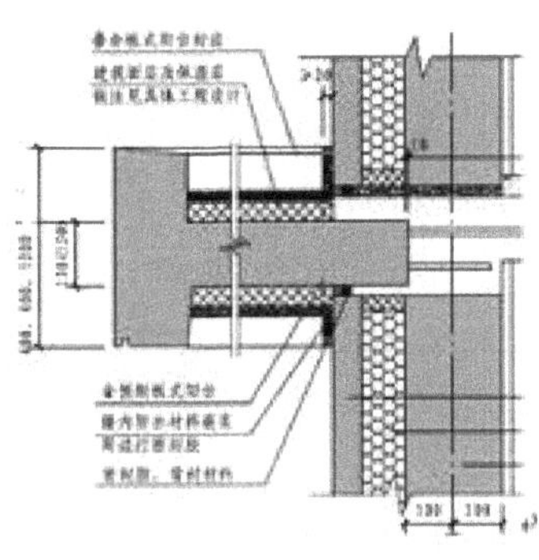

图 5-13 全预制阳台

根据国家标准图集《15G368-1》预制钢筋混凝土阳台板、空调板及女儿墙相关知识体系和规定，结合图集所给图样，本节以全预制阳台 YTB-B-xxxx-04、YTB-B-xxxx-08 和 YTB-B-xxxx-12 为范例进行识读学习。

### 5.3.1 全预制钢筋混凝土板式阳台识读要点

根据表达需要，全预制板式阳台施工图主要分为：底板模板图、底板配筋图、底板钢筋表和节点详图。全预制钢筋混凝土板式阳台详图表达要点如表 5-9 所示。

表 5-9 全预制钢筋混凝土板式阳台的识读

| 识读步骤 | 识读要点 | 图纸示例 | 要点说明 |
|---|---|---|---|
| 1 | 图名 | | （1）图名一般标注在图纸下方或图纸标题栏内；<br>（2）预制结构为简化生产流程和提高施工装配速率，同一建筑类似构件种类不宜过多，设计时应严格按照建筑模数制要求 |

续表

| 识读步骤 | 识读要点 | 图纸示例 | 要点说明 |
|---|---|---|---|
| 2 | 底板模板图 | 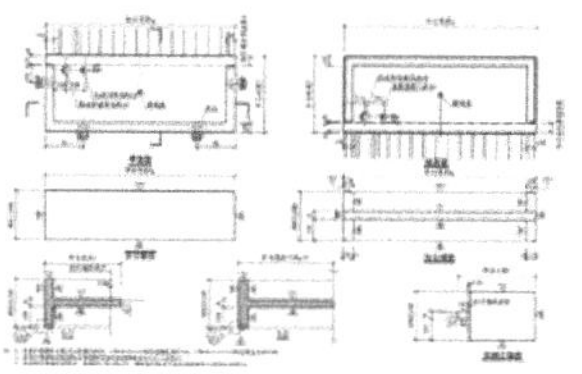  | （1）阳台在建筑中所处的位置及所在房间开间；<br>（2）阳台的宽度和长度方向的尺寸；<br>（3）阳台排水预留孔、吊点等构造的水平位置及尺寸信息；<br>（4）阳台预制底板厚度有关尺寸；外叶墙及保温层厚度，阳台板封边厚度；<br>（5）构件各表面特征，注意事项 |
| 3 | 底板配筋图 | 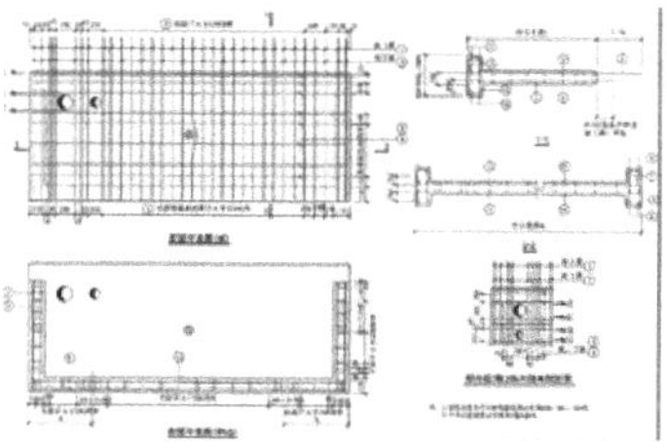  | （1）包括板配筋平面图、封边配筋平面图、板横向剖面图和纵向剖面图、阳台板洞口纵向配筋排布图；<br>（2）预制阳台板钢筋（包含加强筋）的编号、规格、数量、形状、尺寸等信息 |
| 4 | 底板钢筋表 |   | 补充配筋图钢筋信息，包含预制阳台板钢筋（包含加强筋）的编号、名称、规格、数量、形状、尺寸、重量等信息 |
| 5 | 节点详图 | 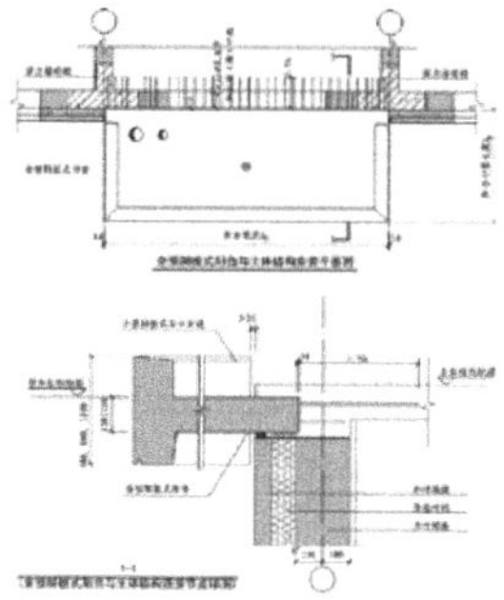  | （1）阳台与主体结构安装平面图；<br>（2）阳台与主体结构节点连接详图；<br>（3）需要特别说明的注意事项 |

### 1. 全预制钢筋混凝土板式阳台模板图的识读

全预制钢筋混凝土板式阳台模板图的识读见表 5-10 所示。

表 5-10　全预制板式阳台预制底板模板图识读

| 识读步骤 | 识读要点 | 图纸示例 | 识读说明 |
| --- | --- | --- | --- |
| 1 | 平面图 | 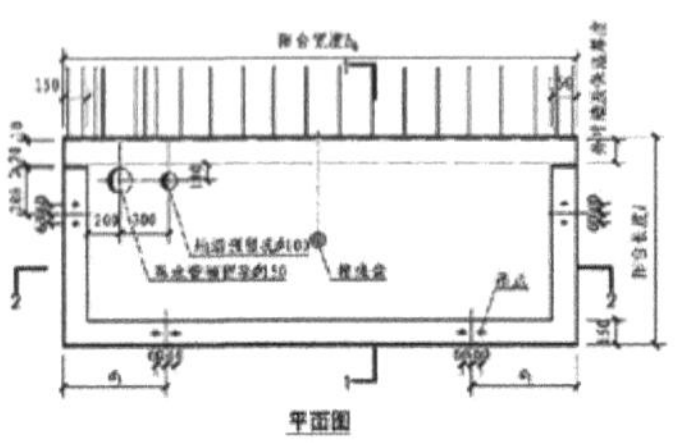 平面图 | （1）阳台的宽度 $b_0$ 和长度 $l$；阳台封边厚度 150mm；<br>（2）阳台落水管预留孔直径为Ø150、地漏预留孔直径为Ø100，二者的位置尺寸；<br>（3）阳台栏杆预埋件、接线盒、吊点的构造、位置尺寸；<br>（4）图示 1-1、2-2 剖面图的剖切符号 |
| 2 | 背立面图 | 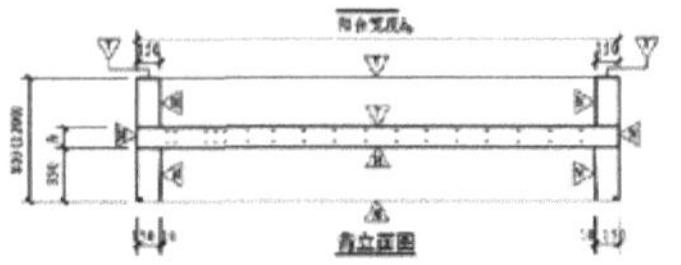 背立面图 | （1）阳台的宽度 $b_0$，阳台封边尺寸和预制板厚度 $h$，如下图所示： 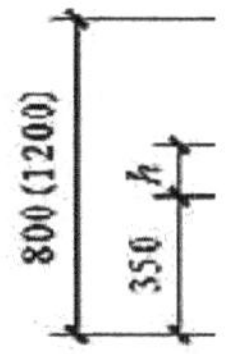<br>800（1200）　$h$　350<br>（2）阳台各位置表面特征（压光面、模板面和粗糙面） |
| 3 | 正立面图 | 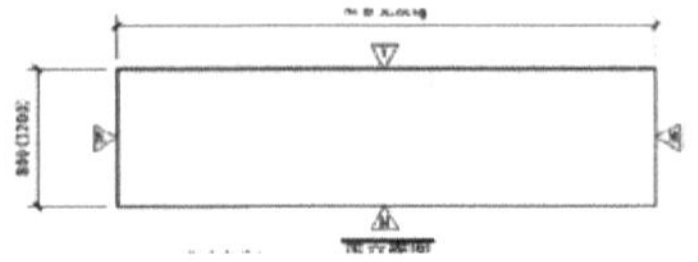 正立面图 | （1）图示阳台正立面形状尺寸；<br>（2）$b_0$ 是阳台的宽度；h 是阳台板 YTB-BXXXX-08 和 YTB-B-XXXX-12 封边尺寸，表示阳台封边分别为 800mm 和 1200mm；<br>（3）阳台封边上表面为亚光面，左、右侧和下底面为模板面 |

续表

| 识读步骤 | 识读要点 | 图纸示例 | 识读说明 |
|---|---|---|---|
| 4 | 底面图 | 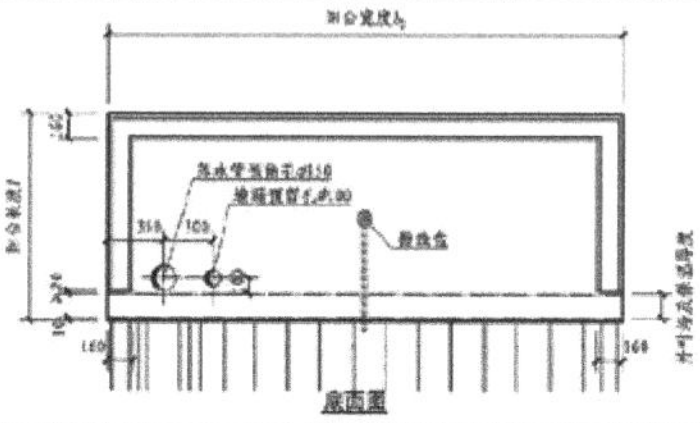 底面图 | (1) $b_0$为阳台的宽度尺寸，$l$为阳台长度方向的尺寸；<br>(2) 明确外叶墙及保温层厚度；<br>(3) 阳台排水预留孔、地漏及接线盒等构造的水平位置和尺寸 |
| 5 | 左侧立面图 | 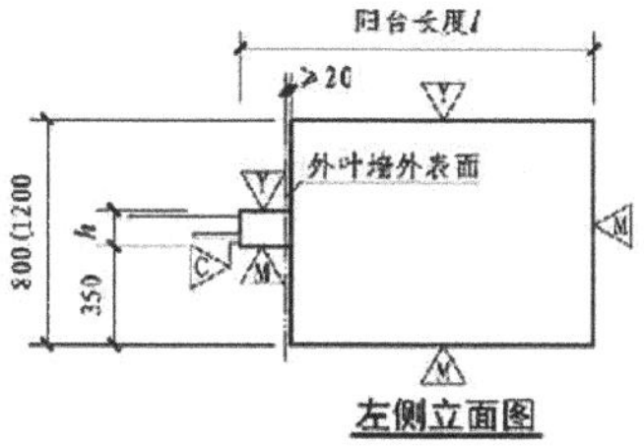 阳台长度$l$<br>≥20<br>外叶墙外表面<br>800(1200)<br>$h$<br>350<br>左侧立面图 | (1) 阳台板各位置表面特征（压光面、模板面和粗糙面）；<br>(2) 阳台封边外缘与外叶墙外表面间距不小于 20mm；<br>(3) 预制板厚度为 $h$；封边下侧伸出尺寸 350mm |
| 6 | 1-1 剖面图 | 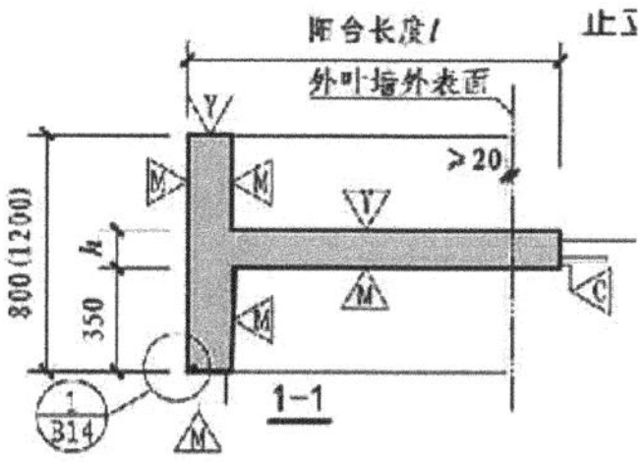 阳台长度$l$<br>外叶墙外表面<br>≥20<br>800(1200)<br>$h$<br>350<br>1/B14<br>1-1 | (1) 滴水线索引符号如下图所示，表示详图在是编号为 B14 图纸上的①图； 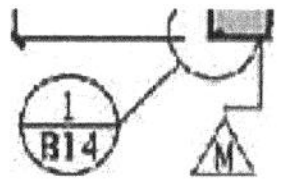<br>(2) 其他信息参照前五条 |
| 7 | 2-2 剖面图 | 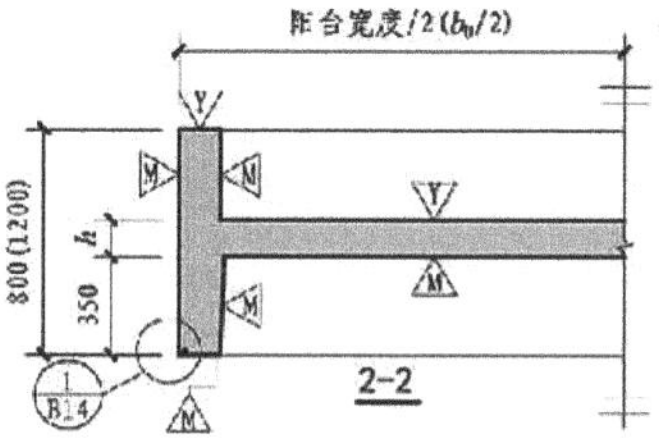 阳台宽度/2($b_0$/2)<br>800(1200)<br>$h$<br>350<br>1/B14<br>2-2 | (1) 省略符号如下图所示，表示阳台 2-2 剖面图右侧省略未画； <br>(2) 其他参照前六条 |
| 8 | 注意事项 | 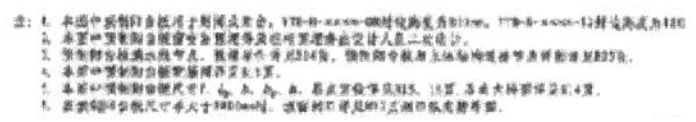  | 注意事项是不能忽略的重要信息，是图纸的补充 |

## 2. 全预制板式阳台预制底板配筋图的识读

全预制板式阳台预制底板配筋图的识读见表 5-11 所示。

**表 5-11　全预制板式阳台预制底板配筋图的识读**

<table>
<tr><th>识读步骤</th><th>识读要点</th><th>图纸示例</th><th>识读说明</th></tr>
<tr><td rowspan="3">1</td><td rowspan="3">阳台底板配筋平面图</td><td> 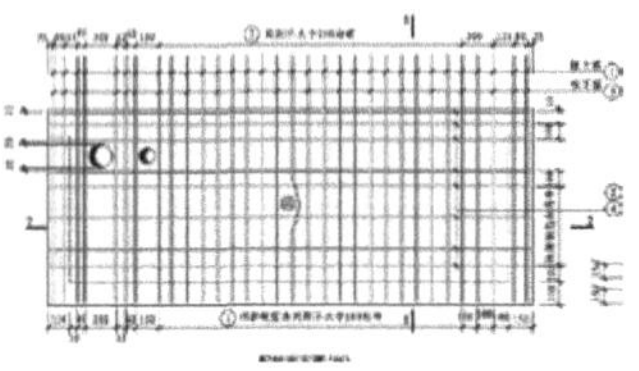</td><td>（1）识读配筋图，应结合配筋表进行，本节主要以 YTB-D-1024-04 为例进行学习；<br>（2）底板配筋平面图图是内容：底板配筋情况，封边顶部配筋，阳台预留孔、埋线盒等构造的位置；<br>（3）如图示，阳台底板内配筋有①②③④4 种钢筋类型（另附表）；<br>（4）在板端和板中各对应有剖面图，编号为 1-1 和 2-2</td></tr>
<tr><td><table><tr><th>型号</th><th>形状</th><th>根数</th></tr><tr><td>Φ8</td><td>120 445</td><td>25</td></tr></table></td><td>（1）上图为钢筋在构件中的位置图，下图为钢筋表中信息（下同）；<br>（2）1 号钢筋为纵向板上筋；型号 Φ8，加工形状尺寸 120 445 ，在本构件中共有 25 根；<br>（3）由有底板配筋平面图可知，1 号钢筋在板中不大于 100 等间距排布，并且在在阳台排水预留孔、地漏处预留宽度 202mm 和 152mm，两侧适当加密</td></tr>
<tr><td><table><tr><th>编号</th><th>型号</th><th>形状</th><th>根数</th></tr><tr><td>2</td><td>Φ8</td><td>120 2330 120</td><td>8</td></tr><tr><td>4</td><td>Φ10</td><td>150 2330 150</td><td>8</td></tr></table></td><td>（1）2 号和 4 号钢筋为板纵向排布钢筋；<br>（2）2 号钢筋在上层，型号 Φ8，形状尺寸 120 2330 120，在本构件中有 8 根；<br>（3）4 号钢筋在下层，型号 Φ10，形状尺寸 150 2330 150，在本构件中有 8 根；<br>（5）由有底板配筋平面图可知，2 号和 4 号钢筋在板中不大于 100 等间距排布，且在阳台排水预留孔、地漏处预留宽度、板跨中位置钢筋排布可参照阳台板洞口配筋图</td></tr>
</table>

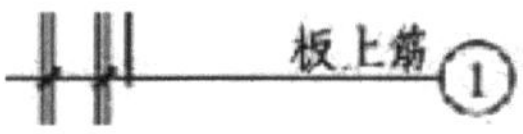

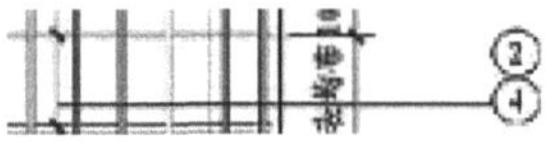

续表

<table>
<tr><th>识读步骤</th><th>识读要点</th><th>图纸示例</th><th>识读说明</th></tr>
<tr><td rowspan="5">1</td><td rowspan="5">阳台底板配筋平面图</td><td> 板下筋 ③<br><table><tr><th>编号</th><th>型号</th><th>形状</th><th>根数</th></tr><tr><td>3</td><td>Φ8</td><td>120 1085</td><td>18</td></tr></table></td><td>（1）3 号钢筋为纵向板下筋；型号 Φ8，加工形状尺寸 120 1085 ，在本构件中共有 18 根；<br>（2）其他同 1 号钢筋排布信息相同</td></tr>
<tr><td>板上筋 ①<br>板下筋 ③<br>板上下筋 ② ④<br>阳台板洞口纵向排布配筋图</td><td>图示地漏预留孔和下水道预留孔处 1、2、3、4 号钢筋的具体排布方式及尺寸</td></tr>
<tr><td>配筋平面图（封边）</td><td>封边配筋平面图重点图示封边位置板内配筋情况，由图可知，图示封边上部配有 5、8、9、12 号 4 种钢筋类型</td></tr>
<tr><td>阳台宽度 $B_0$<br>2-2</td><td>（1）2-2 为阳台横剖，图示底板内 1、2、3、4 号钢筋以及两侧封边内钢筋 5、6、7、8 号钢筋的位置；<br>（2）5 号钢筋为板侧面封边顶部钢筋，型号 C12，形状 ，在本构件中共有 4 根，每侧各 2 根</td></tr>
<tr><td><table><tr><th>编号</th><th>型号</th><th>形状</th><th>根数</th></tr><tr><td>5</td><td>Φ12</td><td>180 800</td><td>4</td></tr><tr><td>6</td><td>Φ12</td><td>180 800</td><td>4</td></tr><tr><td>7</td><td>Φ8</td><td>800</td><td>4</td></tr><tr><td>8</td><td>Φ6</td><td>350 100</td><td>22</td></tr></table></td><td>（1）6 号钢筋为板侧面封边底部钢筋；型号 Φ12，形状 180 800 ，在本构件中共有 4 根，每侧各 2 根；<br>（2）7 号钢筋为板侧面封边腰部钢筋；型号 Φ8、形状 800 ，在本构件中共有 4 根，每侧各 2 根；<br>（3）8 号钢筋为侧面封边箍筋；型号 Φ6，在本构件中共有 22 根</td></tr>
</table>

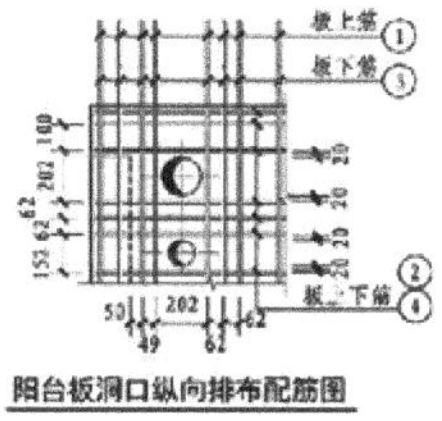

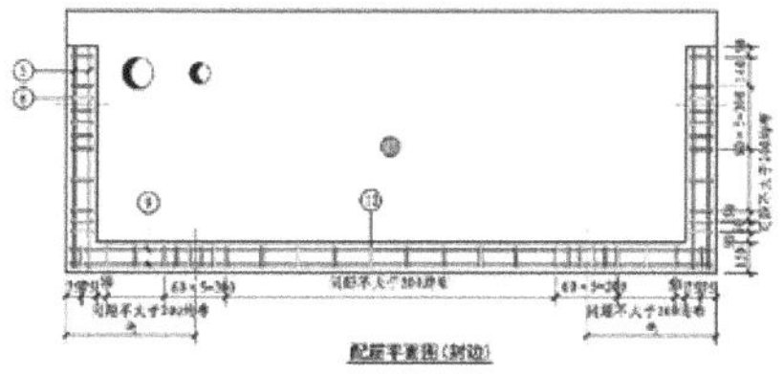

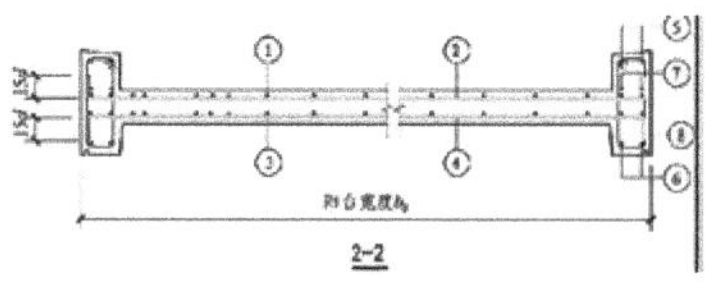

续表

<table>
<tr><th>识读步骤</th><th>识读要点</th><th>图纸示例</th><th>识读说明</th></tr>
<tr><td rowspan="3">1</td><td rowspan="3">阳台底板配筋平面图</td><td> 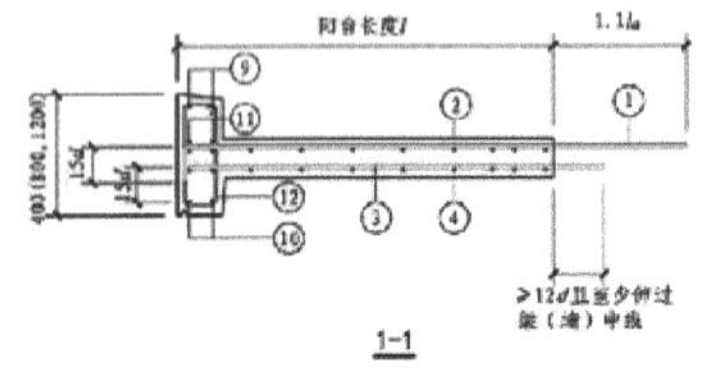</td><td>1-1 为阳台剖纵，图示前侧封边内钢筋 9、10、11、12 号钢筋以及底板内 1、2、3、4 号钢筋的位置</td></tr>
<tr><td> 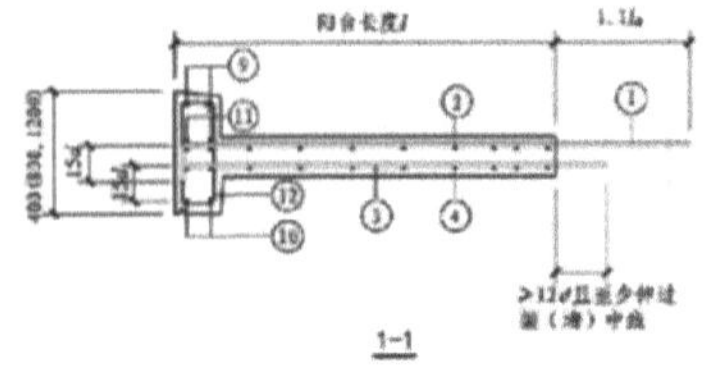</td><td>（1）9 号钢筋为封边顶部钢筋；型号 ⌀12，形状 180 2330 180，在本构件中共有 2 根；<br>（2）10 号钢筋为板侧面封边底部钢筋；型号 ⌀12，形状 180 2330 180，在本构件中共有 2 根</td></tr>
<tr><td><table>
<tr><th>编号</th><th>型号</th><th>形状</th><th>根数</th></tr>
<tr><td>9</td><td>⌀12</td><td>180 2330 180</td><td>2</td></tr>
<tr><td>10</td><td>⌀12</td><td>180 2330 180</td><td>2</td></tr>
<tr><td>11</td><td>⌀8</td><td>2330</td><td>6</td></tr>
<tr><td>12</td><td>⌀6</td><td>350 100</td><td>19</td></tr>
<tr><td>17</td><td>⌀8</td><td>400</td><td>4</td></tr>
</table></td><td>（1）11 号钢筋为板侧面封边腰部钢筋；型号 ⌀8，形状 2330，在本构件中共有 6 根；<br>（2）12 号钢筋为梯侧面封边箍筋；型号 ⌀6，在 YTB-B-1024-04 中有 19 根；<br>（3）17 号钢筋是板内上部钢筋，仅适用于 YTB-D-1024-12 中，型号 ⌀8，形状 400，在本构件中共有 4 根</td></tr>
</table>

### 3. 全预制板式阳台节点详图的识读

全预制板式阳台节点详图的识读见表 5-12 所示。

表 5-12 全预制板式阳台节点详图的识读

| 识读步骤 | 识读要点 | 图纸示例 | 识读说明 |
| --- | --- | --- | --- |
| 1 | 主体结构安装平面图 | 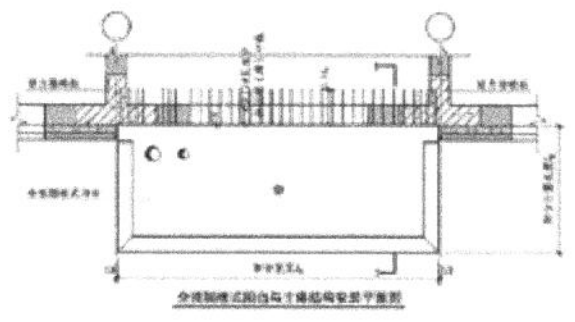 | （1）阳台所在房间位置及轴线；<br>（2）阳台的宽度 $b_0$ 和阳台计算长度 $l_a$；<br>（3）如采用夹心保温剪力墙构造，则附加加强筋挑出长度不得小于 12$d$ 且必须伸过墙或者梁中位线；<br>（4）图示面断面图的符号；<br>（5）图示剪力墙暗柱、保温层构造位置及相互关系 |
| 2 | 1-1 主体结构连接节点 | 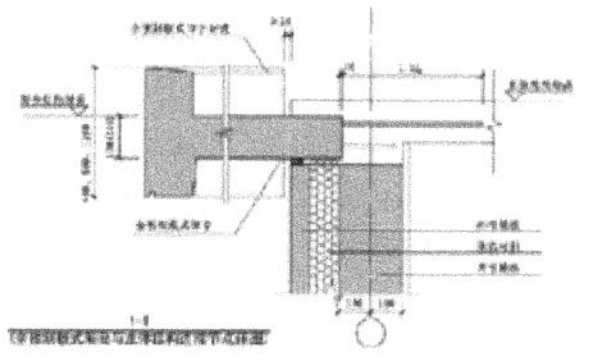 | （1）可根据轴线判断阳台所处位置；<br>（2）阳台板、外叶墙、保温层及内叶墙位置、尺寸 |

# 第 6 章　预制楼梯施工图的识读

## 6.1　预制装配式钢筋混凝土楼梯识读基础

楼梯是楼层间的主要交通设施，也是建筑主要构件之一。钢筋混凝土楼梯是目前建筑物运用最为广泛的一种楼梯。钢筋混凝土楼梯按照施工方法的不同，可分为现浇式钢筋混凝土楼梯和预制装配式钢筋混凝土楼梯。钢筋混凝土楼梯通常由楼梯段（简称梯段）、平台、栏杆（板）和扶手组成，在建筑设计和施工中通常用楼梯详图的形式进行表达。

### 6.1.1　预制楼梯的特点和分类

预制装配式钢筋混凝土楼梯是将楼梯的组成构件在工厂或工地现场预制，然后在施工现场拼装而成的一种楼梯。

这种楼梯施工进度快，节省模板，现场湿作业少，施工不受季节限制，有利于提高施工质量。但预制装配式钢筋混凝土楼梯的整体性、抗震性能以及设计灵活性差，故应用受到一定限制。

预制装配式钢筋混凝土楼梯根据生产、运输、吊装和建筑体系的不同，有许多不同的构造形式。根据组成楼梯的构件尺寸及装配的程度，大致可分为小型构件装配式和中大型构件装配式两大类，如图 6-1 所示。

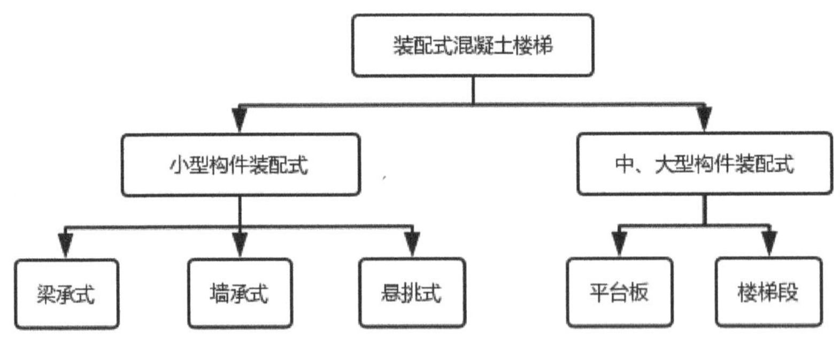


图 6-1　装配式混凝土楼梯

**1. 小型构件装配式钢筋混凝土楼梯**

小型构件装配式钢筋混凝土楼梯一般将楼梯的踏步和支承结构分开预制。预制踏步的断面形式多为一字形、L 形和三角形三种，如图 6-2 所示。

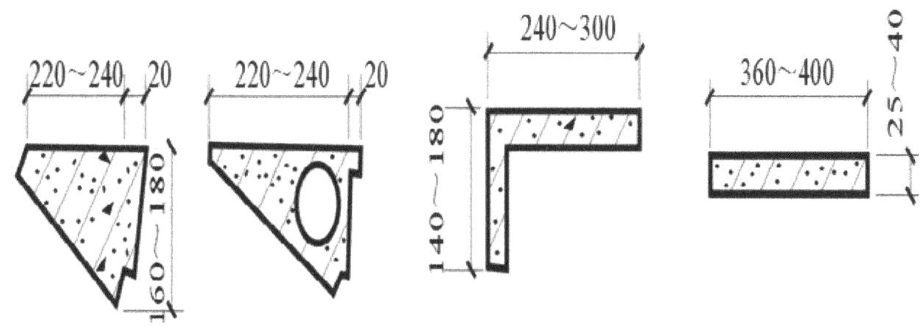


图 6-2 预制踏步的断面形式

根据梯段的构造和预制踏步的支承方式不同，小型构件装配式楼梯可分为墙承式、梁承式、悬挑式三种形式。

（1）墙承式楼梯。这种楼梯是把预制踏步搁置在两面墙上．而省去梯段上的斜梁的一种楼梯构造形式。墙承式楼梯一般由踏步板、平台板两种预制构件组成，整个楼梯段由一个个单独的一字形或 L 形踏步板两端支承在墙上形成，省去了平台梁和斜梁。

墙承式楼梯一般适用于单向楼梯，或中间有电梯间的三折楼梯。如果是用于双折楼梯，梯段采用两面搁墙时，则在楼梯间的中间，必须加一道中墙作为踏步板的支座，楼梯间有了中墙以后，使得视线、光线受到阻挡，感到空间狭窄，对搬运家具及较多人流上下均感不便，如图 6-3 所示。

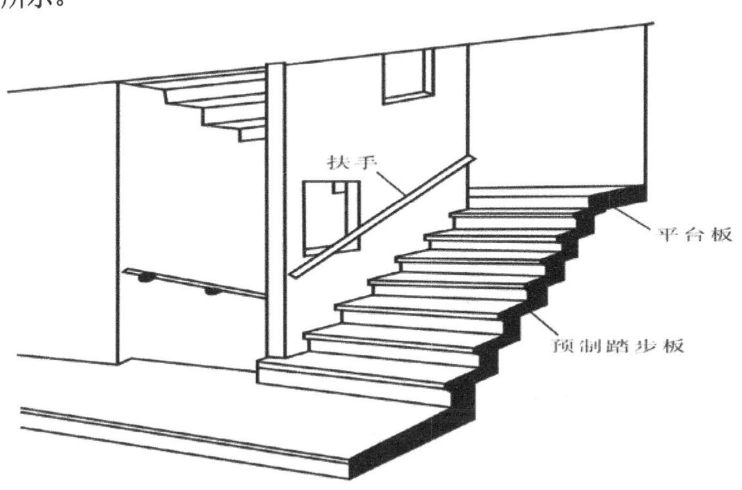


图 6-3 预制装配墙承式楼梯

（2）梁承式楼梯。预制装配梁承式钢筋混凝土楼梯系指梯段由平台梁支承的楼梯构造方式。由于在楼梯平台与斜向梯段交汇处设置了平台梁，避免了构件转折处受力不合理和节点处理的困难，在一般大量性民用建筑中较为常用。预制构件可按梯段（板式或梁板式梯段）、平台梁、平台板三部分进行划分。踏步板两端支承在斜梁上，斜梁支承在平台梁上，如图 6-4 所示。

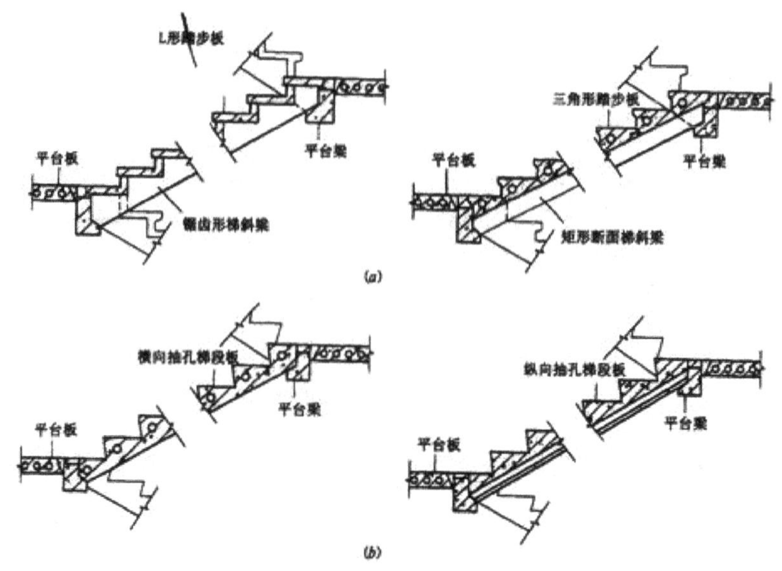


图 6-4 预制装配梁承式楼梯

（a） 梁板式梯段　　（b）板式梯段

（3）悬挑式楼梯。悬挑式楼梯指预制钢筋砼踏步板一端嵌固于楼梯间侧墙上，另一端凌空悬挑的楼梯形式。

悬挑式楼梯由预制踏步板和平台板组成。平台板可采用预应力空心板，踏步板预制成单块 L 形（或倒 L 形），将其一端砌固在砖墙内即可，如图 6-5 所示。

悬挑式楼梯无平台梁和梯斜梁，无中间墙，楼梯间轻巧空透，结构占空间少，楼梯间整体刚度差，不适合于抗震设防区。

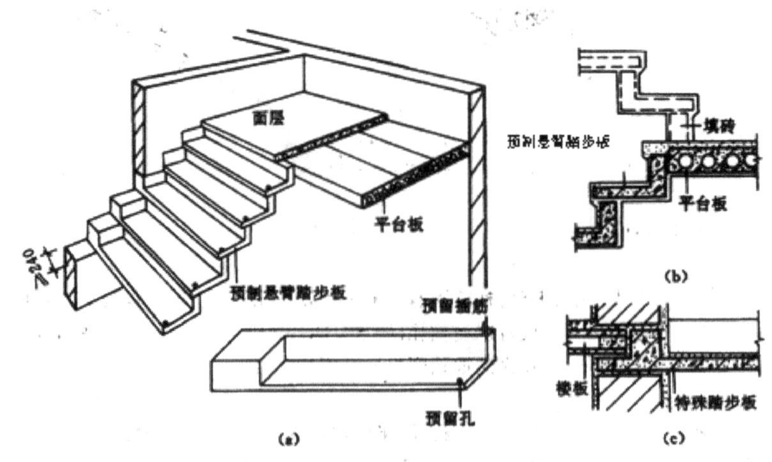


图 6-5 预制装配悬挑式楼梯

（a）安装示意 （b）平台转弯处节点 （c）遇楼板处节点

## 2. 中、大型预制装配式楼梯

（1）中型构件装配式钢筋混凝土楼梯。中型构件装配式钢筋混凝土楼梯一般是将楼梯分成梯段板、平台板、平台梁三类构件预制拼装而成。梯段按结构形式不同，有板式梯段和梁板式梯段，如图 6-6 所示。

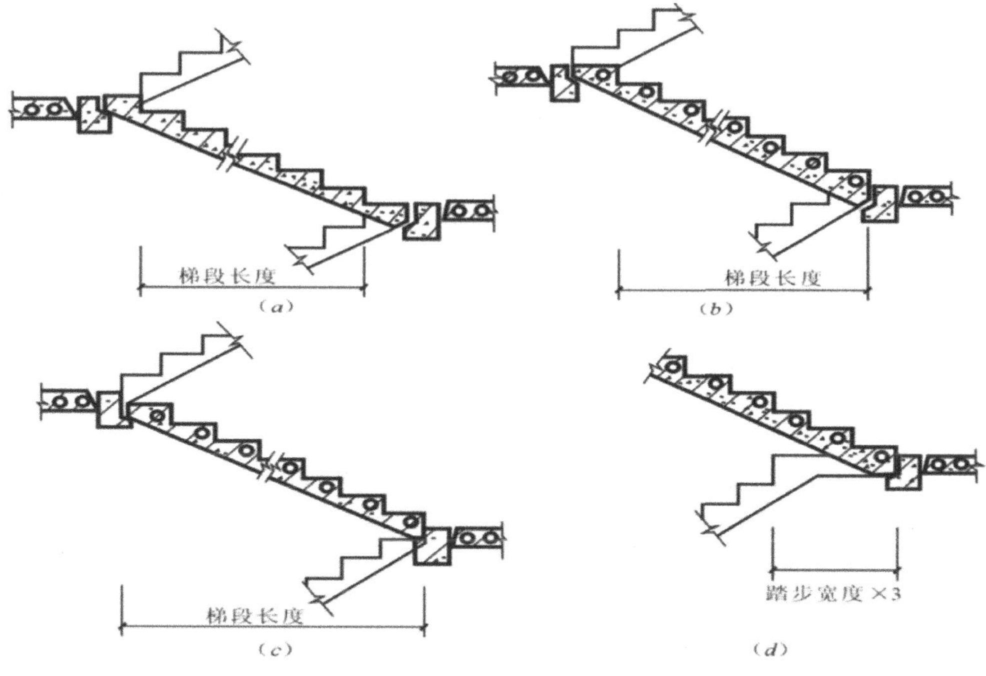


图 6-6 中型构件装配式楼梯

(a) 上下梯段齐步并埋步 (b) 上下梯段错一步

(c) 上下梯段齐步不埋步 (d) 上下梯段错多步

(2) 大型构件装配式钢筋混凝土楼梯。大型构件装配式钢筋混凝土楼梯是将梯段板和平台板预制成一个构件，梯段板可连一面平台，也可连两面平台。按结构形式不同，大型构件装配式钢筋混凝土楼梯分为板式楼梯和梁板式楼梯两种。

### 6.1.2 预制混凝土楼梯识图基础

本书主要以钢筋混凝土板式楼梯为例进行介绍。根据装配式建筑常见楼梯类型以及图集《15G367-1》预制钢筋混凝土板式楼梯编排，这里主要介绍平行双跑楼梯的识读方法和注意事项。

**1. 预制钢筋混凝土楼梯的规格和编号方法**

根据国家标准图集《15G367-1》有关规定，预制钢筋混凝土板式楼梯的规格代号由“楼梯类型+建筑层高+楼梯间净宽”三部分组成，其中楼梯类型用汉语拼音的首写字母表示，如表 6-1 所示。

具体含义如下：ST—28—25 表示双跑楼梯，建筑层高 2.8m、楼梯间净宽 2.5m 所对应的预制混凝土板式双跑楼梯梯段板；JT-28-25 表示剪刀楼梯，建筑层高 2.8m、楼梯间净宽 2.5m 所对应的预制混凝土板式剪刀楼梯梯段板。

表 6-1 预制钢筋混凝土板式楼梯的规则代号

| 楼梯类型 | 规格代号 |
|---|---|
| 双跑楼梯 | ST - ×× - ××<br>楼梯类型 楼梯间净宽 层高 |
| 剪刀楼梯 | JT - ×× - ××<br>楼梯类型 楼梯间净宽 层高 |

## 2. 预制钢筋混凝土楼梯规格的选用

预制钢筋混凝土楼梯规格的选用应严格确定各参数与标准图集选用范围要求保持一致，混凝土强度等级、建筑面层厚度等参数可在施工图中统一说明，根据建筑物楼梯间的净宽、层高确定并选用预制楼梯编号。

例如：某楼梯间净高为 2800，净宽为 2500，试确定应该选用的楼梯板的规格和编号，见图 6-7。

选用分析：该楼梯为双跑楼梯，楼梯间净高 2800，净宽 2500，活荷载 3.5KN/m$^2$，楼梯建筑面层厚度入户处为 50mm，平台处为 30mm，根据《15G367-1》楼梯选用表参数 7，ST-28-25 的楼梯模板及配筋参数符合选用要求，可直接选用。图 6-8 为板式楼梯 AR 模型。

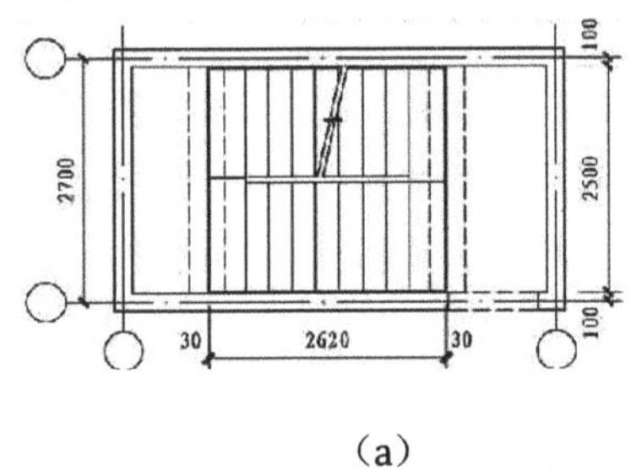


(a)

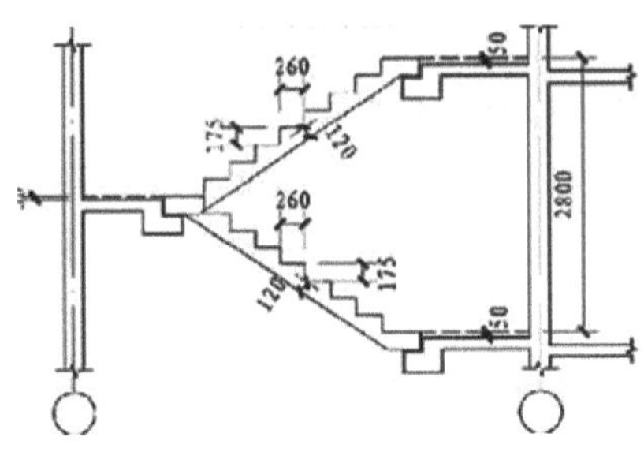


(b)

图 6-7 双跑楼梯平、剖面图图

(a) 平面布置图　　(b) 剖面图

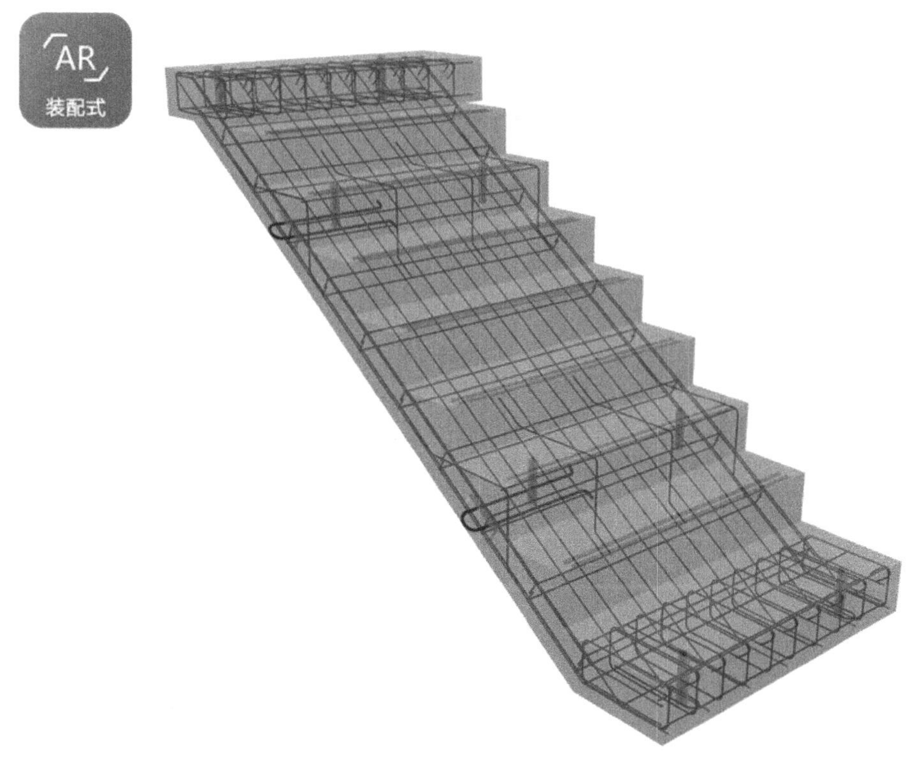


图 6-8 板式楼梯 AR 模型

### 6.1.3 预制钢筋混凝土楼梯识读要点

预制钢筋混凝土楼梯施工图主要分为 4 种类型：安装图、模板图、配筋图和节点详图，本章所有楼梯图样均以平行双跑楼梯为范例。

**1. 预制钢筋混凝土楼梯平、剖面图的尺寸标注**

预制钢筋混凝土楼梯平、剖面图的数据标注方式以图集规定为准，具体如图 6-9 所示。

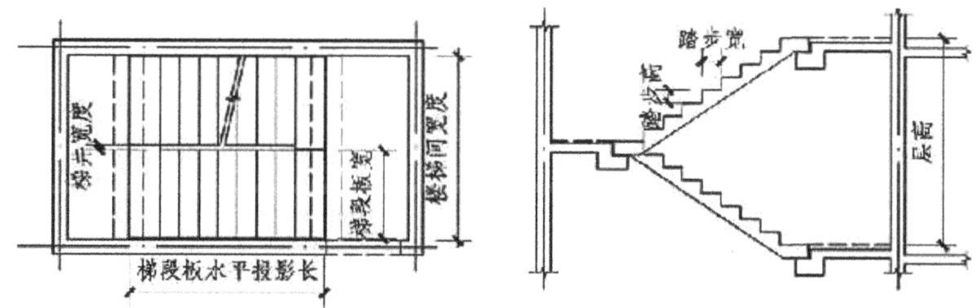


图 6-9 预制钢筋混凝土楼梯的尺寸标注

**2. 预制钢筋混凝土楼梯识读内容**

预制钢筋混凝土楼梯的安装图、模板图和配筋图所表达的重点各不相同，但都是从平面布置图、剖面图和节点详图 3 个角度表达。现以安装图为例阐述识读方法。预制钢筋混凝土楼梯的识读见表 6-2 所示。

表 6-2　预制钢筋混凝土楼梯的识读

| 识读步骤 | 识读要点 | 图纸示例 | 识读说明 |
|---|---|---|---|
| 1 | 图名 | 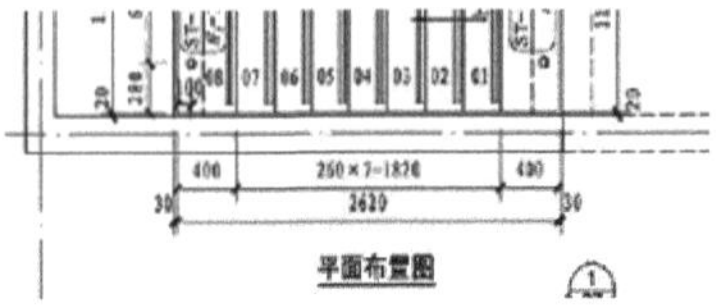 | （1）图纸图名一般标注在相应图纸下方或图纸标题栏内；<br>（2）预制结构为简化生产流程和提高施工装配速率，同一建筑类似构件种类不宜过多，设计时应严格按照建筑模数制要求 |
| 2 | 结构平面布置图 | 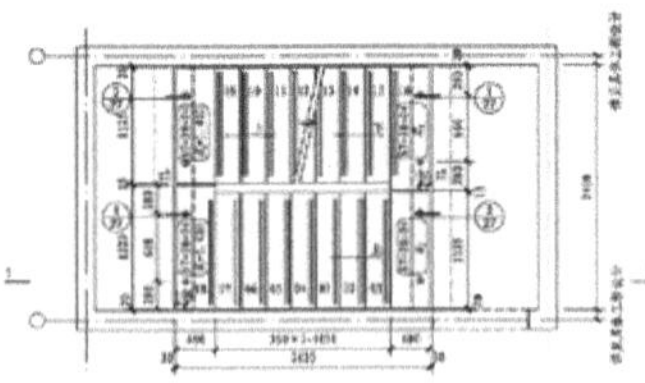 | （1）根据定位轴线编号可确定楼梯在建筑中所处的位置；<br>（2）楼梯间开间为 2400mm，墙厚 200mm；<br>（3）对应的剖面图编号 1-1，在上行第一个梯段剖切；<br>（4）该楼梯为平行双跑等跑楼梯，梯板长 2620mm，16 个踏步每跑 8 个，踏面宽 260mm |
| 3 | 轴剖面图 | 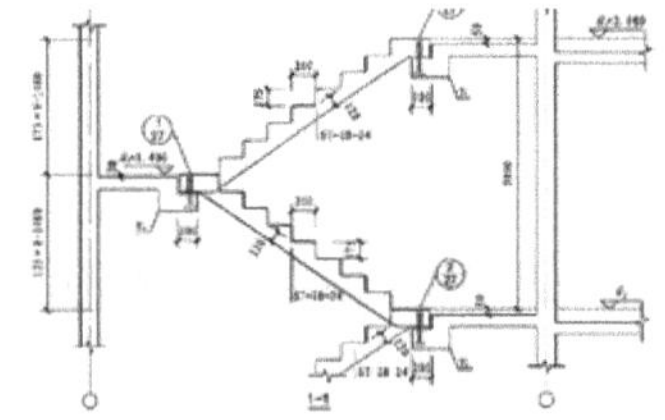 | （1）剖面图主要图示梯板、平台和相关构件之间的位置关系和尺寸；<br>（2）该建筑标准层层高为 2.8m，中间平台在相对标高 1.4m 处；<br>（3）梯板厚 120mm，踏步高 175mm，楼层平台和中间平台面层厚度分别为 50mm 和 30mm |
| 4 | 构件详图 | 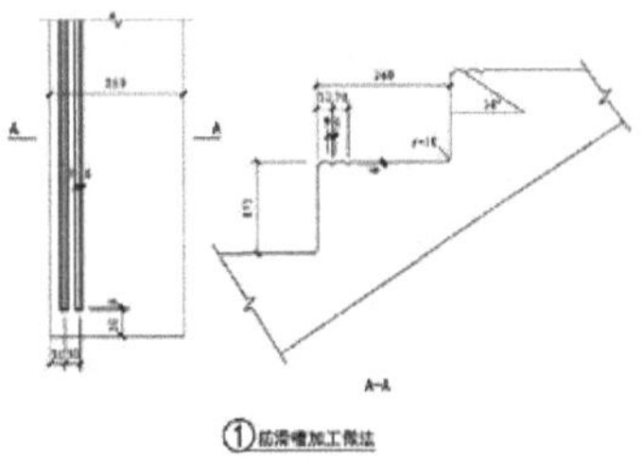 | （1）预制钢筋混凝土楼梯各构件详图均按命名规则以索引符号的形式标注在平面图上；<br>（2）通过识读可知左侧图纸示例为踏面构造做法，包括踏面及防滑条构造尺寸；<br>（3）右图为左图断面符号 A-A 所对应的断面图，为该部分梯段的纵剖和相关尺寸和构造的图示 |

### 3. 相关图例规定

根据国家标准图集《15G367-1》有关规定，预制钢筋混凝土板式楼梯的图例表示方法如表 6-3 所示。

**表 6-3 预制钢筋混凝土板式楼梯图例**

| 图例 | 说明 |
| --- | --- |
|  | D1 为栏杆预留洞口 |
|  | M1 为梯段板吊装预埋件 |
|  | M2 为梯段板吊装预埋件 |
|  | M3 为栏杆预留埋件 |

## 6.2 预制钢筋混凝土板式楼梯安装图的识读

根据国家标准图集《15G367-1》有关规定，本书选用预制钢筋混凝土板式楼梯 ST28-24 安装图作为识读实例，如图 6-10 所示。

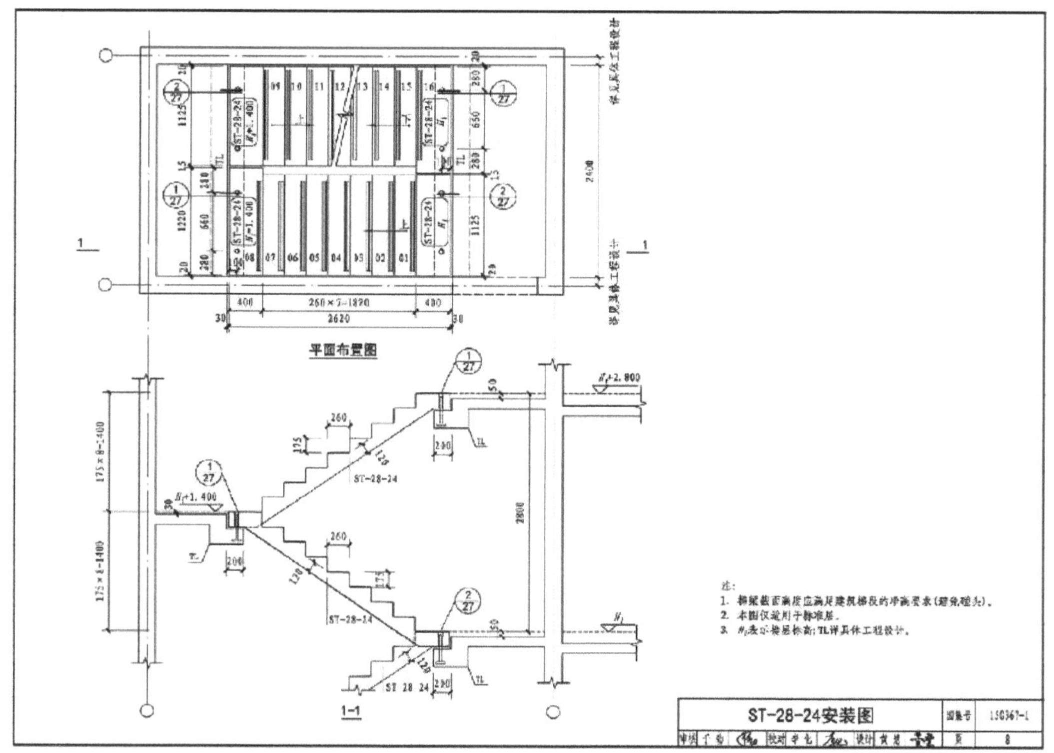


图 6-10 预制混凝土板式楼梯安装图

由图 6-10 可知，预制钢筋混凝土板式楼梯安装图由平面布置图和 1-1 剖面图组成，表达的主要内容有 4 个方面：

（1）梯段板的平面位置、竖向位置和梯段编号。

（2）楼梯间尺寸、标高，梯段板（包括踏步信息）尺寸及梯板厚度。

（3）梯段板与梯梁连接节点索引。

（4）相关注意事项。

预制钢筋混凝土板式楼梯安装图的识图如表 6-4 所示。

**表 6-4　预制钢筋混凝土板式楼梯安装图的识读**

| 识读步骤 | 识读要点 | 图纸示例 | 识读说明 |
|---|---|---|---|
| 1 | 梯段板的平面位置 | 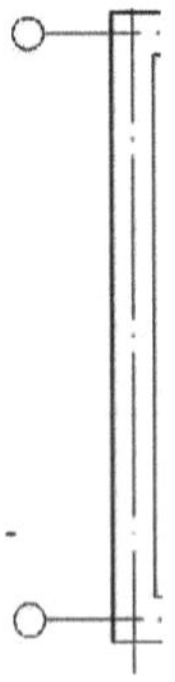 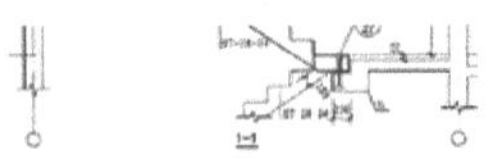 | （1）轴网由横纵相交的定位轴线所组成，用来确定建筑结构中墙体、柱子等构件位置及尺寸；<br>（2）梯段板的平面位置由楼梯间墙体轴线确定。可根据平面布置图（左图）和 1-1 剖面图（右图）对应的轴线编号在施工平面图中查找 |
| 2 | 梯段板竖向位置 | 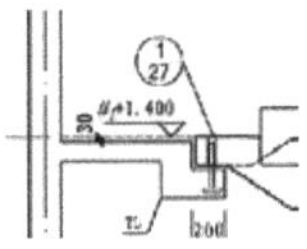 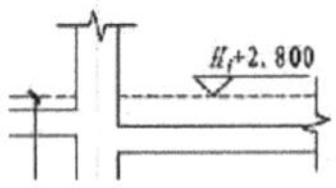 | （1）梯段纵向位置可在剖面图中查看；<br>（2）右图 $H_i$+1.400 表示该处为中间平台标高，1.4 表示从该层楼板层算起竖向高度；<br>（3）左图为 i+1 层楼板层标高，也表明层高为 2.8m；<br>（4）可知该梯段纵向位置在 $H_i$+1.4 至 $H_i$+2.8 之间 |
| 3 | 楼梯间尺寸、标高 | 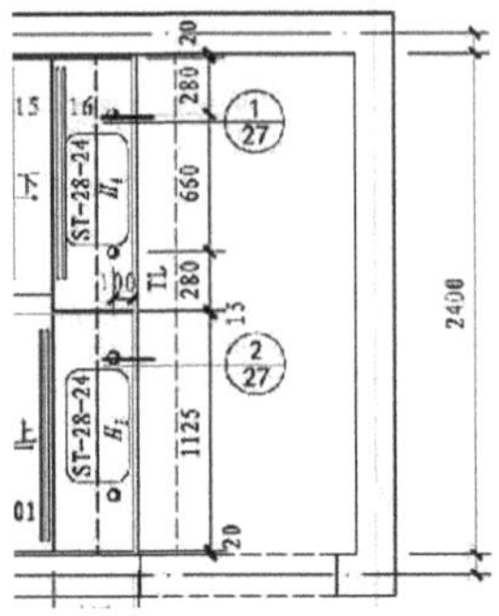 | （1）楼梯间的尺寸可在平面布置图中查找，相关标高可结合剖面图进行推算；<br>（2）图中可以看出，该楼梯间的开间为 2400mm；<br>（3）楼梯型号为 ST28-24，知楼梯间层高为 2.8m，中间平台处标高 $H_i$+1.4 |

续表

| 识读步骤 | 识读要点 | 图纸示例 | 识读说明 |
|---|---|---|---|
| 4 | 梯段板尺寸及板厚 | 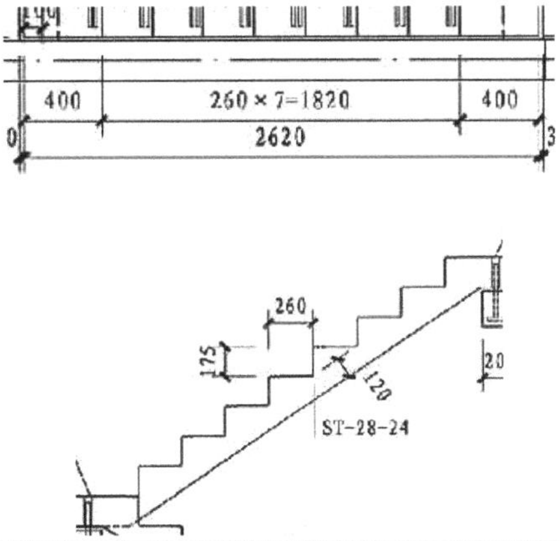 | （1）梯段板尺寸及板厚应结合平面布置图和详图识读；<br>（2）从平面布置图可知，梯段板尺寸为2620×1125，每个梯段有 7 个踏步面组成；<br>（3）每级踏步踏面尺寸为 260mm，踢面高 175mm；<br>（4）梯段板板厚为 120mm |
| 5 | 梯段板与梯梁连接节点索引 | 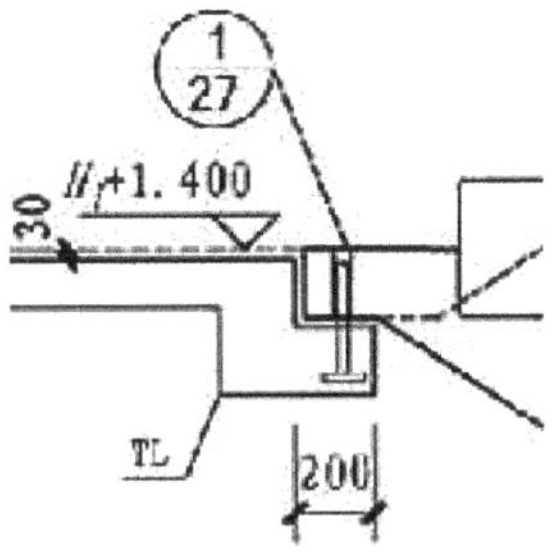 | （1）梯梁代号 TL；<br>（2）由图可知，该节点位于 $H_f$+1.4 的中间平台处，平台面层厚度 30mm；<br>（3）梯段伸入平台量的尺寸为 200mm，节点用固定铰端连接方式；<br>（4）下图为固定铰端连接方式的索引符号，表示该构造做法另有详图，该详图在本图集编号为 27 的图纸上，详图图名为双跑梯固定铰端安装节点大样  |
| 6 | 构件详图 | 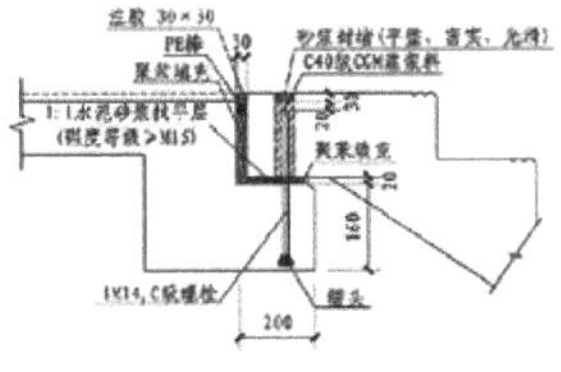 ①双跑梯固定铰端安装节点大样 | （1）图示构件为下图索引符号所对应详图； <br>（2）固定铰端采用 M14，C 级螺栓连接，栓孔用 C40 级 CCM 灌浆料填充，表层用砂浆抹平；<br>（3）梯板和梯梁 20mm 水平缝先铺油毡一层，然后用强度等级≥C15 的 1:1 水泥砂浆找平；<br>（4）30mm 纵缝处先用聚苯填充并放置 PE 棒，最后注胶30×30封堵 |

续表

| 识读步骤 | 识读要点 | 图纸示例 | 识读说明 |
| --- | --- | --- | --- |
| 6 | 构件详图 | 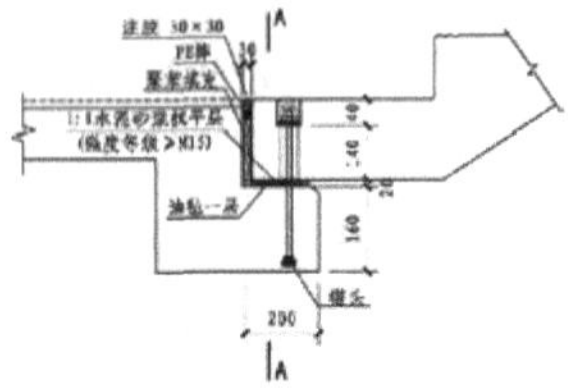 ②双跑梯滑动铰端安装节点大样 | （1）图示构件为下图索引符号所对应详图； <br>2/27<br>（2）滑动铰端 20mm 水平缝先铺油毡一层，然后用强度等级≥C15 的 1:1 水泥砂浆找平；<br>（3）30mm 纵缝处先用聚苯填充并放置 PE 棒，最后注胶30 × 30封堵 |
| 7 | 注意事项 | 注：<br>1. 梯梁截面高度应满足建筑梯段的净高要求（避免碰头）。<br>2. 本图仅适用于标准层。<br>3. $H_i$表示楼层标高；TL详具体工程设计。 | （1）注意事项是识读安装图图纸无法表达的重要信息的补充；<br>（2）为满足使用要求，安装过程中梯梁的截面高度应满足梯段的净高要求<br>（3）本图仅适用于标准层；<br>（4）$H_i$为标准层高；*TL* 具体数值需依据工程设计而定 |

## 6.3 预制钢筋混凝土板式楼梯模板图的识读

根据国家标准图集《15G367-1》有关规定，本书选用预制钢筋混凝土板式楼梯 ST28-24 的模板图作为识读实例，见图 6-11。

由图 6-11 可知，预制钢筋混凝土板式楼梯模板图由 5 张图样组成：包括平面图、底面图（梯板仰视）、1-1 剖视图（横剖）、2-2 剖视图（横剖）、3-3 剖视图（纵剖），表达的主要内容有 4 个方面：

（1）预制梯段板的平面、立面、剖面图及详细尺寸。

（2）预埋件定位及索引号。

（3）预留孔洞尺寸和定位。

（4）相关注意事项。

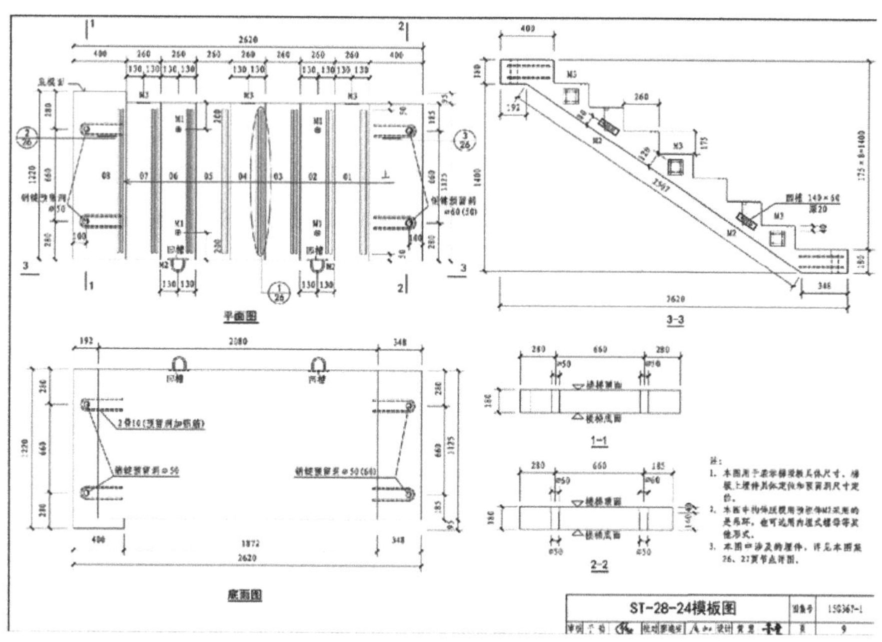


图 6-11 预制混凝土板式楼梯模板图

预制钢筋混凝土板式楼梯模板图的识读如表 6-5 所示。

表 6-5 预制钢筋混凝土板式楼梯模板图识读

| 识读步骤 | 识读要点 | 图纸示例 | 识读说明 |
|---|---|---|---|
| 1 | 梯段板的平面尺寸 | | (1) 从平面布置图可知，梯段板尺寸为2620 × 1125，每个梯段有 8 个踏步面组成；<br>(2) 栏杆预留孔凹槽 M2 位于板侧边缘 280mm 处；<br>(3) 为下图索引符号所对应销键预留洞详图<br>3/26 |
| | | | (1) 由图可知每级踏步踏面尺寸为 260mm；<br>(2) 梯段板段吊装预埋件 M1/M3 位于踏步板中间 130-130 处；M1 距板侧 200mm |
| | | | 梯板铰链固定端销键预留孔洞的位置和尺寸 |

续表

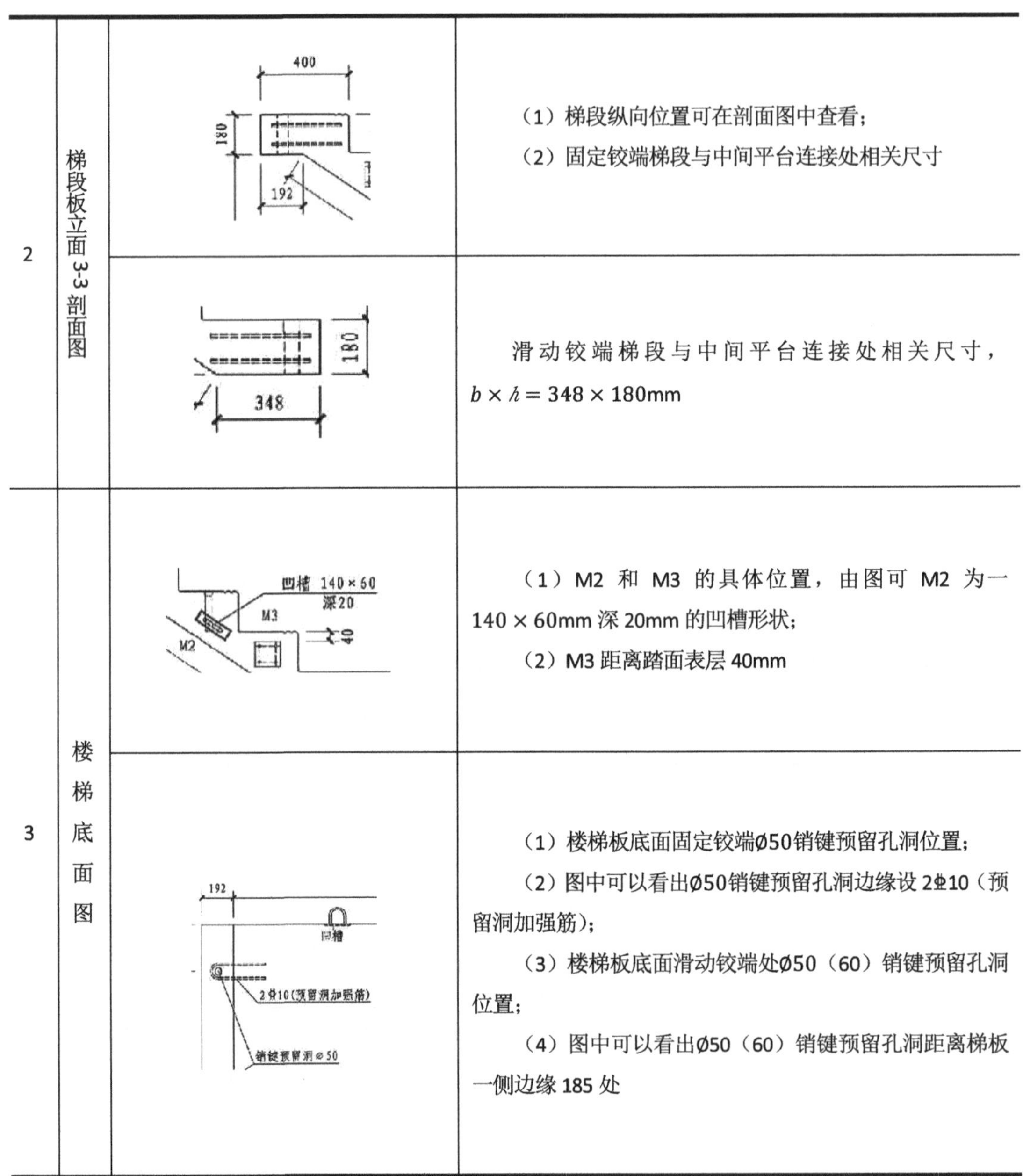

| 序号 | 名称 | 图示 | 说明 |
|---|---|---|---|
| 2 | 梯段板立面3-3剖面图 | 400<br>180<br>192 | （1）梯段纵向位置可在剖面图中查看；<br>（2）固定铰端梯段与中间平台连接处相关尺寸 |
|  |  | 180<br>348 | 滑动铰端梯段与中间平台连接处相关尺寸，$b \times h = 348 \times 180$mm |
| 3 | 楼梯底面图 | 凹槽 140×60<br>深20<br>M3<br>M2<br>40 | （1）M2 和 M3 的具体位置，由图可 M2 为一 140 × 60mm 深 20mm 的凹槽形状；<br>（2）M3 距离踏面表层 40mm |
|  |  | 192<br>凹槽<br>2Φ10（预留洞加强筋）<br>销键预留洞Ø50 | （1）楼梯板底面固定铰端Ø50销键预留孔洞位置；<br>（2）图中可以看出Ø50销键预留孔洞边缘设 2Φ10（预留洞加强筋）；<br>（3）楼梯板底面滑动铰端处Ø50（60）销键预留孔洞位置；<br>（4）图中可以看出Ø50（60）销键预留孔洞距离梯板一侧边缘 185 处 |

## 6.4 预制钢筋混凝土板式楼梯配筋图的识读

根据国家标准图集《15G367-1》有关规定，本书选用预制钢筋混凝土板式楼梯 ST28-24 的配筋图作为识读实例，见图 6-12。

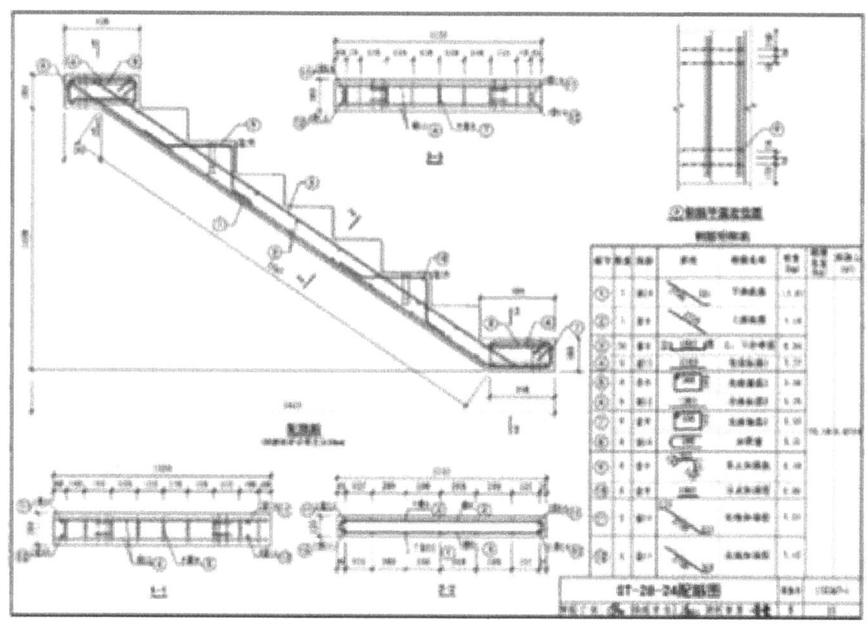

图 6-12 预制钢筋混凝土板式楼梯

由图可知，预制钢筋混凝土板式楼梯配筋图一般由 5 张图样和一张表格组成：包括平面图、底面图（梯板仰视）、1-1 剖视图（横剖）、2-2 剖视图（横剖）、3-3 剖视图（横剖）和钢筋表，表达的主要内容有以下两个方面：

（1）预制梯段板钢筋（包含加强筋）的编号、名称、规格、数量、形状、尺寸、重量等信息。

（2）预制梯段板钢筋（包含加强筋）的排布信息。

预制钢筋混凝土板式楼梯配筋图的识读见表 6-6 所示。

**表 6-6 预制钢筋混凝土板式楼梯配筋图的识读**

| 识读步骤 | 识读要点 | 图纸示例 | 识读说明 |
|---|---|---|---|
| 1 | 梯段板配筋图 | | （1）由图可知，梯段板有 8 个踏步，踏步区域长度尺寸为 2507mm；<br>（2）踏步面层厚度为 30mm；<br>（3）梯段板共配有 10 种类型钢筋，钢筋保护层厚度为 20mm；<br>（4）在板端和板中各对应有剖面图，编号为 1-1，2-2 和 3-3 |

续表

| 识读步骤 | 识读要点 | 图纸示例 | 识读说明 |
|---|---|---|---|
| 1 | 梯段板配筋图 | 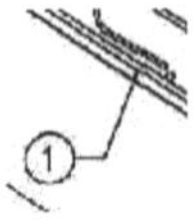 ①<br>型号 \| 形状 \| 根数<br>Φ10 \| 2700 321 \| 7 | （1）上图为钢筋在构件中的位置图，下图为钢筋表中信息；<br>（2）1 号钢筋为梯板底部纵筋；型号为 Φ10，形状为 2700 321，在本构件中共有 7 根 |
| | | ②<br>型号 \| 形状 \| 根数<br>Φ8 \| 2728 \| 7 | 2 号钢筋为梯板上部纵筋；型号为 Φ8，形状为 2728，在本构件中共有 7 根 |
| | | ③<br>型号 \| 形状 \| 根数<br>Φ8 \| 80 1085 80 \| 7 | 3 号钢筋为梯板上、下部分布筋；型号为 Φ8，形状为 80 1085 80，在本构件中共有 20 根 |
| | | ⑤ ④ ⑧<br>型号 \| 形状 \| 根数<br>Φ12 \| 1180 \| 6<br>Φ8 \| 140 360 \| 9 | （1）4 号钢筋为梯板边缘纵筋；型号为 Φ12，形状为 1180，在本构件中共有 6 根；<br>（2）5 号钢筋为梯板边缘箍筋 1；型号为 Φ8，形状如下图所示，在本构件中共有 9 根<br>140<br>360 |

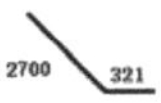

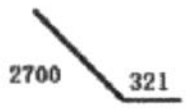

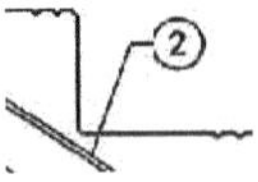

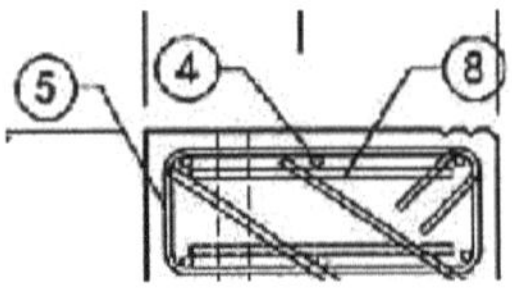

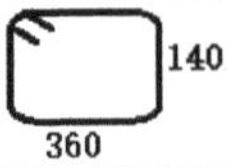

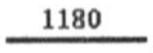

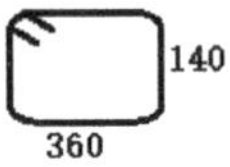

续表

| 识读步骤 | 识读要点 | 图纸示例 | 识读说明 |
| --- | --- | --- | --- |
| 1 | 梯段板配筋图 | 型号：Φ9；形状：100 321 213 100；根数：7 | 9 号钢筋为梯板吊点加强筋上部纵筋；型号为 Φ8，在本构件中共有 8 根 |
| | | 型号：Φ8；形状：1085；根数：2 | 10 号钢筋为梯板吊点加强筋；型号 Φ8，形状 1085，在本构件中共有 2 根 |
| | | 1-1 | （1）为梯板固定铰端断面图，可识读 4 号、5 号钢筋横断面的具体排布方式；<br>（2）由图可知，4 号钢筋为双层排布，5 号钢箍按间距 150 排布；<br>（3）图示 11 号钢筋和 12 号钢筋的信息 |
| | | 2-2 | （1）梯段中间断面图，可识读 1 号、2 号和 3 号钢筋横断面的具体排布方式；<br>（2）图示 11 号钢筋和 12 号钢筋的信息 |
| | | 3-3 | （1）为梯板滑动铰端断面图，可识读 1 号、2 号和 3 号钢筋横断面的具体排布方式；<br>（2）由图可知，6 号钢筋为双层排布，7 号钢箍间距 150 排布；<br>（3）图示 11 号钢筋和 12 号钢筋的信息 |

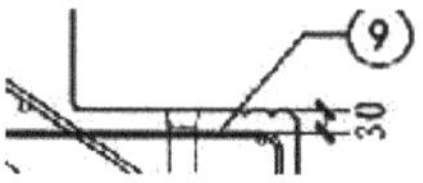

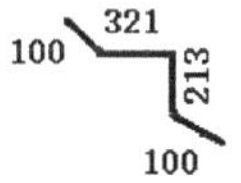

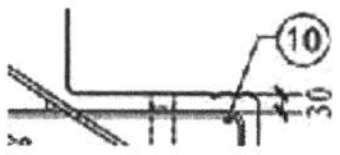

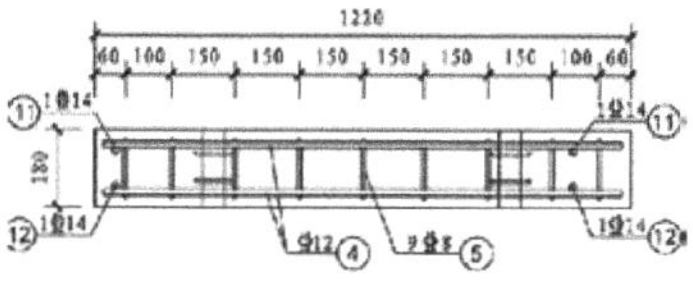

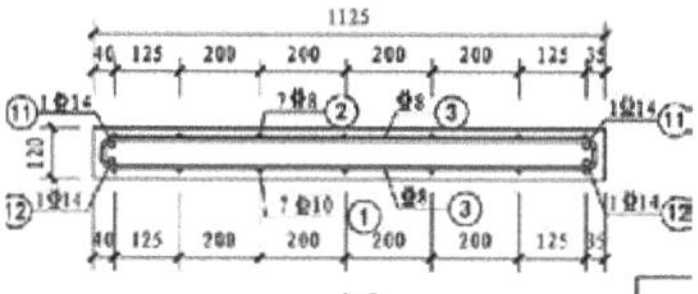

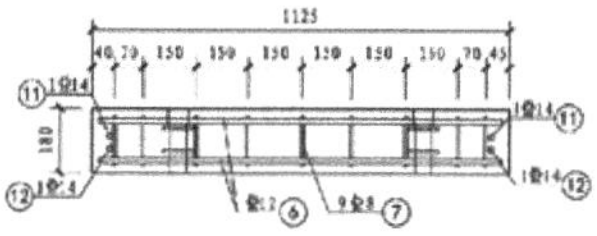

续表

<table>
<tr><th>识读步骤</th><th>识读要点</th><th>图纸示例</th><th>识读说明</th></tr>
<tr><td>1</td><td>梯段板配筋图</td><td> 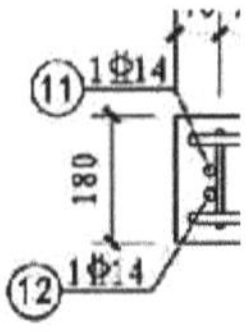⑪ 1Φ14<br>180<br>⑫ 1Φ14<br><table><tr><th>编号</th><th>型号</th><th>形状</th><th>根数</th></tr><tr><td>11</td><td>Φ14</td><td> 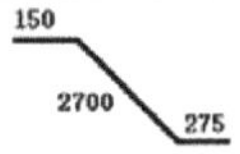150 2700 275</td><td>2</td></tr><tr><td>12</td><td>Φ14</td><td> 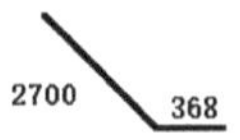2700 368</td><td>2</td></tr></table></td><td>（1）11 号、12 号钢筋均为梯段铰端边缘加强筋，每端 1 根共 2 根，规格均为 Φ14；<br>（2）其中 11 号排布在上层，型号为 Φ14，形状如下图所示：<br> 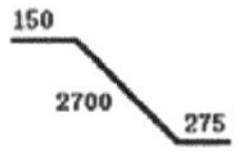150 2700 275<br>（3）12 号钢筋排布在下层型号为 Φ14，形状如下图所示：<br> 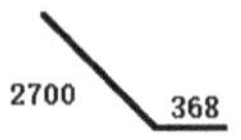2700 368</td></tr>
<tr><td>2</td><td>9 号钢筋平面定位图</td><td> 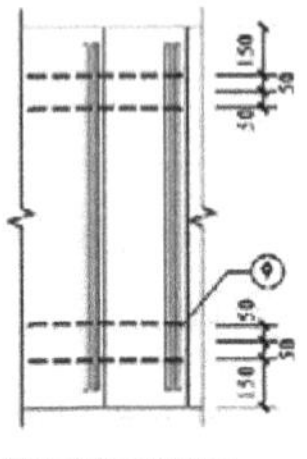150 50 50<br>⑨<br>50 50 150<br>⑨钢筋平面定位图</td><td>9 号钢筋为吊点加强筋，图示对该钢筋进行平面定位图</td></tr>
<tr><td>3</td><td>钢筋表</td><td>钢筋明细表<br><table><tr><th>编号</th><th>数量</th><th>规格</th><th>形状</th><th>钢筋名称</th><th>单重(kg)</th><th>钢筋总重(kg)</th><th>混凝土(m³)</th></tr></table></td><td>用列表的方式图示板中各种钢筋的详细信息，包括各配筋的编号、型号、数量、形状、长度、重量等，可补充构件图内容</td></tr>
</table>

# 第 7 章　其他预制构件施工图的识读

## 7.1　空调板构造详图的识读

### 7.1.1　概述

预制空调板为全板预制，将板内钢筋预留出足够的长度伸入相邻楼板的现浇层内一同浇注成整体的一种混凝土预制构件。图 7-1 为空调板预制构件，图 7-2 为预制空调板 AR 模型。

图 7-1　空调板预制构件

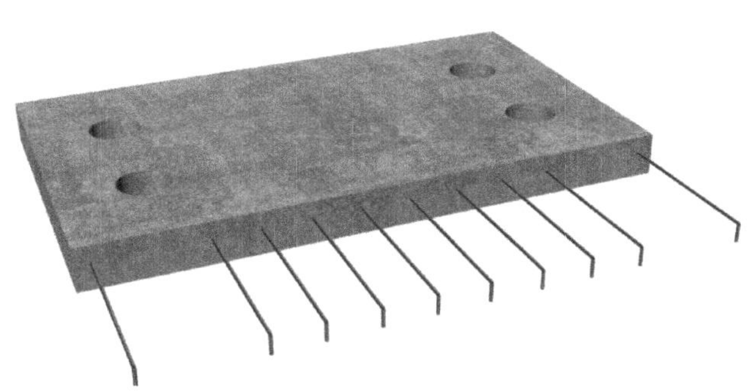

图 7-2　预制空调板 AR 模型

**1. 预制空调板的分类**

根据空调板栏杆构造形式的不同，一般有铁艺栏杆空调板和百叶空调板两种类型。

（1）铁艺栏杆空调板。预制铁艺栏杆空调板是空调板栏杆采用空花式铸铁制作，栏杆表面经涂漆、电镀、火焰喷涂等处理方式加工成型的一种预制件。预制铁艺栏杆空调板具有安装方便、外表美观、轻盈的特点，在工程中具有良好的运用前景，如图 7-3 所示。

图 7-3　预制铁艺栏杆空调板

（2）预制百叶空调板。这是栏杆采用百叶窗式的一种预制空调板。这种空调板具有安装方便、造价低，在工程中运用广泛。

**2. 预制空调板规格和代号**

根据国家标准图集《15G368-1》有关规定，预制空调板规格代号由预制空调板名称汉语拼音+预制空调板长度 + 预制空调板宽度 3 部分组成。具体形式如图 7-4 所示。

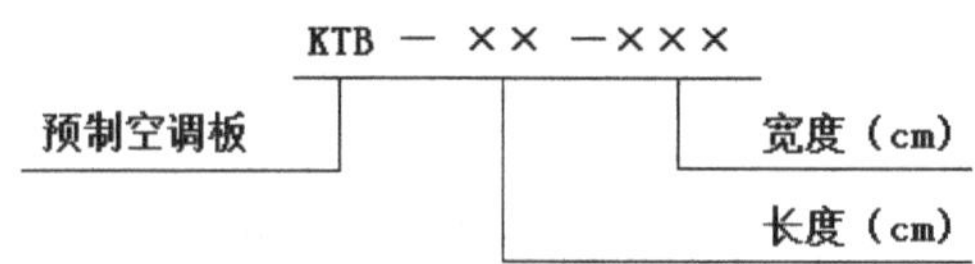


图 7-4　预制空调板规格代号

如代号 KTB-84-130 表示预制空调板构件长度 L 为 840mm，预制空调板宽度 B 为 1300mm。代号中的尺寸单位为厘米。

**3. 预制空调板规格的选用**

预制空调板规格的选用应严格确定各参数与标准图集选用范围要求保持一致，可按照标准图集 15G368-1 规格表、配筋表，结合建筑实际设计要求确定空调板尺寸后直接选用。以 KTB-84-130 尺寸选用示例，如图 7-5 所示。

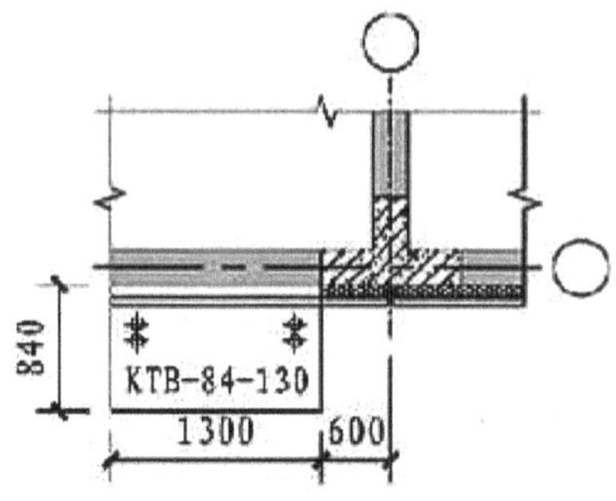


图 7-5　预制空调板规格示例

**4. 预制空调板符号及图例**

预制空调板符号及图例的相关规定可参照预制阳台板的相关规定。

### 7.1.2 空调板详图的识读

根据国家标准图集 15G368-1 有关规定，将空调板详图的识读内容分为以下几个方面。预制空调板模板图的主要任务是图示各组成构件的具体位置和安装尺寸，一般包括平面图、剖面图和预埋件详图 3 项主要内容。预制空调板详图的识读如表 7-1 所示。

表 7-1 预制空调板详图的识读

| 识读步骤 | 识读要点 | 图纸示例 | 识读说明 |
|---|---|---|---|
| 1 | 铁艺栏杆空调板模板图 | 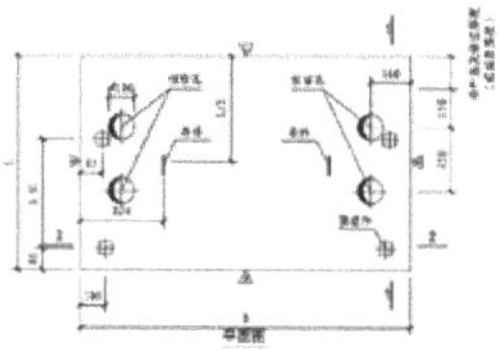 | （1）铁艺栏杆模板平面图；<br>（2）图示空调板长度和宽度尺寸$L \times B$；<br>（3）预埋件 表示预埋件、表示预留孔、表示吊件的位置尺寸；   <br>（4）图示 1-1、2-2 剖面图的剖切符号 |
| | | 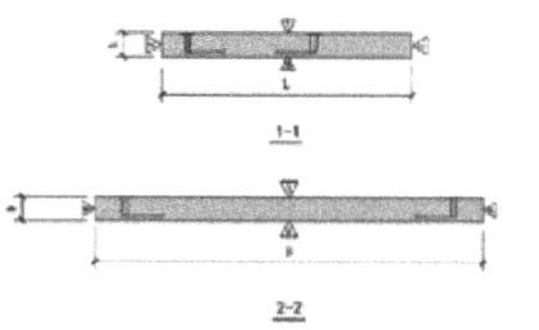 1-1<br>2-2 | （1）1-1 剖面图为空调板预埋件剖切，图示了长度方向 2 个预埋件的形状及位置；<br>（2）2-2 剖面图，图示了宽度方向 2 个预埋件的形状及位置；<br>（3）和分别表示空调板各表面特性，其含义依次为粗糙面、亚光面、模板面； <br>（4）h 预制空调板板厚 *h* 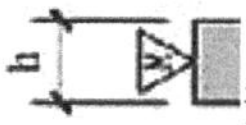 |
| | | 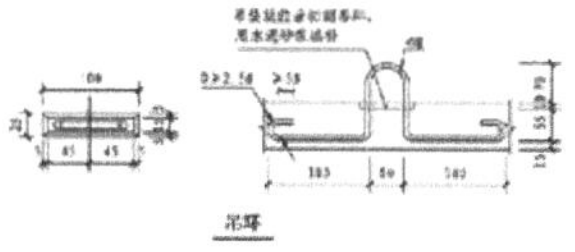 | （1）下图为吊件俯视图，标明吊件预留槽的水平方向的构造尺寸； 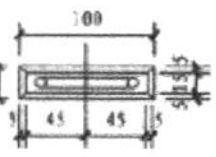<br>100 25 45 45<br>（2）下图为吊件预留槽的水平方向的视图，该槽口吊环切除后用水泥砂浆抹平 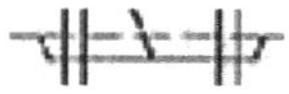 |

续表

| 识读步骤 | 识读要点 | 图纸示例 | 识读说明 |
| --- | --- | --- | --- |
| 1 | 铁艺栏杆空调板 | 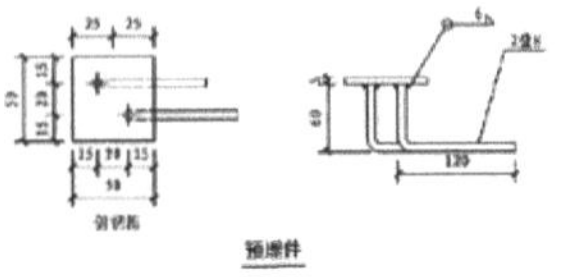 预埋件 | （1）铁艺栏杆预埋件详图，图示预埋件的详细尺寸，是预埋件加工的依据；左图为俯视图，右图为预埋件大样；<br>（2）下图表示预埋件上部钢板与下部钢筋连接方式，表示该部分加工采取围焊方式，焊接断面为角焊，焊高是6mm 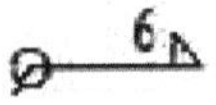 |
| 2 | 百叶空调板模板图 | 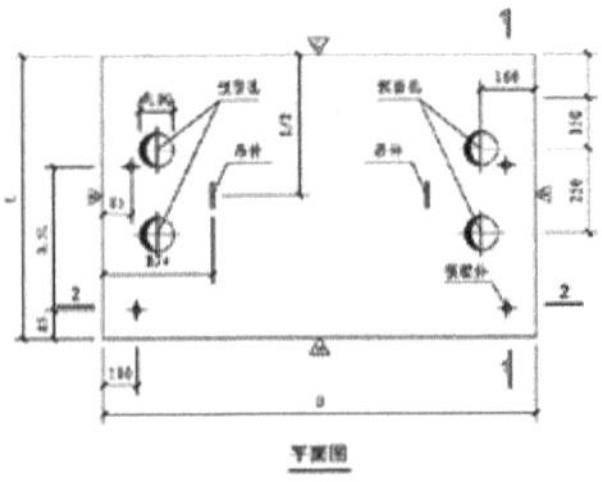 平面图 | （1）百叶空调板模板平面图；<br>（2）图示空调板长度和宽度尺寸L × B；<br>（3）预埋件  、预留孔  、吊件  的位置尺寸；<br>（4）图示1-1、2-2剖面图的剖切符号 |
| | | 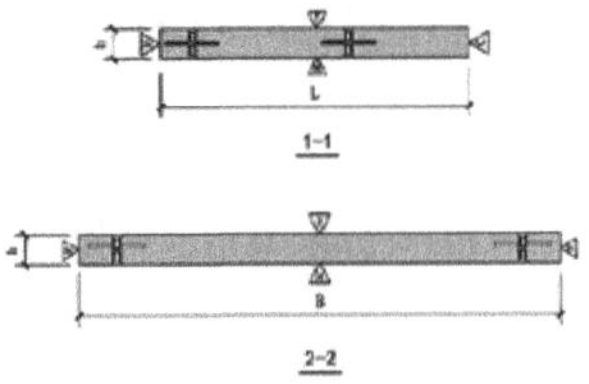 1-1<br>2-2 | （1）1-1剖面图为空调板预埋件剖切，图示了长度方向2个预埋件的形状及位置；<br>（2）2-2剖面图图示了宽度方向2个预埋件的形状及位置；<br>（3）  和 分别表示空调板各表面特性，其含义依次为粗糙面、亚光面、模板面；<br>（4） 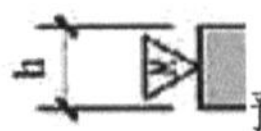 预制空调板板厚h |
| | | 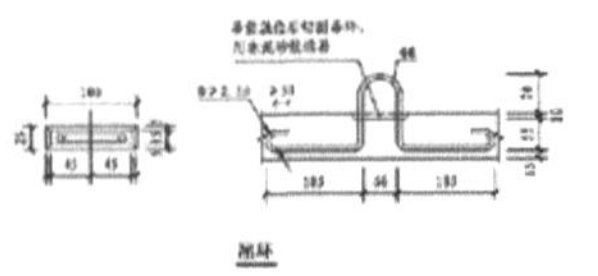 吊环 | （1）下图为吊件俯视图，标明吊件预留槽的水平方向的构造尺寸； 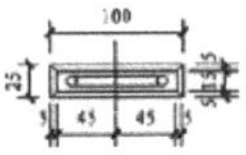<br>（2）下图为吊件预留槽的水平方向的视图，该槽口吊环切除后用水泥砂浆抹平；  |

续表

| 识读步骤 | 识读要点 | 图纸示例 | 识读说明 |
| --- | --- | --- | --- |
| 2 | 百叶空调板模板图 | 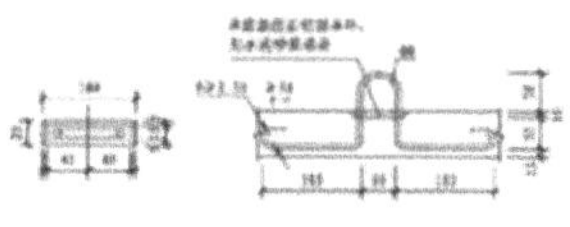 | （3）下图为吊件正面视图，标注吊环的形状尺寸和吊件钢筋加工做法 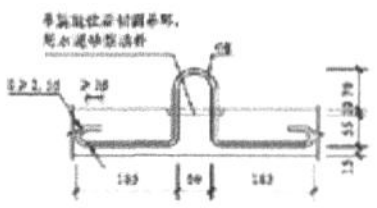 |
| | | 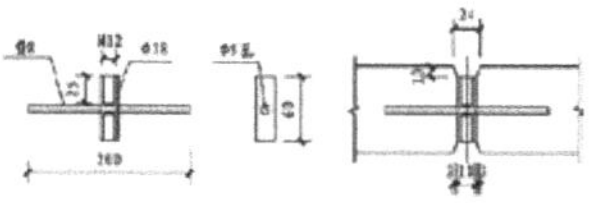 | （1）预埋件详图，图示预埋件的详细尺寸，是预埋件加工的依据；左图为俯视图，右图为预埋件大样；<br>（2）预埋件剖视图：下图为固定螺杆型号，右图为螺孔的配合尺寸； 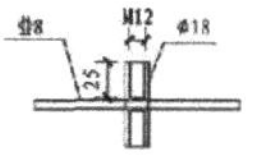<br>（3）下图为预埋件，结合中间图可知其平面尺寸为200 × 60； <br>（4）预埋件俯视图：下图为固定螺杆预留Ø9孔 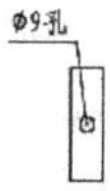 |
| | | 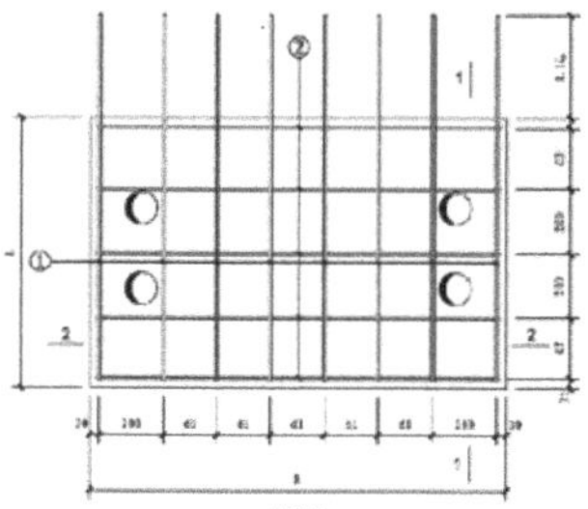 | （1）识读配筋图，应结合配筋表进行，本节主要以KTB-63-110 为例进行学习；<br>（2）配筋平面图图示内容：底板配筋情况，预留孔位置的位置；<br>（3）如图所示，阳台底板内配筋有 1、2 号两种钢筋类型；<br>（4）在板端和板中各对应有剖面图，编号为 1-1，2-2 |

续表

<table>
<tr><th>识读步骤</th><th>识读要点</th><th>图纸示例</th><th>识读说明</th></tr>
<tr><td>2</td><td>百叶空调板模板图</td><td>1-1<br>2-2<br><table><tr><th>编号</th><th>型号</th><th>形状</th><th>数量</th></tr><tr><td>1</td><td>Φ8</td><td>40 918 40</td><td>7</td></tr><tr><td>2</td><td>Φ6</td><td>40 1060 40</td><td>4</td></tr></table></td><td>（1）1-1 为纵向剖切，2-2 为横向剖切；<br>（2）1 号钢筋为板内纵向排布的钢筋；型号 Φ8，弯钩向下，加工形状尺寸 40 918 40，在本构件中共有 7 根，伸入支座长度为 1.1La；<br>（3）2 号钢筋为板内横向排布的钢筋，型号 Φ6，弯钩向下，加工形状尺寸 40 1060 40，在本构件中共有 4 根；<br>（4）1 号钢筋在板中不大于 10 间距，d1 应根据板的尺寸计算确定，在板边缘间距按 200mm 排布；2 号钢筋在板中间距 200mm，在两侧预留孔间距 d2/d3 可调节，但不得超过 200mm</td></tr>
</table>

## 7.2 预制女儿墙构造详图的识读

### 7.2.1 概述

女儿墙是房屋最上面的建筑物屋顶四周围的矮墙，主要作用除维护安全外，亦会在底处施作防水压砖收头，以避免防水层渗水、或是屋顶雨水漫流。预制女儿墙特指在施工现场实施安装前已制作完成的装配式混凝土构件，如图 7-6 所示，一般常见的有夹心保温式女儿墙和非保温式女儿墙两类。

图 7–6 预制女儿墙现场安装

国家标准图集 15G368-1 对预制女儿墙板构件详图的表达进行了相关规定：

**1. 规格和代号**

根据国家标准图集《15G368-1》有关规定，预制女儿墙规格代号由预制女儿墙名称汉语拼音+预制女儿墙类型+预制女儿墙长度 + 预制女儿墙高度 4 部分依次排列组成，具体形式如图 7-7 所示。

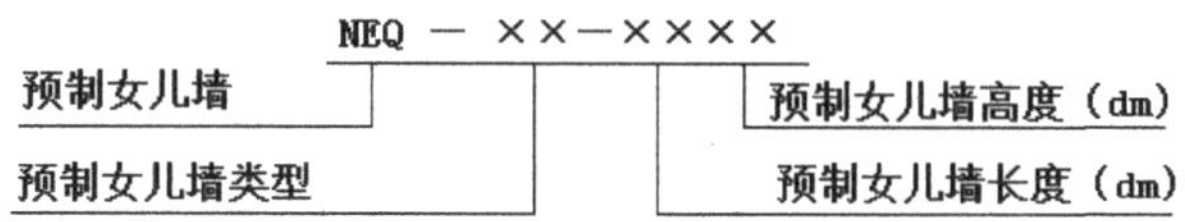


图 7-7 预制女儿墙规格代号

女儿墙高度是从屋顶结构层算起，600mm 高表示为 06，1400mm 高表示为 14。

如：代号 NEQ-J2-3314 表示预制女儿墙为夹心保温式转角板女儿墙，单块女儿墙放置时轴线尺寸为 3300mm，高度为 1400mm（女儿墙长度：直线段 3520mm，转角段 590mm）。

又如：代号 NEQ-Q1-3006 表示预制女儿墙为全预制式直板女儿墙，单块女儿墙长度 2980mm，高度 600mm。

预制女儿墙类型中，J1 型夹心保温式女儿墙（直板）；J2 型代表夹心保温式女儿墙（转角板）；Q1 型代表非保温式女儿墙（直板）；Q2 型代表非保温式女儿墙（转角板）。

**2. 预制女儿墙规格的选用**

预制女儿墙规格的选用应严格确定各参数与标准图集选用范围要求保持一致，可按照标准图集 15G368-1 规格表、配筋表，结合建筑实际设计要求确定女儿墙尺寸后直接选用。以 NEQ-J1-3304 和 NEQ-J2-3314 尺寸选用示例如下，如图 7-8 所示。

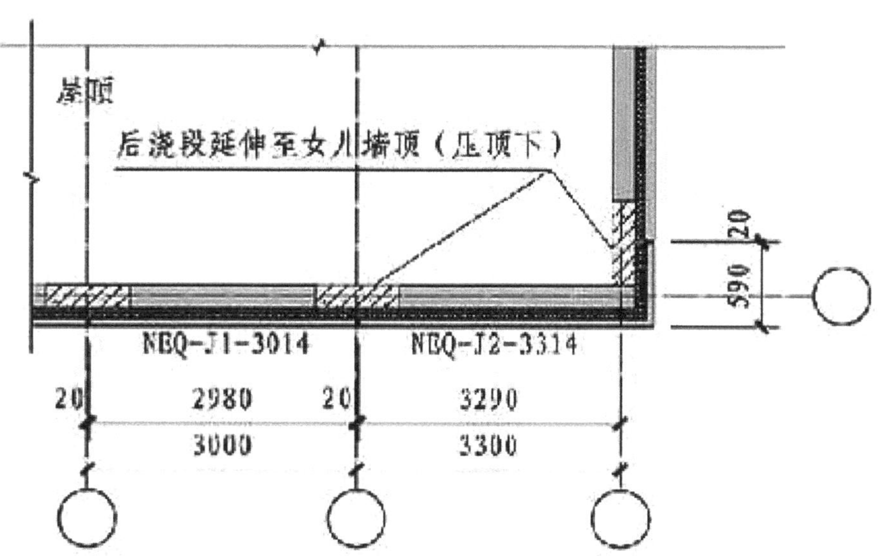


图 7-8 预制女儿墙平面布置图

### 3. 预制空调板符号及图例

预制女儿墙详图索引符号用法可参照预制阳台板的相关规定，图例的相关规定如表 7-2 所示。

表 7-2　预制空调板图例

| 编号 | 功能 | 图例 |
| --- | --- | --- |
| M1 | 调节标高用埋件 | |
| M2 | 吊装用埋件 | |
| | 脱膜斜撑用埋件 | |
| M3 | 板板连接用埋件 | |
| | 模板拉结用埋件 | |
| M4 | 后装栏杆用埋件 | |

### 4. 预制女儿墙识读要点

根据表达需要，预制女儿墙施工图主要分为：模板图、配筋图、安装图和构造详图，识读要点如表 7-3 所示。

表 7-3　预制女儿墙的识读

| 识读内容 | 识读要点 | 图纸示例 | 识读说明 |
| --- | --- | --- | --- |
| 1 | 墙身模板图 | 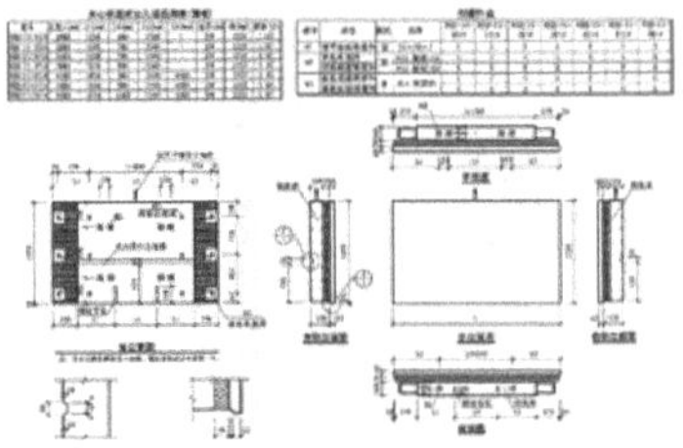 | （1）墙身模板图包括：平面图、正立面图、背立面图、侧立面图、底面图、女儿墙选用表、预埋件表和节点详图；<br>（2）女儿墙墙板的尺寸；预埋件、构造节点的位置及尺寸 |
| 2 | 墙身配筋图 | 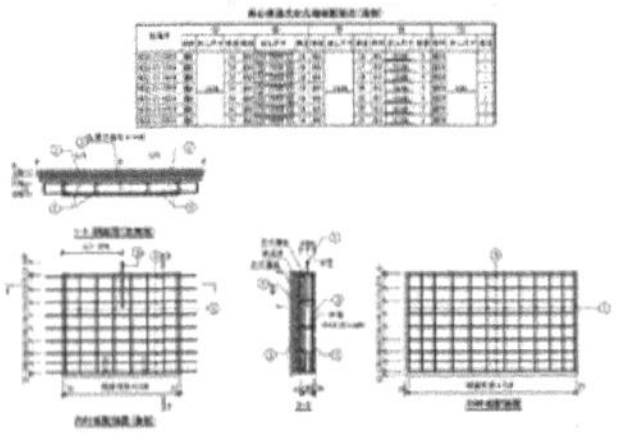 | （1）墙身配筋图包括内叶板配筋图、外叶板配筋图、墙身剖面图及钢筋表；<br>（2）女儿墙钢筋的编号、规格、数量、形状、尺寸、排布等信息 |

续表

| 识读内容 | 识读要点 | 图纸示例 | 识读说明 |
| --- | --- | --- | --- |
| 3 | 压顶模板和配筋图 | 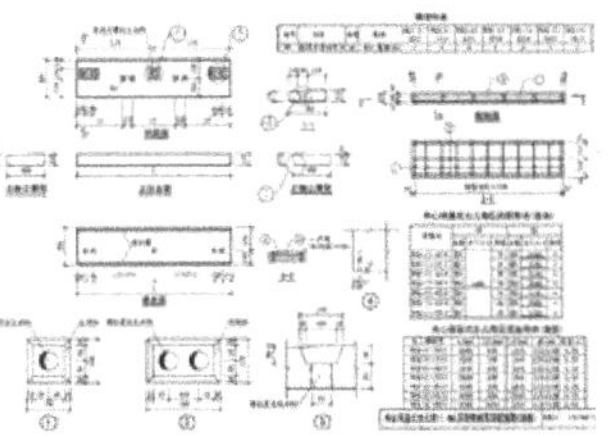 | （1）女儿墙压顶模板及安装图包括：平面图、正立面图、背立面图、侧立面图、底面图、配筋图、钢筋表和节点详图；<br>（2）女儿墙压顶的尺寸；预埋件、构造节点的位置及尺寸和钢筋信息 |
| 4 | 安装及构造详图 | 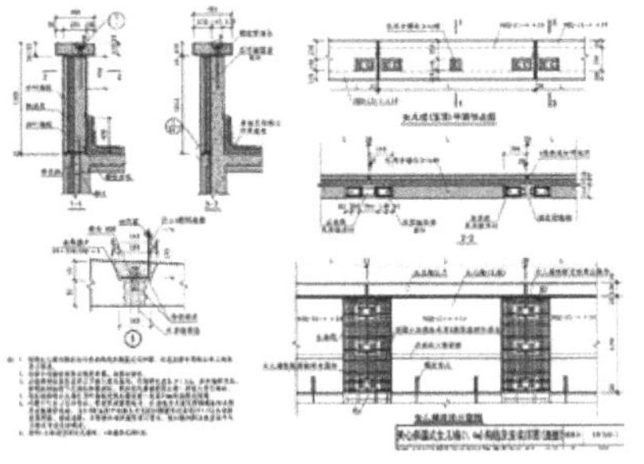 | （1）安装及构造详图包括：女儿墙平面节点图、女儿墙链接示意图、剖面图和节点详图；<br>（2）图示个节点、预埋件构造及安装详图；<br>（3）注意事项 |

### 7.2.2 夹心保温式女儿墙详图的识读

夹心保温式女儿墙在整个建筑的保温体系中可避免女儿墙成为冷(热)桥，提高整栋建筑的保温性能。夹心保温式女儿墙主要构件由墙板、压顶两部分组成，女儿墙墙板按照在建筑中所处位置和单块墙板的形状，分为转角板和直板两种类型，本节主要以直板为例进行识读学习。

**1. 夹心保温式女儿墙（直板）模板图**

夹心保温式女儿墙（直板）模板图的识读见表 7-4 所示。

表 7-4　夹心保温式女儿墙（直板）模板图识读

| 识读步骤 | 识读要点 | 图纸示例 | 识读说明 |
| --- | --- | --- | --- |
| 1 | 正立面图 | 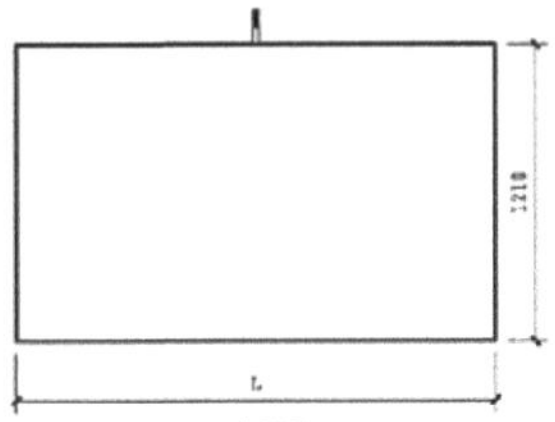 1210<br>L<br>正立面图 | （1）墙板形状及高度、宽度尺寸，图示高度为 1210mm；<br>（2）下图为构造筋，仅在墙长大于 4m 时候使用  |
| 2 | 背立面图 | 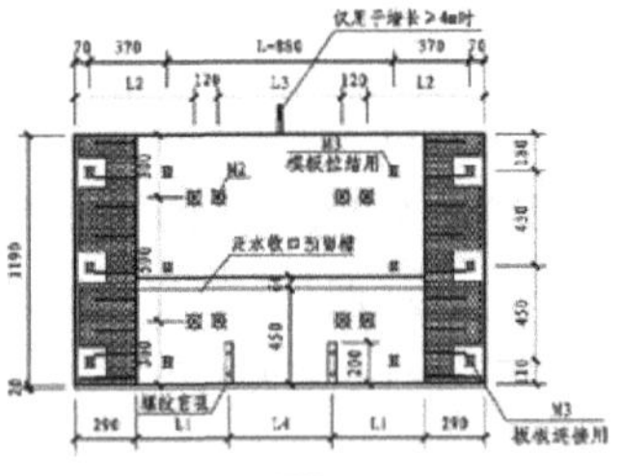 背立面图 | （1）墙板背面的构造和尺寸，主要内叶墙板各预埋件及构造位置及详细尺寸；<br>（2）下图为吊装用埋件； <br>M2<br>（3）下图为为模板拉结用埋件； 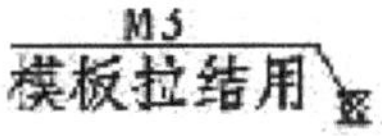<br>M3<br>模板拉结用<br>（4）下图为螺纹盲孔； <br>（5）内外叶墙板错开 290mm 用于叠合安装，泛水收口预留槽槽宽 60mm；<br>（6）L1：螺纹盲孔至内叶墙板侧边尺寸，L2：外侧 M2 至外叶墙板侧边尺寸，L3：内侧 M2 之间的尺寸；L4：螺纹盲孔之间的尺寸（当女儿墙长取值小于 4m 时，螺纹盲孔可居中设置 1 个） |
| 3 | 平面图 | 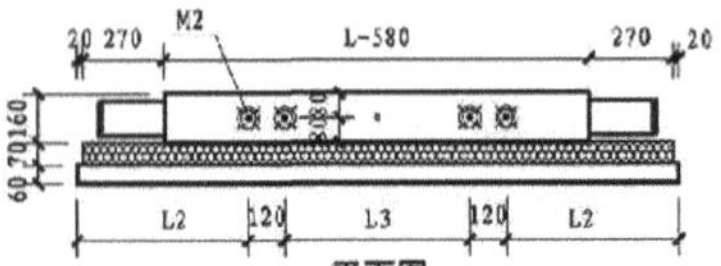 20 270 M2 L-580 270 20<br>60 70 160<br>L2 120 L3 120 L2<br>平面图 | （1）女儿墙板使用位置俯视图，可见内叶墙板、外叶墙板版和保温层相互位置及厚度；<br>（2）内叶墙板厚 160mm，外叶墙板板厚 60mm，保温层厚 70mm |

续表

| 识读步骤 | 识读要点 | 图纸示例 | 识读说明 |
|---|---|---|---|
| 4 | 底面图 | 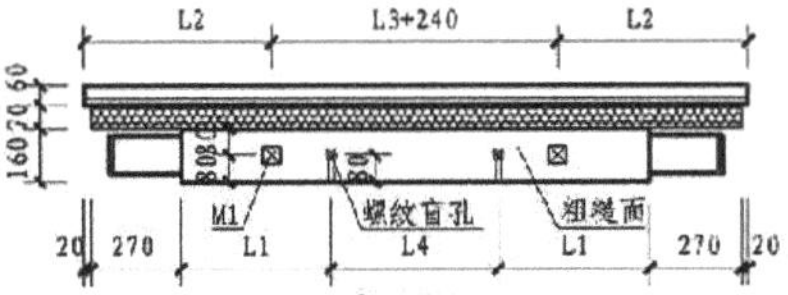 底面图 | （1）女儿墙板使用位置仰视图；<br>（2）底面 M1、螺纹盲孔位置；<br>（3）内叶墙板底面为粗糙面 |
| 5 | 左侧和右侧立面图 | 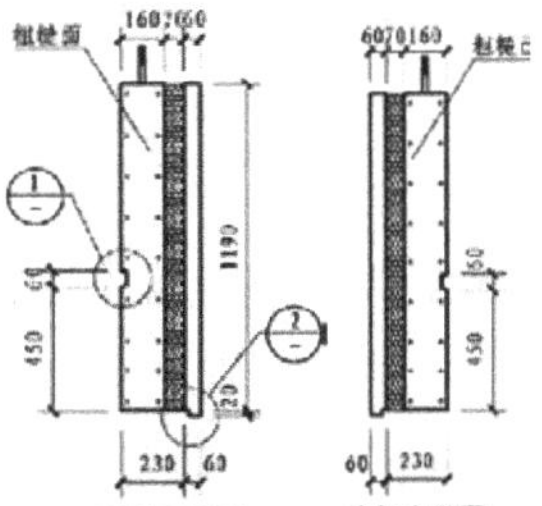 左侧立面图　右侧立面图 | （1）内叶墙板、外叶墙板和保温层尺寸及墙板厚；<br>（2）下图泛水收口预留槽索引符号； 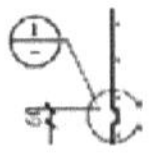<br>（3）下图为外叶墙板与保温层安装节点索引 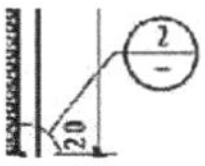 |
| 6 | 节点详图 | 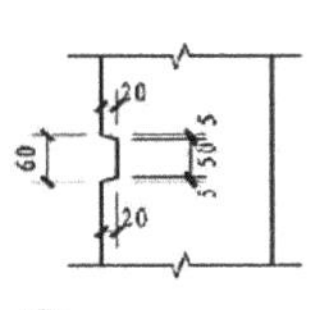 ①泛水收口预留槽 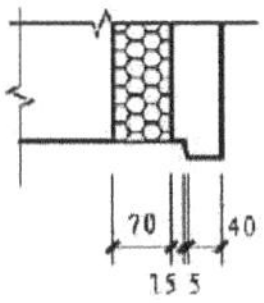　② | 泛水收口预留槽节点和外叶墙板与保温层安装节点详图 |
| 7 | 表格参数 | 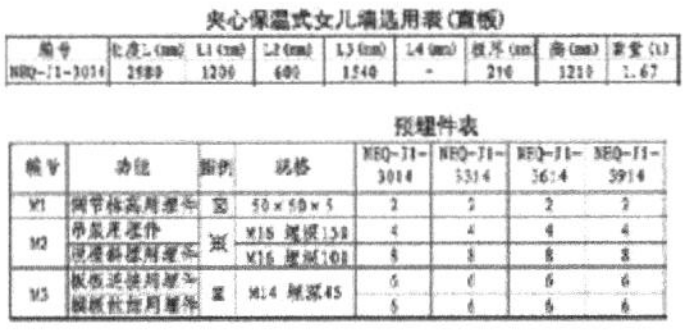 夹心保温式女儿墙选用表（直板）<br>预埋件表 | （1）女儿墙（直板）规格选用参数；<br>（2）预埋件图例、名称、功能、代号及选用信息 |

### 2. 夹心保温式女儿墙（直板）配筋图

夹心保温式女儿墙（直板）配筋图的识读见表 7-5 所示。

表 7-5 夹心保温式女儿墙（直板）配筋图的识读

| 识读步骤 | 识读要点 | 图纸示例 | 识读说明 |
|---|---|---|---|
| 1 | 外叶墙板配筋图 | 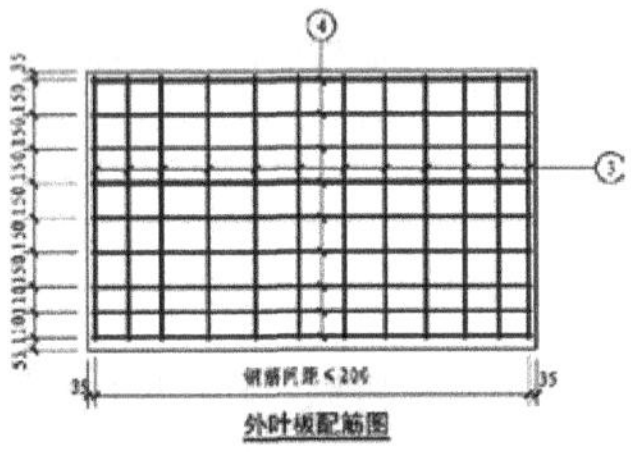 外叶板配筋图 | （1）识读配筋图，应综合配筋表进行；<br>（2）由图可知，外叶墙板配有③号和④号 2 种类型钢筋；<br>（3）3 号钢筋纵向排布，排布间距不得超过 200mm，4 号横向分布钢筋，自下至上第三根起以以 150mm 等间距排布 |
| 2 | 内叶墙板配筋图 | 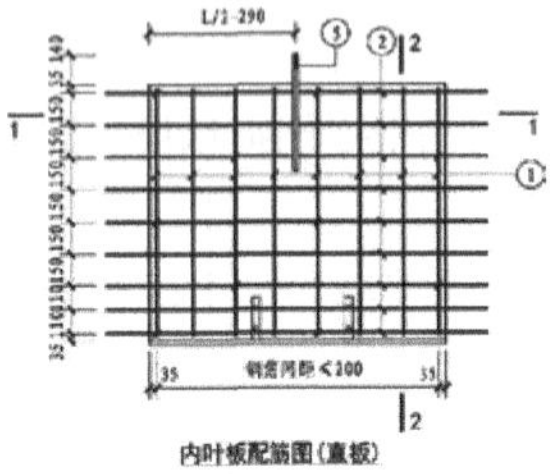 内叶板配筋图（直板） | （1）由图可知，内叶墙板可见 1 号、2 号和 5 号 3 种类型钢筋；<br>（2）1 号钢筋纵向分布筋，排布间距不得超过 200，2 号钢筋是水平分布筋，自下至上第三根起以 150mm 等间距排布，5 号钢筋为加强筋，伸出墙板上边缘 140mm；<br>（3）图中可见 1-1/2-2 断面符号 |
| 3 | 1-1 | 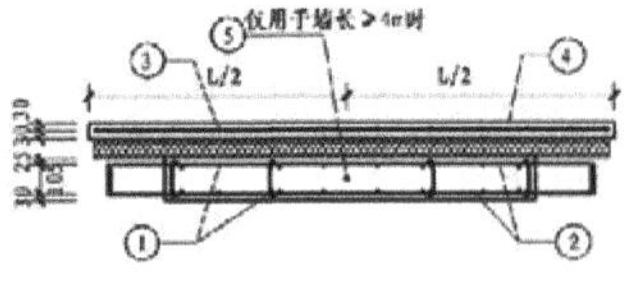  | 水平剖切，可见内叶墙板、外叶墙板配筋及各类型钢筋的相互位置 |
| 4 | 2-2 | 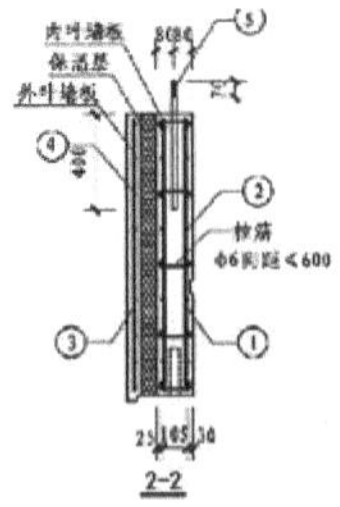 2-2 | （1）2-2 纵剖面图，图示内叶墙板、外叶墙板纵向配筋情况；<br>（2）拉筋型号为 ф6，排布间距不得大于 600mm |

### 3. 夹心保温式女儿墙压顶（直板）模板及配筋图

夹心保温式女儿墙压顶（直板）模板及配筋图的识读见表 7-6 所示。

表 7-6 夹心保温式女儿墙压顶（直板）模板图及配筋图识读

| 识读步骤 | 识读要点 | 图纸示例 | 识读说明 |
| --- | --- | --- | --- |
| 1 | 正立面图 | 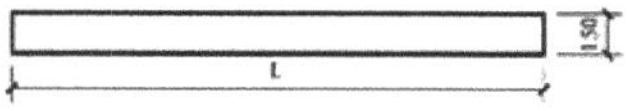 正立面图 | 图示女儿墙压顶正立面外形，压顶高 150mm，长度依据选型尺寸定 |
| 2 | 平面图 | 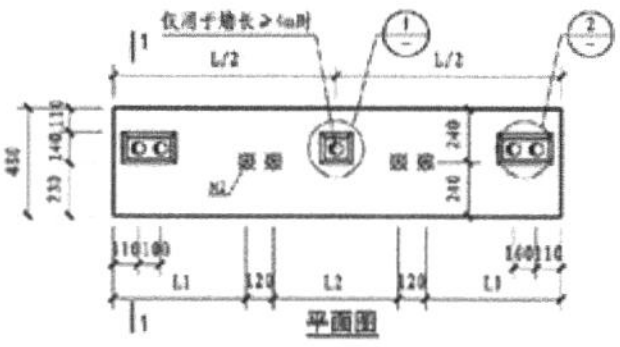 平面图 | （1）女儿墙压顶使用位置俯视图，可知压顶厚度 480mm；<br>（2）螺纹贯通孔和脱模吊装预埋件 M2 位置；<br>（3）下图为螺纹贯通孔索引符号，分别对应本页图纸中的详图①和② 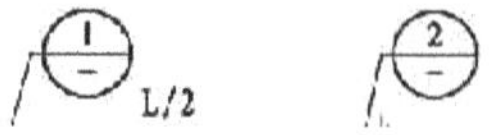 |
| 3 | 底面图 | 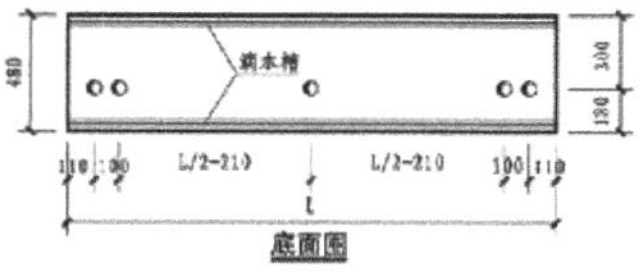 滴水槽<br>底面图 | （1）女儿墙压顶底面视图；<br>（2）图示螺纹贯通孔位置和滴水槽 |
| 4 | 左侧和右侧立面图 | 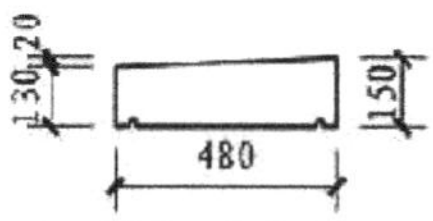 左侧立面图<br>右侧立面图 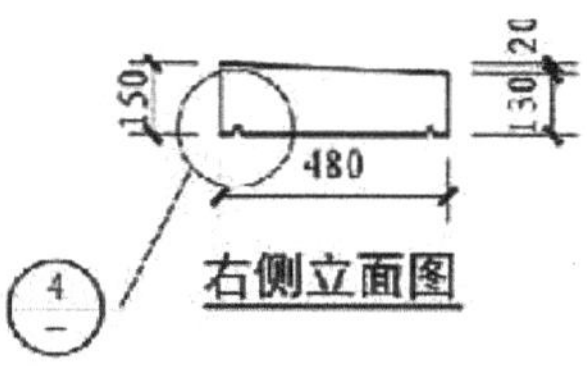 | （1）左、右视图可见女儿墙压顶的侧面轮廓为内高外底的坡面，由图可知内侧比外侧高 20mm；<br>（2）底部两侧凹槽为滴水槽，下图分别该节点索引符号和该节点样图 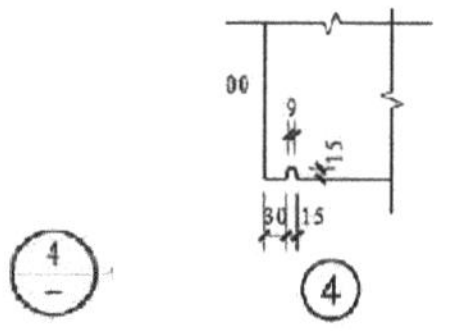 |
| 5 | 节点详图 | 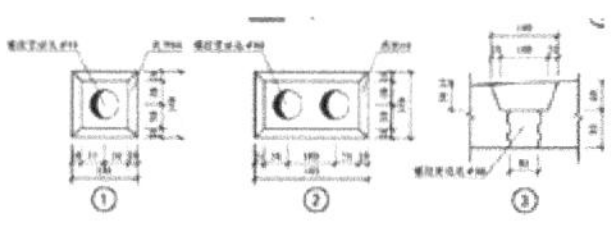 ① ② ③ | （1）螺纹贯通孔节点详图，由图可知，该构造 Ø80、内凹 60mm；<br>（2）2 号详图中两个螺纹贯通孔间距 100mm |

续表

| 识读布置 | 识读要点 | 图纸示例 | 识读说明 |
| --- | --- | --- | --- |
| 6 | 配筋图 | 配筋图<br>2-2 | （1）配筋图应结合 2-2、3-3 断面图及钢筋表识读；<br>（2）2-2 图示了压顶内钢筋的水平位置，下图图示压顶断面可见 1 号、2 号钢筋及拉筋； 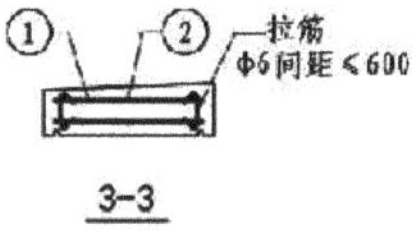<br>拉筋 Φ6 间距 ≤600<br>3-3<br>（3）压顶内 1 号和 2 号钢筋均为 Φ6 的钢筋，具体可参照配筋表 |
| 7 | 表格参数 | 夹心保温式女儿墙压顶选用表（直板）<br>（见下表） | 女儿墙压顶（直板）规格选用参数； |

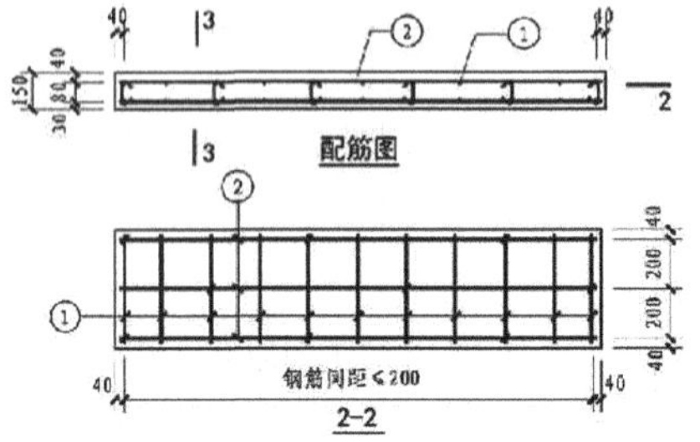

夹心保温式女儿墙压顶选用表（直板）

| 女儿墙编号 | L (mm) | L1 (mm) | L2 (mm) | 高 (mm) | 重量 (t) |
| --- | --- | --- | --- | --- | --- |
| NEQ-J1-3014 | 2980 | 650 | 1440 | 150 (130) | 0.50 |
| NEQ-J1-3314 | 3280 | 750 | 1540 | 150 (130) | 0.55 |
| NEQ-J1-3614 | 3580 | 850 | 1640 | 150 (130) | 0.60 |
| NEQ-J1-3914 | 3880 | 850 | 1940 | 150 (130) | 0.65 |
| NEQ-J1-4214 | 4180 | 950 | 2040 | 150 (130) | 0.70 |
| NEQ-J1-4514 | 4480 | 950 | 2340 | 150 (130) | 0.75 |
| NEQ-J1-4814 | 4780 | 1050 | 2440 | 150 (130) | 0.80 |

## 4. 夹心保温式女儿墙（直板）安装及构造详图

夹心保温式女儿墙（直板）安装及构造详图的识读如表 7-7 所示。

表 7-7 夹心保温式女儿墙（直板）安装及构造详图识读

| 识读步骤 | 识读要点 | 图纸示例 | 识读说明 |
| --- | --- | --- | --- |
| 1 | 连接示意图 | 女儿墙连接示意图 | （1）本图为 NEQ-J1-XX14 相邻女儿墙连接示意图；<br>（2）女儿墙板连接用金属件及 M3，用于相邻直板型女儿墙的连接固定，固定后此处在混凝土浇筑前用 A 级保温材料填充；<br>（3）为泛水收口预留槽；为螺纹盲孔； 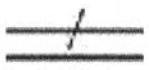  <br>后浇段 为连接处后浇段 |

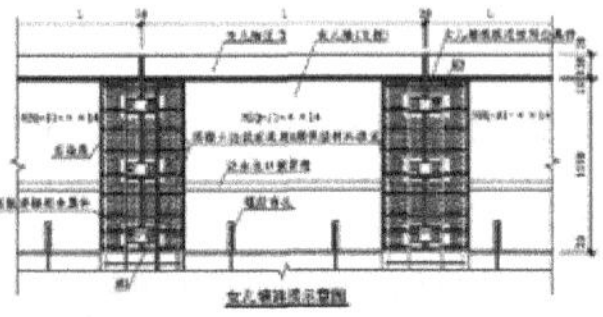

续表

| 识读步骤 | 识读要点 | 图纸示例 | 识读说明 |
|---|---|---|---|
| 2 | 压顶节点图 | 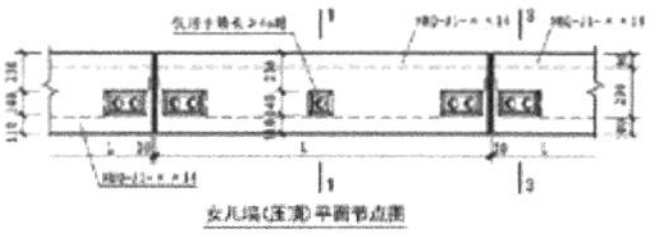 | （1）女儿墙压顶水平位置安装俯视图，可知各构件的相互位置关系；<br>（2）图示有 1-1、3-3 剖切位置 |
| 3 | 1-1 | 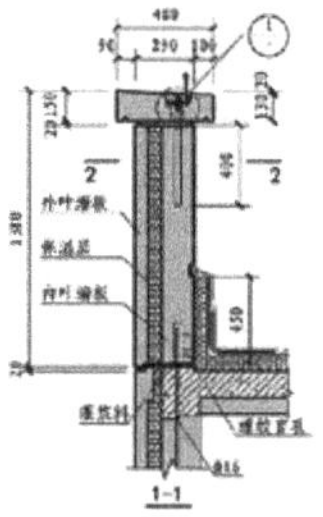 | （1）女儿墙压顶板中间的纵剖；<br>（2）为螺纹贯通孔，为接闪器索引对应本页图纸中的详图①，为滴水槽，为泛水收头    |
| 4 | 2-2 | 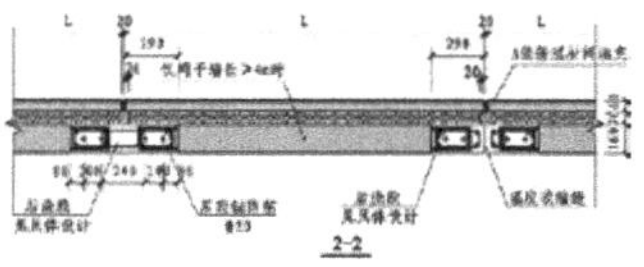 | （1）女儿墙压顶横剖图；<br>（2）表示 Φ20 的压顶锚固筋及后浇段，内叶墙板预留 20mm 温度伸缩缝 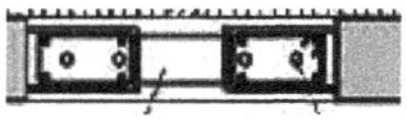 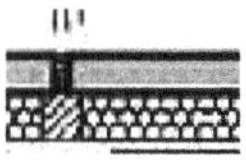 |
| 5 | 3-3 | 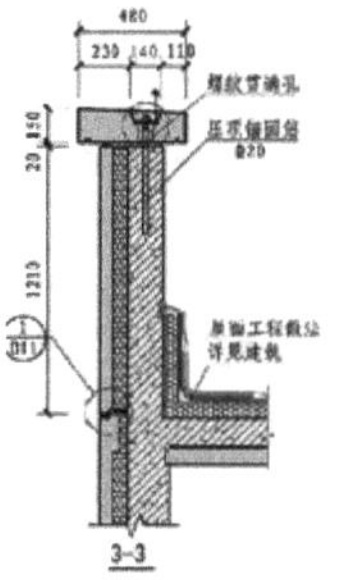 | （1）女儿墙压顶后浇段纵剖；<br>（2）Φ20 的压顶锚固筋，女儿墙压顶与女儿墙板连接缝，下图为该连接缝索引，至本图集 D11 查找  |
| 6 | 节点详图 | 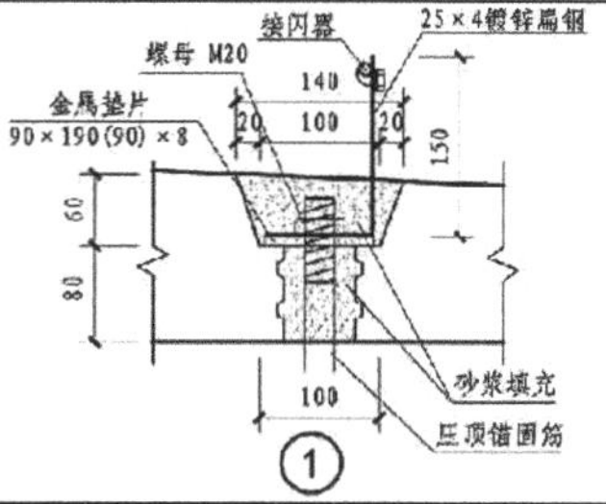 | 接闪器构造详图，图示接闪器与一25 × 4镀锌扁钢连接，扁钢又与压顶锚固筋的顶部金属垫片连接，该处安装完毕用砂浆填充 |

### 7.2.3 非保温式女儿墙的识读

非保温式女儿墙主要构件由墙板、压顶两部分组成，女儿墙墙板按照在建筑中所处位置和单块墙板的形状，分为转角板和直板两种类型，这里主要介绍直板的识读。

**1. 非保温式女儿墙（直板）模板图**

非保温式女儿墙（直板）模板图的识读如表7-8所示。

表 7-8 非保温式女儿墙（直板）模板图的识读

| 识读步骤 | 识读要点 | 图纸示例 | 识读说明 |
| --- | --- | --- | --- |
| 1 | 正立面图 | 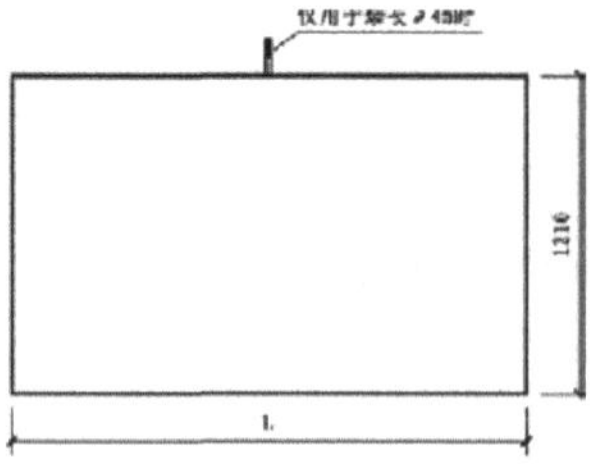 正立面图 | （1）墙板形状及高度、宽度尺寸，图示高度为1210mm；<br>（2）下图为构造筋，仅在墙长大于4m时使用  |
| 2 | 背立面图 | 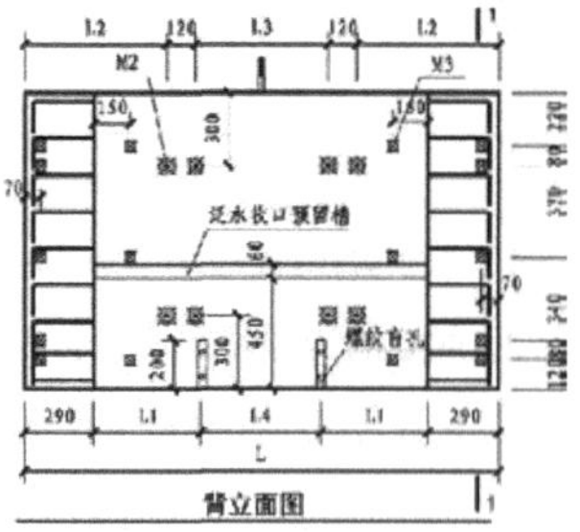 背立面图 | （1）墙板背面的构造和尺寸，内墙板各预埋件及构造位置及详细尺寸；<br>（2）M2 为吊装用埋件，M3 模板拉结用埋件，为螺纹盲孔；  <br>（3）墙板安装叠合尺寸290mm，泛水收口预留槽槽宽60mm；<br>（4）L1：螺纹盲孔至内叶墙板侧边尺寸，L2：外侧M2至外叶墙板侧边尺寸，L3：内侧M2之间的尺寸；L4：螺纹盲孔之间的尺寸（当女儿墙长取值小于4m时，螺纹盲孔可居中设置1个） |
| 3 | 平面图 | 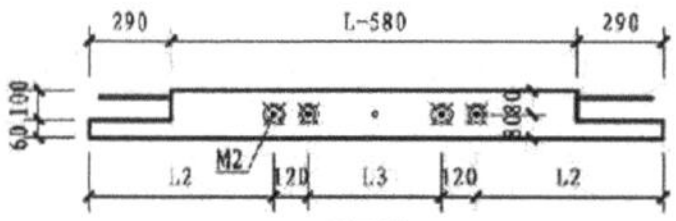 平面图 | （1）女儿墙板使用位置俯视图，可见墙板横向构造尺寸：中间部位板厚160mm，安装搭接区厚60mm；<br>（2）M2在板中的定位 |

续表

<table>
<tr><th>识读步骤</th><th>识读要点</th><th>图纸示例</th><th>识读说明</th></tr>
<tr><td>4</td><td>底面图</td><td> 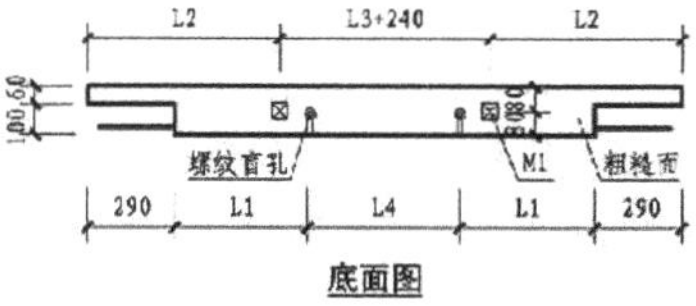底面图</td><td>（1）女儿墙板使用位置仰视图；<br>（2）底面 M1、螺纹盲孔位置；<br>（3）内叶墙板底面为粗糙面</td></tr>
<tr><td>5</td><td>左侧和右侧立面图</td><td> 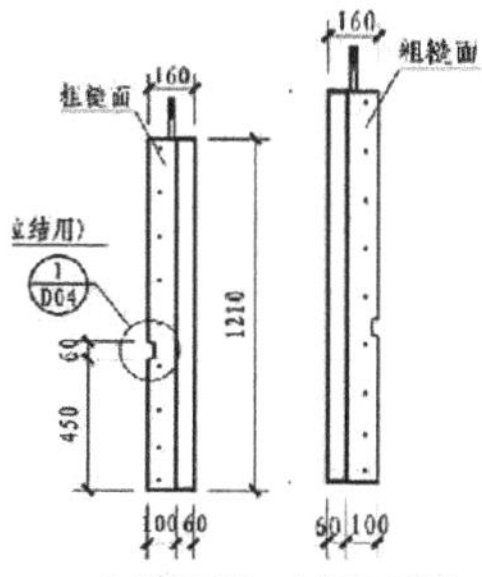左侧立面图　右侧立面图</td><td>（1）内叶墙板、外叶墙板和保温层尺寸及板厚；<br>（2）下图为泛水收口预留槽索引，槽宽 60mm，距离坂下边缘 450mm 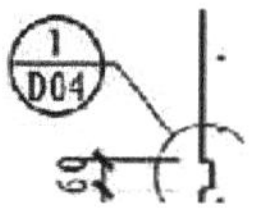</td></tr>
<tr><td>6</td><td>1-1</td><td> 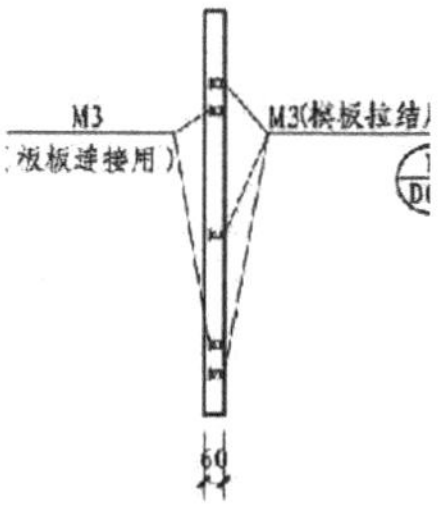1-1</td><td>（1）女儿墙板安装叠合预埋件 M3 的位置和功能；<br>（2）M3 自上至下 1、3、5 为模板拉结预埋件，第 2 个和第 4 个为模板拉结用预埋件</td></tr>
<tr><td>7</td><td>表格参数</td><td>
非保温式女儿墙选用表（直板）
<table>
<tr><th>女儿墙编号</th><th>L(mm)</th><th>L1(mm)</th><th>L2(mm)</th><th>L3(mm)</th><th>L4(mm)</th><th>板厚(mm)</th><th>高(mm)</th><th>重量(t)</th></tr>
<tr><td>NEQ-Q1-3014</td><td>2980</td><td>1200</td><td>600</td><td>1540</td><td>-</td><td>160</td><td>1210</td><td>1.27</td></tr>
<tr><td>NEQ-Q1-3314</td><td>3280</td><td>1350</td><td>700</td><td>1640</td><td>-</td><td>160</td><td>1210</td><td>1.41</td></tr>
<tr><td>NEQ-Q1-3614</td><td>3580</td><td>1500</td><td>700</td><td>1940</td><td>-</td><td>160</td><td>1210</td><td>1.55</td></tr>
<tr><td>NEQ-Q1-3914</td><td>3880</td><td>1650</td><td>800</td><td>2040</td><td>-</td><td>160</td><td>1210</td><td>1.70</td></tr>
<tr><td>NEQ-Q1-4214</td><td>4180</td><td>1050</td><td>900</td><td>2140</td><td>1500</td><td>160</td><td>1210</td><td>1.85</td></tr>
<tr><td>NEQ-Q1-4514</td><td>4480</td><td>1200</td><td>900</td><td>2440</td><td>1500</td><td>160</td><td>1210</td><td>1.99</td></tr>
<tr><td>NEQ-Q1-4814</td><td>4780</td><td>1350</td><td>1000</td><td>2540</td><td>1500</td><td>160</td><td>1210</td><td>2.14</td></tr>
</table>
预埋件表
<table>
<tr><th>编号</th><th>功能</th><th>图例</th><th>规格</th><th>NEQ-Q1-3014</th><th>NEQ-Q1-3314</th><th>NEQ-Q1-3614</th></tr>
<tr><td>M1</td><td>调节标高用埋件</td><td></td><td>50x50x5</td><td>2</td><td>2</td><td>2</td></tr>
<tr><td rowspan="2">M2</td><td>吊装用埋件</td><td rowspan="2"></td><td>M16 埋深150</td><td>4</td><td>4</td><td>4</td></tr>
<tr><td>脱模斜撑用埋件</td><td>M16 埋深100</td><td>8</td><td>8</td><td>8</td></tr>
<tr><td rowspan="2">M3</td><td>板板连接用埋件</td><td rowspan="2"></td><td rowspan="2">M14 埋深45</td><td>4</td><td>4</td><td>4</td></tr>
<tr><td>模板拉结用埋件</td><td>12</td><td>12</td><td>12</td></tr>
</table>
</td><td>（1）女儿墙（直板）规格选用参数；<br>（2）了解预埋件图例、名称、功能、代号及选用信息</td></tr>
</table>

## 2. 非保温式女儿墙（直板）配筋图

非保温式女儿墙（直板）配筋图的识读如表 7-9 所示。

表 7-9 非保温式女儿墙（直板）配筋图的识读

| 识读步骤 | 识读要点 | 图纸示例 | 识读说明 |
|---|---|---|---|
| 1 | 墙板配筋图 | 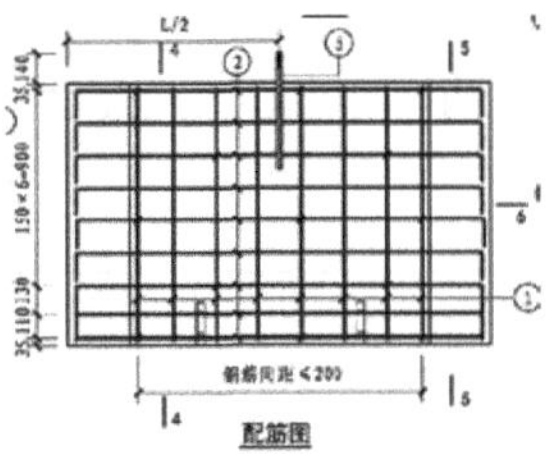 配筋图 | （1）识读配筋图，应综合配筋表进行；<br>（2）由图可知，墙板配有 1 号、2 号、3 号和 5 号钢筋；<br>（3）1 号钢筋纵向分布筋，排布间距不得超过 200mm，2 号钢筋是横向分布筋，自下向上第三根起以 150mm 等间距排布 |
| 2 | 4-4 | 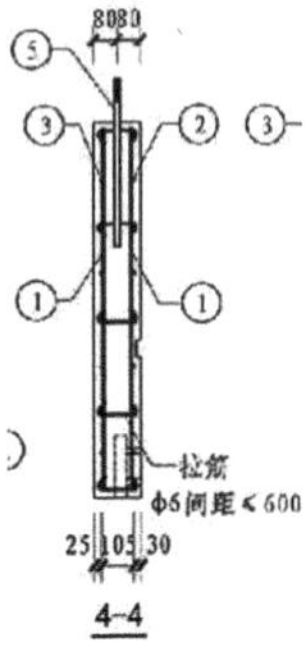 拉筋 ϕ6 间距≤600<br>4-4 | （1）4-4 剖为纵剖，由图可知 1 号、2 号、3 号和 5 号钢筋的在板纵断面内相对位置；<br>（2）3 号位于 1 号钢筋背侧，也为纵向分布筋，排布间距不得超过 200mm；<br>（3）下图为板侧拉筋，型号为 ϕ6，间距不超过 600mm； <br>拉筋 ϕ6 间距≤600<br>（4）5 号钢筋为上部加强筋 |
| 3 | 5-5 |  5-5 | 5-5 是横向剖切，可见①号、②号、③号钢筋在纵断面的相互位置 |
| 4 | 6-6 | 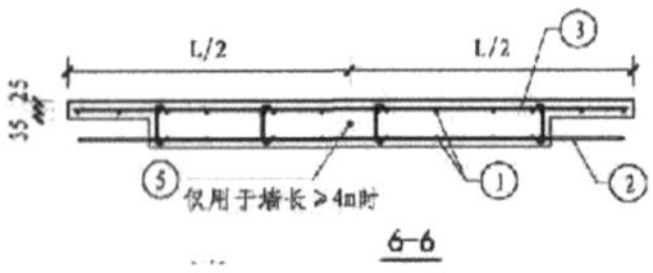 仅用于墙长≥4m时<br>6-6 | 6-6 为横剖，图示 1 号、2 号、3 号钢筋在断面的相互位置 |

续表

| 识读步骤 | 识读要点 | 图纸示例 | 识读说明 |
|---|---|---|---|
| 5 | 配筋表 | 非保温式女儿墙板配筋表（直板） | 构件中钢筋的型号、数量加工形状尺寸以及选用等详细信息 |

### 3. 非保温式女儿墙（直板）安装及构造详图

非保温式女儿墙（直板）安装及构造详图的识读见表 7-10 所示。

表 7-10 非保温式女儿墙（直板）安装及构造详图的识读

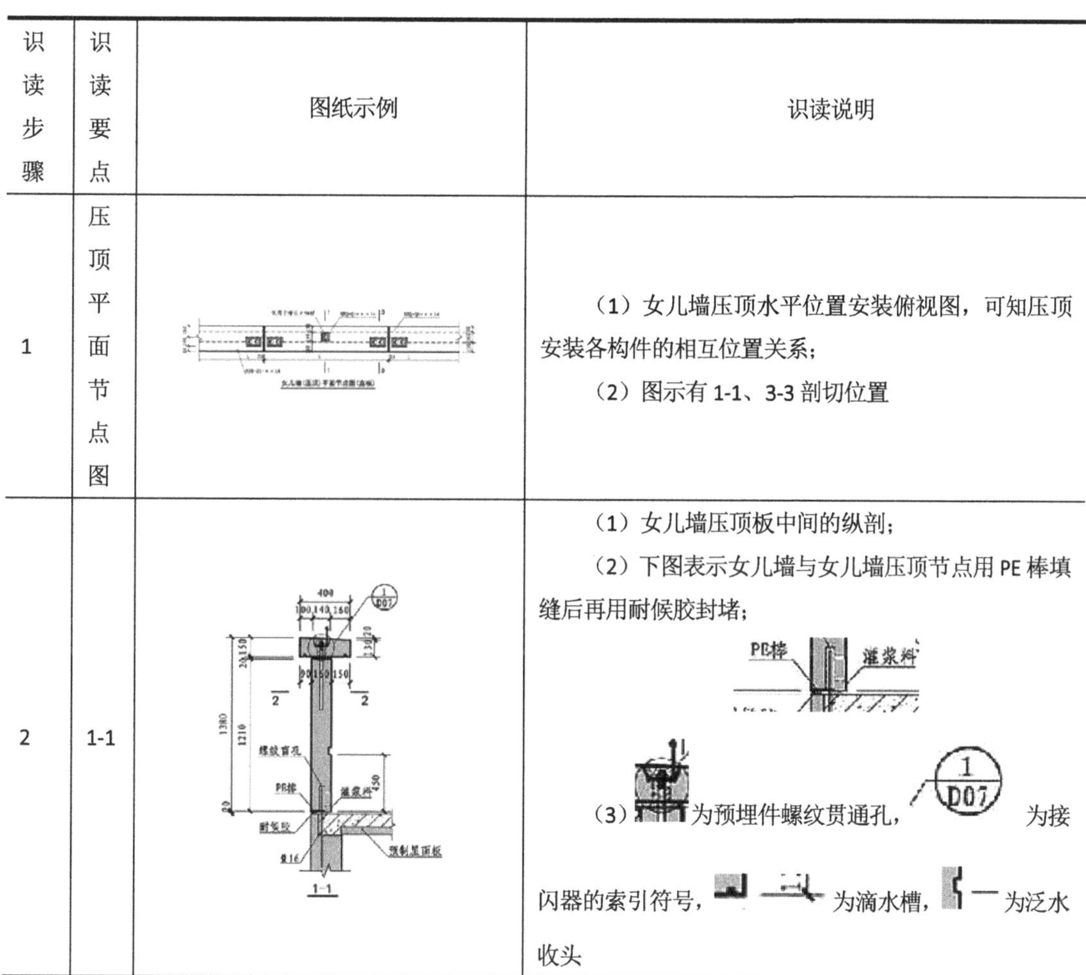

| 识读步骤 | 识读要点 | 图纸示例 | 识读说明 |
|---|---|---|---|
| 1 | 压顶平面节点图 | 女儿墙（压顶）平面节点图（直板） | （1）女儿墙压顶水平位置安装俯视图，可知压顶安装各构件的相互位置关系；<br>（2）图示有 1-1、3-3 剖切位置 |
| 2 | 1-1 | 1-1 | （1）女儿墙压顶板中间的纵剖；<br>（2）下图表示女儿墙与女儿墙压顶节点用 PE 棒填缝后再用耐候胶封堵；<br>PE棒 灌浆料<br>（3）[图] 为预埋件螺纹贯通孔，[1/D07] 为接闪器的索引符号，[图] 为滴水槽，[图] 为泛水收头 |

续表

| 识读步骤 | 识读要点 | 图纸示例 | 识读说明 |
| --- | --- | --- | --- |
| 3 | 2-2 | 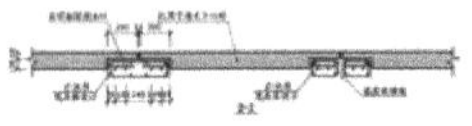 | （1）2-2 为女儿墙压顶横剖，具体位置可见 1-1 剖面图；<br>（2）Φ20 压顶锚固筋及后浇段位置，后浇段预留 20mm 温度伸缩缝 |
| 4 | 3-3 | 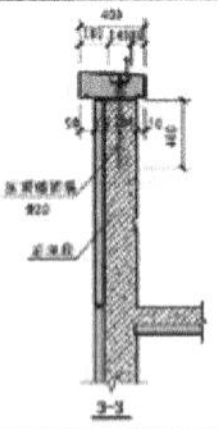 | 女儿墙压顶后浇段纵剖，后浇段厚 40mm |

# 附　录　　装配式混凝土结构相关标准

| 类别 | 编　号 | 名　称 |
| --- | --- | --- |
| 有关模数基础标准 | GB 50002-2013 | 建筑模数协调统一标准 |
| | GB 50006-2010 | 厂房建筑模数协调标准 |
| 主要部品模数协调标准 | GBJ 101 - 87 | 建筑楼梯模数协调标准 |
| | GB/T 11228-2008 | 住宅厨房及相关设备基本参数 |
| | GB/T 11977-2008 | 住宅卫生间功能和尺寸系列 |
| | GB/T 5824-2008 | 建筑门窗洞口尺寸系列 |
| 主要相关国家标准 | GB 50010-2010 | 混凝土结构设计规范 |
| | GB/T 51129-2015 | 工业化建筑评价标准 |
| | GB 50666-2011 | 混凝土结构工程施工规范 |
| | GB 50204-2014 | 混凝土结构工程施工质量验收规范 |
| | GB 50009-2012 | 建筑结构荷载规范 |
| | GB 50011-2010 | 建筑抗震设计规范 |
| | GBJ 321-90 | 预制混凝土构件质量检验评定标准（已废止） |
| | GBJ 130-90 | 钢筋混凝土升板结构技术规范 |
| | GB/T 14040-2007 | 预应力混凝土空心板 |
| 行业标准 | JGJ 1 | 装配式混凝土结构技术规程 |
| | JGJ1-91 | 装配式大板居住建筑设计和施工规程（已废止） |
| | JGJ 3-2010 | 高层建筑混凝土结构技术规程 |
| | JGJ 224-2010 | 预制预应力混凝土装配整体式框架结构技术规程 |
| | JGJ/T 258-2011 | 预制带肋底板混凝土叠合楼板技术规程 |
| | JGJ 2-79 | 工业厂房墙板设计施工规程 |
| | JGJ/T 355-2015 | 钢筋套筒灌浆连接应用技术规程 |

续表

| 类别 | 编　号 | 名　称 |
|---|---|---|
| 行业标准 | 正在报批 | 装配式住宅建筑技术规程 |
| | 正在编制 | 工业化住宅建筑尺寸协调标准 |
| | 正在编制 | 预制墙板技术规程 |
| | JG/T 398-2012 | 钢筋连接用灌浆套筒 |
| | JG/T 408-2013 | 钢筋连接用套筒灌浆料 |
| | CECS 40:92 | 混凝土及预制混凝土构件质量控制规程 |
| | CECS 43:92 | 钢筋混凝土装配整体式框架节点与连接设计规程 |
| | CECS 52:2010 | 整体预应力装配式板柱结构技术规程 |
| | | 约束混凝土柱组合梁框架结构技术规程 |

# 主要参考文献

[1] 15G365-1，预制混凝土剪力墙外墙板 [S].北京：中国计划出版社, 2015.

[2] 15G365-2，预制混凝土剪力墙内墙板 [S].北京：中国计划出版社, 2015.

[3] 15G366-1，装配式混凝土结构表示方法及示例(剪力墙结构) [S].北京：中国计划出版社, 2015.

[4] 15G367-1，预制钢筋混凝土板式楼梯[S].北京：中国计划出版社, 2015.

[5] 15G368-1，预制钢筋混凝土阳台板、空调板及女儿墙[S].北京：中国计划出版社, 2015.

[6] 15J939-1，装配式混凝土结构住宅建筑设计示例(剪力墙结构) [S].北京：中国计划出版社, 2015.

[7] 15G107-1，桁架钢筋混凝土叠合板(60mm 厚底板) [S].北京：中国计划出版社, 2015.

[8] 15G310-1，装配式混凝土连接节点构造[S].北京：中国计划出版社, 2015.

[9] 15G310-2，装配式混凝土连接节点构造[S].北京：中国计划出版社, 2015.

[10] JGJ1-2014，装配式混凝土结构技术规程[S].北京：中国建筑工业出版社, 2014.

[11] 赵研.建筑识图与构造[M].北京:中国建筑工业出版社,2014.

[12] 彭波，李文渊，王丽.平法钢筋识图算量基础教程（第二版）[M].北京:中国建筑工业出版社,2013.

[13] .夏广政，吕小彪，黄艳雁.建筑识图与构造[M].武汉:武汉大学出版社,2011.

[14] 何铭新，郎宝敏，陈星铭.建筑工程制图[M].北京:高等教育出版社,2004.

# 后　记

近年来国家及各省市均在大力推进建筑工业化，以促进建筑业持续健康发展，而装配式建筑正是建筑工业化实施的重要组成部分。2016 年 9 月 27 日，国务院常务会议审议通过了《关于大力发展装配式建筑的指导意见》，并下发各地、各单位贯彻落实。而在《建筑产业现代化发展纲要》中明确提出“到 2020 年，装配式建筑占新建建筑的比例 20%以上，到 2025 年，装配式建筑占新建建筑的比例 50%以上”。在上海 2016 年起外环线以内符合条件的新建民用建筑全部采用装配式建筑，外环线以外超过装配式建筑比例需达到 50%；自 2017 年起外环以外在 50%基础上逐年增加。

装配式建筑正呈现出蓬勃发展的趋势，对专业设计、加工、施工、管理人员的需求也是巨大的。装配式建筑在设计、生产、施工方面都与传统现浇混凝土建筑有着较大区别，对土建类各专业学生在识图方面提出了新的要求，目前装配式建筑相关图集、标准及规程也在不断完善中。本书在编写过程中，以装配图式建筑标准图集作为编制依据，努力反映我国目前在装配式建筑方面的新技术、新材料、新工艺以及设计的发展动态，以期能满足行业发展对人才培养的需求。

本书由张建荣、郑晟主编，朱剑萍、徐杨、邢涛副主编，杜国城主审，本教材编写主要成员有曹东贤、蔡文、陈凌峰、刘贯荣、傅丽芳、晏路曼、余苏文、张海琳。

本书在编写过程中，参阅和借鉴了有关文献资料，宝业集团有限公司、上海维启软件科技有限公司、上海建工集团、上海住总工程材料有限公司等单位工程技术人员给予了很大支持，在此一并致以诚挚的感谢！

由于水平和时间有限，本书难免存在不妥之处，敬请读者批评指正。

**编　者**

**2017 年 2 月**